3D打印技术
理论与实践

刘静　刘昊　程艳　张厉　雷鸣　著

WUHAN UNIVERSITY PRESS

武汉大学出版社

图书在版编目(CIP)数据

3D 打印技术理论与实践/刘静等著. —武汉:武汉大学出版社, 2017.12

ISBN 978-7-307-19852-4

Ⅰ.3… Ⅱ.刘… Ⅲ.立体印刷—印刷术—研究 Ⅳ.TS853

中国版本图书馆 CIP 数据核字(2017)第 290526 号

责任编辑:林 莉 辛 凯 责任校对:李孟潇 版式设计:汪冰滢

出版发行:**武汉大学出版社** (430072 武昌 珞珈山)

(电子邮件:cbs22@whu.edu.cn 网址:www.wdp.com.cn)

印刷:虎彩印艺股份有限公司

开本:720×1000 1/16 印张:19.5 字数:279 千字 插页:1

版次:2017 年 12 月第 1 版 2017 年 12 月第 1 次印刷

ISBN 978-7-307-19852-4 定价:58.00 元

版权所有,不得翻印;凡购买我社的图书,如有质量问题,请与当地图书销售部门联系调换。

前　言

经过 30 多年的发展，3D 打印技术正在改变着人类原有的生产模式，逐渐被应用于制造业、航空航天、生物医学、电子机器人、建筑行业等行业。目前，德国实施的"工业 4.0"计划视 3D 打印技术为实现智能生产的关键技术，而且德国总理要求研究与创新专家委员会制定该技术发展的国家战略。目前，美国政府成立了首家国家制造业创新中心——国家增材制造创新中心，以便促进 3D 打印技术的发展，从而推动制造业的回归。2015 年两会前，中国政府公布了《国家增材制造产业发展推进计划 2015—2016》，制定了短期发展目标和相应措施，从而推动 3D 打印产业有条不紊地发展，加速我国产业结构调整，提升我国制造业整体水平。同时，3D 打印等先进制造业技术与信息网络技术的融合将推动李克强总理提出的"互联网+"计划的实现。在此背景下，3D 打印技术已成为研究热点。本书从多维度研究该项技术，并提出笔者对该技术发展的个人见解。

本书第一部分通过追述打印技术的演变历程，总结出打印技术发展的整体规律，即从虚拟到存在、简单到复杂、无机到有机，并且阐述了 3D 打印技术的应用领域以及发展趋势；通过研究 3D 打印技术及其特点总结出其本质和内涵，即信息(世界 3)+材料(世界 1)=产品(世界 1)，这将有助于科研人员抓住该项技术发展的核心问题，从而加强 3D 打印材料的研究开发以及提高产品创造和设计能力。

本书第二部分主要从科学技术哲学角度诠释 3D 打印技术。根据波普尔"三个世界"理论以及王克迪教授对该理论的改进，3D 打印的生产过程展示了"世界 3"和"世界 1"之间的相互作用关系，由此过程产生出新的"世界 3"和"世界 1"。因为 3D 打印技术有助于实现个性化、社会化生产，这将使世界 3 和世界 1 的内容急速扩大；3D 打印生产方式"信息+材料=产品"可以极大地发挥人的能动性和创造性，相对原有的生产方式能够彰显人类的主体性；因为科学技术的内在风险性，3D 打印技术的使用将与传统伦理道德产生冲突，本书通过分析潜在的伦理问题，提出了相应对策。

本书第三部分主要从马克思政治经济学角度分析 3D 打印技术将推动生产力的发展，进而影响甚至改变现有的生产方式。3D 打印的技术特性决定其能够实现分布式、个性化定制生产，这有望解决现有生产方式所引起的生产和消费"鸿沟"以及产能过剩问题。

本书第四部分主要讨论 3D 打印技术通过改变生产方式将会影响社会各个领域，并且通过选择具有代表性的行业展示了其对经济、政治、军事、环境、文化带来的冲击。

本书第五部分主要从知识产权保护和违禁物品生产等方面探讨 3D 打印技术可能引起的社会风险，并且具体列举了潜在的风险以及提出了相应的对策建议。

本书最后详细分析了美国可持续发展战略和德国"工业 4.0"国家战略。通过借鉴欧美发达国家的强国战略，提出适合我国工业发展现状的战略规划；并借助新工业革命到来的契机，优先发展 3D 打印等战略性新兴技术，实现跨越式发展，最终完成从"工业大国"向"工业强国"的转变。

目　　录

第一章　3D 打印技术背景与意义

3D 打印技术是指通过一层一层增加材料来制造物品的方式，通过专用软件对计算机生成的三维模型进行分层，逐层进行成型加工，最终形成和计算机中的三维模型一致的实物。传统的车、铣等加工方式都是通过对毛坯材料进行切削，去除不需要的部分，最终得到所需的物品或零件，而 3D 打印则完全不同，不需要毛坯，通过打印头挤出或者融化材料而成型，不仅节省了材料，而且也使得形状和结构复杂的产品的成型变得容易，不再需要使用模具和工装夹具，使整个制造过程和研发时间大为缩短，提升了效率和能源利用率，降低了成本和有害气体的排放。

3D 打印技术对于定制化产品的制造也独具特色，对于 3D 打印来说，没有模具等的成本摊销，生产单个的定制件不会使成本大幅上升，同时可以实现本地生产的模式，哪里需要产品或零件就在哪里生产，减少了物流和渠道成本。目前，3D 打印技术已经用于航空航天、医疗、艺术、时尚、建筑等众多领域。

虽然 3D 打印思想最早出现于 19 世纪末，直到 20 世纪 80 年代人类才制造出了第一台 3D 打印机。经过科研人员的不断努力，该项技术有了长足的进步，目前逐渐被应用于人类社会的各个领域，如制造业、航空航天、生物医学、电子机器人、建筑行业等。3D 打印具有其独特的制造模式，能够实现一次性成型，在某种意义上它集成了一条现代化生产线的功能，从而改变着人类原有的生产方式。

第一节 3D 打印技术背景

一、3D 打印技术纳入国家战略体系

目前风靡全球的德国"工业 4.0"计划视 3D 打印技为实现分布式，可视化、智能化生产的重要组成部分，而且德国政府正在制定该项技术发展的国家战略。美国正在实施先进制造业强国计划，决定由政府出资创办 15 家国家制造业创新中心，并于 2013 年成立了首家创新中心——美国国家增材制造创新中心，即 3D 打印技术创新中心。2014 年，日本政府在其《制造业白皮书》中提出，通过调整产业结构，发展 3D 打印技术，新能源技术、机器人技术等尖端技术，增强日本制造业水平，提升其国际竞争力。2015 年 2 月 28 日，中国政府推出了《国家增材制造产业发展推进计划（2015—2016 年）》，并制定了 3D 打印短期发展目标。由此可见，3D 打印技术已成为各国重点发展的战略资源。

2016 年 12 月 19 日，笔者了解到，国务院发布的《国务院关于印发"十三五"国家战略性新兴产业发展规划的通知》，其中涉及多项(增材制造)内容，主要内容如下：

（1）增材制造(3D 打印)、机器人与智能制造、超材料与纳米材料等领域技术不断取得重大突破，推动传统工业体系分化变革，将重塑制造业国际分工格局。

（2）打造增材制造产业链。突破钛合金、高强合金钢、高温合金、耐高温高强度工程塑料等增材制造专用材料。搭建增材制造工艺技术研发平台，提升工艺技术水平。研制推广使用激光、电子束、离子束及其他能源驱动的主流增材制造工艺装备。加快研制高功率光纤激光器、扫描振镜、动态聚焦镜及高性能电子枪等配套核心器件和嵌入式软件系统，提升软硬件协同创新能力，建立增材制造标准体系。在航空航天、医疗器械、交通设备、文化创意、个性化制造等领域大力推动增材制造技术应用，加快发展增材制造服务业。

（3）开发智能材料、仿生材料、超材料、低成本增材制造材料和新型超导材料，加大天空、深海、深地等极端环境所需材料研发力度，形成一批具有广泛带动性的创新成果。

（4）利用增材制造等新技术，加快组织器官修复和替代材料及植介入医疗器械产品创新和产业化。

（5）建设增材制造等领域设计大数据平台与知识库，促进数据共享和供需对接。通过发展创业投资、政府购买服务、众筹试点等多种模式促进创新设计成果转化。

二、3D打印技术推动生产方式的变革

人类社会发展至今，每一次重大的科技进步都推动着生产力的提高，进而引起生产方式的变革。目前为止，人类社会大概经历了原始社会生产方式、人类文明初期的生产方式、手工业作坊式生产方式、现代大批量生产方式、柔性制造生产方式等几个阶段。随着生产力的发展，人类物质需求得到了极大的满足，但是也出现了生产与消费的"鸿沟"，从而导致产能过剩甚至经济危机。目前采用的柔性生产方式虽然缓解了生产与消费的矛盾，但是无法满足人类个性化、差异化的需求。3D打印的技术特性决定了其极有可能解决生产和消费的矛盾，从而实现个性化、可视化、社会化的生产方式。

三、3D打印技术改变全球经济格局现状

因为劳动力成本低以及资源丰富等原因，非西方国家已成为低中端制造业基地，同时以中国为代表的发展中国家逐渐成为世界经济、贸易增长和物流中心。但随着3D打印等先进制造业技术的发展，正在形成制造业回迁西方发达国家的趋势。相对于传统生产方式，3D打印具有技术含量高、成本低、生产周期短等特点，并且能简化产品设计、生产、销售流程，从而能够实现分布式社会化生产。这使欠发达地区劳动力成本优势逐渐消失，西方发达国家在欠发达地区投资建厂、生产产品的欲望降低，从而将制造业"回迁"本国。与此同时，全球投资、生产布局、经贸流向以及物流等也将

随之发生重大变化。

四、3D 打印技术促进基础科学研究

目前，3D 打印技术正在应用于航空航天，生物医学、机器人设计等基础科学研究领域。在航空航天领域，科研人员通过该项技术制造出尖端飞机的零部件，甚至可以在外太空实现打印空间站所需零部件，而无须从地球运输此类物资。在生命科学领域，科学家利用该项技术打印出人类干细胞，并通过干细胞培育，制造出人体组织和器官，这不仅提高了人类在生物医学领域的研究能力，而且有助于延长人类寿命。美国分子生物学家阿瑟·奥尔森正在利用 3D 打印制造人工分子以便研究艾滋病病毒，旨在掌握病毒的运行机制，从而生产出治愈艾滋病的药物。

综上所述，各国已将 3D 打印技术纳入国家战略规划，并视其为实现新工业革命的关键性技术。本书通过探索其本质和内涵，以及对社会各个领域的影响。提出促进该项技术发展的个人见解。

第二节　研究综述

一、3D 打印技术的技术性分析

此类文献主要从技术原理、分类和应用等方面阐述 3D 打印技术，认为该项技术是一种添加生产方式，能够实现一体化生产，不仅节省时间成本，而且提高材料的利用率；相比于传统生产方式，主要包括软件建模、打印过程、制造完成三个过程，简化了原有复杂的生产工艺流程；它主要包括分层实体成型、熔融沉积成型、立体光固化成型、选择性激光烧结、电子束自由成型制造等。目前，3D 打印技术主要应用于制造业、航空航天、生物医学、建筑施工、电子机器人等领域。

吴国雄在《3D 打印：一股席卷全球的工业革命浪潮》中论述了 3D 打印技术的基本原理和未来趋势，他认为："破坏式创新的历史已经证明，3D 打印不会停止脚步。随着时间推移，所有的困难

点与阻碍都会被克服。一旦颠覆开始萌芽，它被接纳的速度远远超过任何人的想象。或许哪一天，我们就可以住在自己打印的房子里，吃着自己打印的糖果，穿着自己打印的衣服，开着自己打印的汽车，这一切看似不可思议，但它却悄悄地发生了。"

二、3D 打印技术的规范性分析

目前，3D 打印技术正在影响着人类社会的各个方面，改变着人类的生产生活方式，并且具有广阔的发展前景。但是，因为科学技术的内在风险属性，该项技术蕴涵着一定的风险，如知识产权保护、违禁产品制造、伦理道德等问题。目前科学家将该项技术应用于生物医学领域，制造出了人造骨骼、人造器官等，并且成功移植于患者体内。虽然这将推动生物医学的发展，但存在着潜在的风险，即是否可以打印出真正的"人"？从理论上来讲，这是可以实现的，那么这将引发一系列的伦理问题，甚至直接威胁到人类社会存在的伦理基础。

刘步青在《3D 打印技术的内在风险与政策法律规范》中论述了 3D 打印是先进制造业技术，能够应用于诸多领域而解决人类目前存在的问题，并且阐明了政府理应制定相关政策扶持其快速发展。同时认为 3D 打印技术因其技术特性，可能造成知识产权、伦理道德等问题，甚至制造出危害人类社会的违禁物品，如枪支、毒品。文中建议政府在制定发展战略或者规章制度时应充分考虑可能产生的危害，做到提前预防，促进该项技术健康发展。

三、3D 打印技术的战略性分析

目前，3D 打印已成为各国优先发展的战略性新兴技术。美国认为 3D 打印技术、新能源技术、信息技术、网络技术、数字化制造技术等将引发第三次工业革命，并通过政府投资成立了美国首家国家制造业创新中心，即 3D 制造创新中心。德国在其"工业 4.0"计划中，将 3D 打印技术视为实现分布式、可视化、智能化生产的关键性技术，并且正在制定 3D 打印技术发展的国家战略。日本在其《制造业白皮书》中，明确提出重点扶持 3D 打印等制造业尖端技术优先发展，从而增强本国制造业的国际竞争力。中国政府在2015 年两会前发布了《国家增材制造产业发展推进计划（2015—2016 年）》。由此可见，3D 打印已成为战略资源，其发展能够促进我国产业结构调整，提升我国制造业综合能力。所以我国需要制定发展路线图和中长期发展计划，促进该项技术快速发展，抢占技术制高点，实现技术追赶或者超越；并且利用新工业革命到来的契机，实现跨越式发展，从而加速由"工业大国"向"工业强国"的转变。

王忠宏、李扬帆、张曼茵在《中国 3D 打印产业的现状及发展思路》一文中论述了 3D 打印产业发展现状，分析了其对中国制造业发展的战略意义，并根据我国工业发展现状给出了政策建议。此文认为该项技术的发展有助于我国攻克技术难关，提高工业设计能力和生产水平，将创造新的就业机会和经济增长点；同时指出该技术的发展需要加强产业联盟、行业标准建设和教育培训和社会推广等。

四、3D 打印技术的经济性分析

此类文献以行业报告为主，其中美国沃勒斯（Wohlers Associates）行业报告比较权威。根据美国沃勒斯（Wohlers Associates）2014 报告，2013 年全球 3D 打印市场增长率高达34.9%，市场达到了 30.7 亿美元。这种发展势头，超乎行业预测，远远超出 2011 年对市场的展望。沃勒斯协会分析了目前 3D 打印的应用领域，其分布如下：消费品/电子产品领域占 24.1%、汽车产业占 17.5%、医疗/牙科占 14.7%、工业机器占 11.7%、航空航天占 9.6%、学术机构占 8.6%、政府军队占 6.5%、建筑和地理信息系统占 4.8%、其他行业占 2.5%。同时，报告分析了 1998—2013 年，3D 打印设备在世界各国的分布状况。目前，美国作为该项技术的发源地和主推国家，拥有最多的 3D 打印设备，其拥有比高达 38.2%，相比于 2011 年其比例虽然有所下降，但是美国仍然掌握着其核心技术；日本拥有比高达 10.2%，基本与 2011 年情况持平；德国从原有的 9.19% 提高为 9.3%；中国拥有 8.6% 的 3D 打印设备，提高了 0.2 个百分点。法国、英国等欧洲强国拥有的比例基本与 2011 年持平。

第三节　选题研究理论基础

一、波普尔"三个世界"理论

波普尔最早在"没有认识主体的认识论"（Epistemology Without a Knowing Subject）中提出了"三个世界"的理论，并对其作出了比较系统的论述。波普尔认为除了物质世界和精神世界以外还存在着人类精神世界的产品，即世界。波普尔对三个世界作了以下的界定：(1) 物质世界（世界 1），其包括所有生命体和无生命体；(2) 精神世界（世界 2），包含了知觉经验和非无知觉经验；(3) 精神产物的世界（世界 3），包含了人类精神活动产生的理论知识，如相对论、牛顿三大定理等；还包含艺术作品，如电影、音乐、雕塑等；实践活动的产物，如电视、飞机、火车、汽车等。他认为除理论知识等虚拟信息以外，其他世界 3 成员，都需要世界 1 作为载体。按照此定义，世界 3 的组成比较复杂，它既包括世界 3 客体而且包括部分世界 1 客体。波普尔认为，其世界 3 的定义既包括人类精神活动的产物，又包括体现世界 3 的部分物质客体，这种定义具有扩展性，它给未来"三个世界"理论的研究提供了延伸空间。波普尔认为，世界 1 与世界 3 之间的作用关系是通过以人为载体的世界 2 完成的。尽管波普尔世界 3 的定义具有开放性和包容性，但是将部分人造物体划归为世界 3，造成世界 1、世界 2、世界 3 之间的划分不够清晰，不利于读者理解。本书更倾向于国内学者王克迪教授对世界 1、世界 2、世界 3 的划分，即世界 3 应当是纯知识或精神活动的产品。

王克迪教授的定义和划分能使研究人员清晰地理解世界 1、世界 2、世界 3，而且适合当代信息技术发展的需求。

二、STS 理论

随着现代科学技术的发展，人类社会呈现出复杂性和多样性的特征。科学技术与社会的相互作用关系引起了学术界的关注，成为了新兴研究方向，并形成了科学、技术与社会理论，即 STS 理论。STS 属于跨学科研究，它通过结合自然科学、技术科学、人文社会科学的相关理论，研究"科学"、"技术"、"人"、"社会"之间的相互作用关系；同时对现代社会的经济问题、政治问题、文化问题、社会问题、生态问题进行整体性研究。STS 通过系统化研究揭示科学技术对社会的综合作用，尤其是探索科学技术发展对人类社会产生的负面影响，通过科学规划和科学管理，提前预防负面作用的产生，实现社会、经济、文化、环境的全面协调发展。

三、海德格尔"座驾"理论

技术的大规模应用虽然在某种程度上展现了人的主体性，让人类更加"自由"，但是这种"自由"和主体性展现具有局限性，甚至是人类无法接受的。正如对技术的批判，技术的资本化应用使人类陷入了无穷无尽的"创新—制造—消费—垃圾"的生产模式，而普通劳动者也成为了这一模式的一个要素。自工业革命以来，技术在社会生产中的普遍应用，改变了人类的生产方式和生产关系。以机器为载体的流水生产线在工业生产中广泛使用，从而极大地提高了人类的生产效率，并使人从众多繁重的体力劳动中解放出来，但是支撑此种模式的工业技术，由于其超强的功能性、工具性限制了普通劳动者的选择性，让它成为工业生产中按照指令行动的"机器人"，甚至成为机器的"服务者"。海德格尔则认为，在座架（技术的本质）指引的"挑起"和"预置"的去蔽过程中，人也被还原成各种可利用的资源，而且按照参照物的可预置性来规定自身的实践标准，从而使得人类本来那种无限展开的可能性被"预置"成为某一种功能。于是真正能够在现代工业生产中体现主体性、自由选择可能性的人只是极少数的创造者，更多的是以牺牲自由为代价成为丧失主体性的劳动者，或者说是现代工业社会的"要素"。

四、政治经济学

生产方式（Mode of Production）是指人类获得所需物质资料的劳动方式。生产方式是生产力与生产关系的有机统一，生产力反映人与自然界之间的关系；生产力反映生产方式的物质内容，生产力包括三要素：劳动者、劳动资料和劳动对象，其中劳动者占据主导地位，劳动资料作为改造世界的工具展示着人类生产力水平。根据劳动资料的演变，可以将人类历史划分为不同的经济发展阶段；生产关系反映了人与人之间的关系，生产关系是生产方式的社会形式。它具体表现为生产过程中的生产、交换、分配、消费等关系。生产关系的基础是生产资料的所有制形式，其决定了生产过程中人的地位和相互关系，决定了交换、分配、消费关系。

人类发展至今，生产力随着科技水平的进步发生变化，甚至产生革命性变革。相对于生产力，生产关系相对稳定。生产力根据内容与形式的辩证关系，要求生产关系与之相适应。由此，生产力和生产关系之间必然形成相互依存，相互作用的辩证关系。生产关系的存在、发展、变革决定于生产力的发展程度；生产力和生产关系的矛盾运动构成了生产关系一定要适合生产力状况的规律。其中，生产力是矛盾的主要方面，对生产关系起着决定作用。

五、技术创新与知识产权制度

随着技术创新的不断发展，知识产权制度变得尤为重要。"保护知识产权，鼓励技术创新"已成为学界关注的焦点。因此，关于技术创新与知识产权制度相互关系的研究已经成为法学、经济学、管理学、哲学等多学科的热点课题。

西方经济学界关于技术创新与知识产权制度相互性的研究主要通过经济学的方法来分析，将知识产权制度的发展界定在制度创新的层面。视制度创新和技术创新为资本主义经济发展的两大基本动因。在对这两种因素的作用方式和相互关系的阐述上，经济学家更多的是从技术创新的经济效益以及制度变迁的角度来论证自己的观点。道格拉斯·C. 诺斯（Douglass C. North）在其《经济史中的结构与变迁》一书中认为：制度性的因素对经济增长起着决定性的作用，制度创新是实现技术创新的有力保障，同时制度创新的核心又是产权制度的创新。"一套鼓励技术变化，提高创新的私人收益率使之接近社会收益率的系统的激励机制仅仅随着专利制度的建立才被确立起来。"

著名的物理学家、科学史学家贝尔纳则在《科学的社会功能》中强调了知识产权制度的阻碍作用，他认为"另一个严重干扰科学成果的应用的因素是专利法"，"专利法经常不能奖赏最初的发明家而且妨碍而不是促进发明的进展"，"现行的专利制度一方面无法奖赏发明家，另一方面却往往严重损害公众的利益"。

本书通过追述打印技术的演变历程，总结此类技术的整体发展规律，并对其发展做出试探性预测，同时研究 3D 打印技术的工作原理和特性，提出该项技术的本质和内涵；利用哲学独有的反思精神，借鉴现有科技哲学研究成果，重点利用波普尔"三个世界"理论对该项技术进行哲学解读。同时，从哲学层面系统地概述了该技术对人类主体性的影响以及对现有伦理道德的冲击；在马克思政治经济学框架下，研究 3D 打印技术对生产力以及生产方式的影响，并试探性论述通过调整生产关系而促进生产力的进一步发展；科学技术具有内在风险性，3D 打印技术的发展将对现有知识产权法产生冲击，通过研究具体实例给出相应的对策建议，避免其对人类社会产生危害；通过借鉴各国 3D 打印产业的发展战略以及结合我国工业发展现状，提出该技术稳步发展的对策建议。通过以上研究，希望本书能够对 3D 打印技术的发展起到实践指导作用，能够加快其发展，从而推进我国产业结构调整，实现从"工业大国"向"工业强国"的转变；同时通过该项技术与信息网络技术的融合，实现李克强总理提出的"互联网+"计划。

第二章　3D 打印技术的发展及其内涵

随着人类进入工业革命时代，诸多技术的发明使人类的生产生活变得更加高效且富有成果。随着知识储量日益增加，急需一种更快、更准确的文字记载方式，同时在资本主义制度和市场经济体制的催促下，人类也需要更为规范和高效的文字发布体系。传统的印刷技术显然已经不能满足人类社会发展的需求，打字机的诞生则满足了社会发展对文字记载的高效、规范、准确的要求。本章将着重介绍打印技术及其发展历程、技术特征以及发展规律和哲学思考。

第一节　打印技术的发展回顾

人类社会发展至今，出现了不同种类的打印技术和设备，它从最初的文字打印、图像打印到现在的实物打印、从二维打印到三维打印，甚至四维打印、从无机物到有机物的打印的演变过程中，对人类社会产生了深远的影响。

一、打字机及其发展

随着人类社会的发展，传统的信息记录方式已经无法满足社会发展对文本规范的需要，打字机正是在这种社会需求的推动之下，由不起眼的发明变成了一种沿用至今的现代化办公工具。这期间，打字机经历了几次重大变革，从而满足人类社会发展的需求，使文本书写变得更加高效、规范、快捷。下面简要论述打字机发展的相关历程。

（一）机械打字机

关于世界上第一台打字机的准确信息，在现有文献资料中很难确定。当前关于第一台打字机的出现时间和发明者的主要判断为以下几种说法：第一种说法：世界上第一台机械打字机是意大利人佩莱里尼·图里于1808年发明的。虽然无法考证其真实有效性，但在意大利勒佐市的档案馆里却保留有使用该打字机打出的信件，所以这便成了关于第一台打字机争论的焦点之一。第二种说法：1829年，来自美国密歇根州的威廉·伯特获得了由于印刷工人使用的拨号，而不是键，来选择各字符，它被称为"索引打字机"而不是"键盘打字机"。关于"排字机"的专利，因为使用者通过转盘，而不是按键来选择各字符，导致这台机器比手写要慢，所以发明从未被商业化应用。第三种说法：1864年，奥地利的木匠彼得·弥顿豪威尔制作了一台木质打字机，目前陈列在德国德累斯顿市的技术博物馆中。通过敲打打字机的键钮，联动顶端的微型木质字母，并使其从下向上打到固定框架的纸上，则完成一个字符的打印工作。但这台打字机制作粗糙，效率不高，所以没有得到推广。

从上述三种说法可以看出，打字机的最初发明，并不存在商业目的，而只是个人兴趣爱好和私人需求的体现。当然受到发明者自身实力和社会科技水平的限制，这两台原始的打字机存在着效率低、制作粗糙的劣势，也没有得到商业化利用，所以对于社会生产生活方式并没有产生多大的影响。但是作为原始技术雏形，则为后世发明大规模商业化生产的打字机提供了参考样本。

世界上第一台商业化的打印机是由克里斯托夫·肖尔斯（C. Sholes）于1868年设计出，并通过申请专利获得了打字机的经营权。根据克里斯托夫·肖尔斯打印机架构理念，雷明顿公司生产出了世界上第一台商业化打印机，如图2-1所示。

之后，诸多工程师对打字机进行了不断的完善，但所有改进的打字机实际上都只是肖尔斯设计架构的不同变化形式而已。即使电动打字机也不过是一台熟悉的打字机带有电源的形式。1960年，IBM公司发明了字球式打字机，利用一个打印球代替了原有的打印连杆，从而进一步提升了打字机的工作效率。1978年，通过融入电子计算机技术，打印机开始使用电子微处理器和菊瓣字轮，并一直沿用至今。

图 2-1 世界上第一台商业化打字机

　　打字机作为西方工业文明的产物，在被商业化使用后，也逐步衍生出能打印其他文字的打字机。其中，第一台中文打字机是由山东籍留美学生祁暄在 1915 年 9 月发明，并取得了国内发明专利。借鉴英文打字机技术，并且根据先拆字再组合的原理构造而成的手动打字机，其运用灵便，构造完备，所印字迹鲜明。但是由于汉字结构较为复杂，传统的机械式中文打字机的打字效率实为不高，所以一般还是采用手抄或者油印。所以即便到了 20 世纪中叶，在使用汉字的地区，唯有财力充裕的学校才能使用得起中文打字机。随着电子技术的发展，如同英文打字机的不断进步一样，中文打字机也借助新的电子技术，采用拆字法的小键盘电子式中文打字机随即被发明。到 20 世纪 80 年代中期，随着微电脑的普及，香港作家简而清与大陆生产商合作研制出一台能使用笔描绘汉字的手提中文打字机。

（二）电子化打印机

1. 电传打字机

　　电传打字机(英语：Teleprinter、Teletype writer Tele-Type，缩写为 TTY)，简称电传，是远距离打印交换的编写形式。电传打字机通过多种通信信道，实现点对点或者点对多点的信息传输。电传打字机既具有电话的远距离快速信息传送，同时还具有打字机的快速化、准确化、规范化等特点。

加拿大人克里德发明了电传打字电报机，而真正被大规模商业化使用的电传打字机是由克鲁姆于 1907 年制造的一台具有现代特征的电传打字机。这种打字机采用了一种基于五单位二进制码排列的新系统。这种电传打字机由键盘、收发报器和印字机构三大模块组成。电传打字机主要分机械式、电子式两类。

2. 电子打字机

在打字机发展史上，最重要的进步是人类结合了机器和电子技术，发明了电子式打字机。它主要采用了塑料或者是金属菊花轮原理替代了原有的机械式打字机的版球。1981 年，施乐公司将菊花轮技术应用于打字机，这项技术的引入降低了打字机的成本；同时电子打字机的存储和显示功能，使得打字机使用者提前发现编辑错误并进行修改。随着科学技术的进步，人类生产出了更加先进的电脑打字机。相比于机械和电子打字机，电脑打字机有了更加先进的功能，可以通过显示器及时发现错误，而且更加方便地进行修改。

二、针式打印机及其发展

针式打印机(或称点阵式打印机, Dot Matrix Printer)是依靠一组像素或点的矩阵组合，并利用打印钢针按矩阵组合打印出字符，每一个字符可由 m 行×n 列的点阵组成。点阵式打印机的"打字"原理与前面所叙述的机械式打字机原理相同，都是运用击打式"成像"。不同点在于针式打印机用一组小针来产生精确的点，通过点的矩阵组合形成字符。这样"自由组合"的成像方式使得针式打印机不仅可以打印文本，而且还能打印图形。

(一)针式打印机的特点

虽然针式打印机相较于喷墨打印机，其颜色单调、像素极差，只能生产单色的文字；相比较于激光打印，其速度过慢、像素同样极差，但是针式打印可以实现多联复写打印，所以依然在银行、超市等行业有着广阔的市场。

（二）针式打印机的工作原理

目前市场上有多种型号的针式打印机，但其基本构成都包括打印机械装置、控制与驱动电路。通过控制面板精确控制针式打印机的各个机械装置，使其进行三种运动：打印头的横向运动、打印纸的纵向运动以及打印针头的击针运动，通过以上运动完成打印成像工作。就像微型计算机，针式打印机的操作都是在中央处理的控制下完成的。中央处理器可以接受控制面板的指令或者主机的指令，根据指令中央处理器控制针式打印机打印出相应内容。

三、喷墨打印机及其发展

喷墨印刷是一种计算机打印技术，通过将墨滴喷至纸张、塑料或其他底面上而呈现数字图像。喷墨打印机是目前比较常用的打印机，包括小型廉价的消费类机型以及价值几万美元或更高的大型专业机器。

喷墨印刷的概念产生于 19 世纪，在 20 世纪中叶开始广泛使用。在 20 世纪 70 年代末，开发出能够再现计算机数字图像的喷墨打印机，主要厂商包括爱普生、惠普（HP）和佳能。

当前喷墨打印机主要使用的技术为连续喷墨（Continuous Ink Jet，CIJ）和按需喷墨（Drop-On-Demand，DOD）。

（一）连续式喷墨（CIJ）

目前，连续喷墨技术主要用于产品和包裹的标记和编码。在 1867 年，开尔文勋爵申请了虹吸记录器专利，其利用电磁线圈驱动的墨水喷嘴在纸张上连续记录电报信号。1951 年，西门子运用 CIJ 技术，推出了第一台医疗图表记录器。

（二）按需式喷墨（DOD）

按需喷墨可分为热发泡式喷墨（Thermal DOD）和压电式喷墨技术（Piezoelectric DOD），目前大多数消费类喷墨打印机，其中包括佳能、惠普和利盟生产的产品，都采用热发泡喷墨工艺。采用热激发推动墨滴的想法由两个独立的研究团队同时提出，惠普科瓦利斯研发团队和佳能公司研发团队。热发泡喷墨工艺使用的墨盒包含一系列微小的腔室，每个都包含一个加热器，所有腔室采用光刻法制造。该项技术使用的墨水通常为水性油墨，并使用颜料或染料作为着色剂。所使用的墨水必须具有挥发性成分，以便形成蒸汽泡；否则，无法进行墨滴喷射。由于不需要特殊材料，打印头一般比其他喷墨技术便宜。

目前，大多数商业和工业喷墨打印机以及部分消费类打印机使用压电材料代替加热元件。当施加电压时，压电材料改变形状，其在液体上产生的压力脉冲迫使墨滴从喷嘴喷出。由于不需要挥发性成分并且不会堆积油墨残留物，压电喷墨可以使用比热发泡喷墨更广泛的墨水，但由于采用压电材料，打印头制造成本较高。压电喷墨技术通常用于生产线对产品进行标记。

喷墨打印机具有许多优点，其工作噪音比打点字模打印机或转轮式打印机低；同时打印头具有更高的分辨率，可以打印更精细、更平滑的细节。

四、激光打印机及其发展

激光打印是一种静电数码印刷工艺，通过激光束扫描鼓而生成高质量的文字和图像。激光打印机(laser printer)是运用激光打印机技术而快速印制高质量文本与图形的打印机。相比于数字复印机、多功能喷墨一体机，激光打印机采用了静电印刷方式，即通过激光束快速扫描鼓产生图像，激光打印机可以快速生成高质量文字和图像。

(一)激光打印机发展历史

1971年，施乐公司的工程师斯塔克韦瑟，通过改进一台复印机制造出了一种扫描激光输出端，即世界上第一台激光打印机。1972年，斯塔克韦瑟、巴特勒兰普森和罗纳德·里德尔共同合作，在原有的扫描激光打印机上增加了控制系统和字符发生器，制造出了施乐9700激光打印机的原型。施乐公司因激光打印机的发明而获得了巨大收益。

1976年，IBM公司首次设计推出了商业化激光打印机IBM3800。它主要用于数据中心，取代了连接于电脑主机的行式打印机。IBM3800可以进行大批量印刷，能够实现每分钟215的打印速度，并且能都达到240DPI的分辨率。1979年佳能公司研制出了低成本的桌面打印机，LBP-10。随后佳能研究开发了改进型的LBP-CX激光打印机。1981年，施乐公司开发出了首款办公用途的激光打印机XeroxStar8010。但是因为价格昂贵，只有少数实验室和研发机构才能购买这款产品。

随着计算机技术的发展，惠普公司于1984年设计制造了首款面向大众市场的激光打印机HP LaserJet。它采用佳能公司的硬件架构，并且通过HP打印机软件控制其工作。因为市场庞大，兄弟公司、IBM等推出了各自的激光打印机。

1985年，苹果公司推出了LaserWriter，它使用了新发布的页面描述语言——PostScript。因为PostScript使用文本、字体、图形、图像、色彩等不受品牌和分辨率的限制，这也解决了因为不同激光打印机生厂商使用自己的页面描述语言而带来的操作复杂和价格昂贵等问题。1985年，Aldus为Macintosh和LaserWriter编写了PageMaker软件，而且这种组合成为最流行的桌面发布系统。使用这些产品，普通用户就可以制作以前只有经过专业排版才能完成的文档。如同其他设备，随着技术的发展和生产成本的降低，激光打印机的价格也在大幅度降低，已经取代了喷墨打印机，成为了最普遍的打印设备。

(二)激光打印机的工作原理

激光打印机是由激光器、声光调制器、高频驱动、扫描器、同步器及光偏转器等组成，其作用是把接口电路送来的二进制点阵信息调制在激光束上，之后扫描到感光体上。感光体与照相机组成电子照相转印系统，把射到感光鼓上的图文映像转印到打印纸上，其原理与复印机相同。激光打印机是将激光扫描技术和电子显像技术相结合的非击打输出设备。它的机型不同，打印功能也有区别，但工作原理基本相同，都要经过充电、曝光、显影、转印、消电、清洁、定影七道工序，其中有五道工序是围绕感光鼓进行的。当把要打印的文本或图像输入计算机中，通过计算机软件对其进行预处理。然后，由打印机驱动程序转换成打印机可以识别的打印命令

(打印机语言)送到高频驱动电路,以控制激光发射器的开与关,形成点阵激光束,再经扫描转镜对电子显像系统中的感光鼓进行轴向扫描曝光,纵向扫描由感光鼓的自身旋转实现。

第二节 3D 打印技术及其发展

3D 打印技术(Three-Dimension Printing),又称添加制造或者增材制造(Additive Manufacturing, AM),属于目前各国致力于发展的先进制造技术之一,它是以物体的数字化信息为基础,通过将粉末状金属或塑料等可粘合材料层层叠加而制造三维实体。

一、3D 打印技术及其发展历程

3D 打印思想最早出现于 19 世纪末,这成为该技术发展的重要思想来源和不断探索的精神推动力。3D 打印技术作为"19 世纪的思想,20 世纪的技术,21 世纪的市场",经历了以下几个发展过程:

19 世纪末,美国研究出了的照相雕塑和地貌成形技术,1892 年,Blanther 第一次公布了使用层叠成形的方法去制作地形图的构思。

1940 年,Perera 提出了与 Blanther 相同的技术构想,指出可以沿等高线轮廓切割硬纸板然后叠成模型制作三维地形图的方法。

1972 年,Matsubara 在纸板层叠技术的基础之上初次指出可以尝试使用光固化材料,光敏聚合树脂涂在耐火的颗粒上面。然后,这些颗粒将被填充到叠层,加热后会生成与叠层对应的板层,光线有选择地投射到这个板层上将指定部分硬化,没有扫描的部分将会使用化学溶剂溶解掉,这样板层将会不断堆积知道最后形成一个立体模型。我们认为这一技术设想和装置已经初步具备了当代 3D 打印机的雏形,因为其已经有逐层、增材、成形的技术加工过程。

1977 年,Swainson 提出了可以通过激光选择性照射光敏聚合物的方法直接制造立体模型。同时期,Schewerzel 在 Battlle 实验室也开展了类似的技术研发工作。

1979 年，日本东京大学的 Nakagawa 教授开始使用薄膜技术制作出实用的工具；同年，美国科学家 R. F. Housholder 获得类似"快速成型"技术的专利，但没有被商业化。

1981 年，Hideo Kodama 首次提出了一套功能感光聚合物快速成型系统的设计方案。

1982 年，Charles W. Hull 试图将光学技术应用于快速成型领域。

1986 年，Charles W. Hull 成立了 3D Systems 公司，研发了著名的 STL 文件格式，STL 格式逐渐成为 CAD、CAM 系统接口文件格式的工业标准。

1988 年，3D Systems 公司研制成功了世界首台基于 SLA 技术平台的商用 3D 打印机 SLA-250。同年，ScottCrump 发明了另一种 3D 打印技术 FDM 技术，申请注册专利之后成了 Stratasys 公司。之后在 1992 年，Stratasys 公司推出了第一台基于 FDM 技术的 3D 打印机——3D 造型者，标志着 FDM 技术正式进入商业化时代。

1989 年，美国得克萨斯大学奥斯汀分校的 C. R. Dechard 发明了 SLS 技术，基于 SLS 成形之技术特点，SLS 技术用途极广并且可以使用多种材料，这使得 3D 打印从此走向多元化。

1993 年，美国麻省理工大学的 Emanual Sachs 教授发明了三维印刷技术(Three-Dimension Printing，3DP)。

经过这么多年的快速发展，3D 打印技术日趋成熟，商业化应用也在崭露头角。世界各国政府和企业都看到了这其中的无限科学、工程、商业潜能，纷纷投入巨大的人财物力，进行 3D 打印机的研制工作。

1996 年，前面提到的两家公司 3D Systems，Stratasys 各自发布了新一代的 3D 打印机，其中 Stratasys 公司在三年后又发布了桌面级 3D 打印机。而后来者 Z Corporation 公司在 1996 年推出了新型快速成型设备 Z402 之后，于 2005 年又发布了世界上首台高精度彩色 3D 打印机 Spectrum Z510，至此 3D 打印进入彩色时代。

2007 年，3D 打印服务的创业公司 Shapeways 成立，Shapeways 公司基于 3D 打印机对于"商品数据"的依赖性，建立起了此项服务设计的在线交易平台，开启了社会化制造模式。

2008 年，美国旧金山一家公司通过添加制造技术首次为客户定制出了假肢的全部部件。

2009 年，美国 Organovo 公司首次使用添加制造技术制造出人造血管。

2011 年，英国南安普敦大学工程师 3D 打印出世界首架无人驾驶飞机，造价5 000英镑。

2011 年，Kor Ecologic 公司推出世界第一辆从表面到零部件都由 3D 打印制造的车"Urbee"，Urbee 在城市时速可达 100 英里，而在高速公路上则可飙升到 200 英里，汽油和甲醇都可以作为它的燃料。

2011 年，i. materialise 公司提供以 14K 金和纯银为原材料的 3D 打印服务，可能改变整个珠宝制造业。

3D 打印在其发展过程中，受制于技术条件和成本价格等原因，起初主要应用于专业化、重量级的产品原型设计和生产。正如计算机的发展过程，它经历了从昂贵、笨重、低效到廉价、小巧、智能化的发展路径，这与当前 3D 打印机的发展路径基本相似。目前，随着 3D 打印机的商业化、市场化、家庭化的应用，已经使普通老百姓能够根据自身需求打印简单的物件。

二、3D 打印技术的分类及工作步骤

(一)3D 打印技术的分类

目前，已经产生了多种 3D 打印工艺，它们主要的区别在于沉积方法和所使用的材料的不同，主要包括以下几类：

1. 分层实体成型(Laminated Object Manufacturing，LOM)

分层实体制造(LOM)是由 Helisys 公司开发的快速原型系统，LOM 主要使用纸，金属箔，塑料薄膜等材料。在打印过程中，胶带纸、塑料薄膜，或金属层压板依次胶合在一起，并且通过刀或者激光切割器切割成形。这种技术制造的产品的分辨率取决于材料的分辨率。

其成形过程如图 2-2 所示，激光切割系统按照计算机提取的横

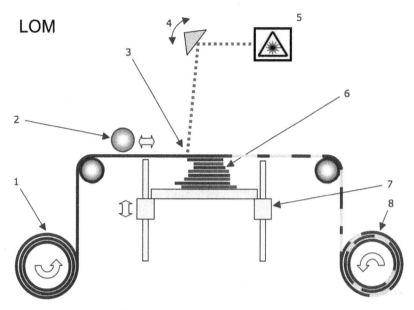

1. 金属箔供应仓；2. 加热滚筒；3. 激光束；4. 扫描镜；
5. 激光源；6. 层面板；7. 移动平台；8. 肥料仓

图 2-2 分层实体成型

截面轮廓线数据，将背面涂有热熔胶的材料切割出工件的内外轮廓。切割完一层后，送料机将新的一层材料叠加上去，利用热粘压装置将已切割层粘合在一起，然后再进行切割，这样层层切割、粘合，最终成为三维工件。此方法除了可以制造模具外，还可以直接制造结构件或功能件。该方法的特点是原材料价格便宜、成本低。

2. 熔融沉积成型（Fused Deposition Modeling，FDM）

20 世纪 80 年代，S. 斯科特·克伦普发明了熔融沉积成型技术（Fused Deposition Modeling，FDM），这项技术按照增材制造原理，逐层堆积材料形成三维物体。FDM 主要使用塑料纤维或者金属丝作为原材料，利用电加热将原材料加热至熔点以上一度，将熔融的材料涂覆在工作台上，冷却后形成工件的一层截面，重复此操作并制造三维物体，其工作原理如图 2-3 所示。FDM 的优点主要是污染小、材料可重复使用、操作简单。图 2-4 为熔融沉积成型机。

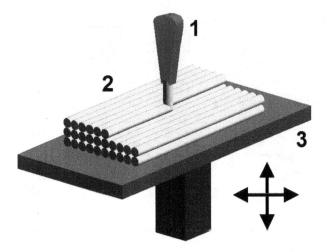

1. 送料喷嘴；2. 沉积材料；3. 可控性移动平台

图 2-3　熔融沉积成型

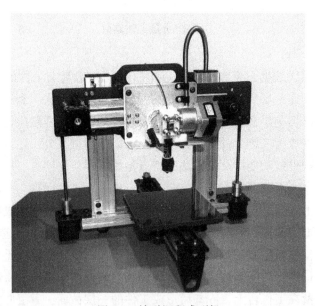

图 2-4　熔融沉积成型机

3. 立体光固化成型(Stereo Lithography Appearance，SLA)

SLA 工作原理：用特定波长与强度的激光聚焦到光固化材料表面，使之由点到线，由线到面顺序凝固，完成一个层面的绘图作业，然后升降台在垂直方向移动一个层片的高度，再固化另一个层面，重复此操作形成了三维实体，如图 2-5 所示。

SLA 主要以液态光敏树脂为原料，SLA 主要有以下优点：加工速度快，产品生产周期短，无须切削工具与模具。SLA 主要有以下缺点：造价高昂，使用和维护成本过高等。

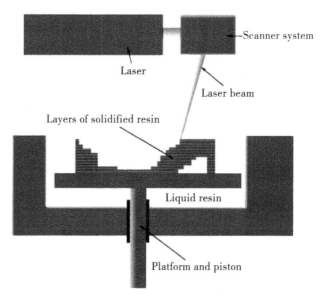

图 2-5　立体光固化

4. 选择性激光烧结(Selective Laser Sintering，SLS)成型

20 世纪 80 年代中期，卡尔·戴克博士和得克萨斯州立大学博士生导师乔比曼共同发明了选择性激光烧结(SLS)技术，并且申请了相关专利。选择性激光烧结是采用激光有选择地分层烧结固体粉末，并使烧结成型的固化层叠加生成所需形状的零件。其整个工艺过程包括 CAD 模型的建立及数据处理、铺粉、烧结以及后处理等。SLS 技术的快速成型系统工作原理如图 2-6 所示。

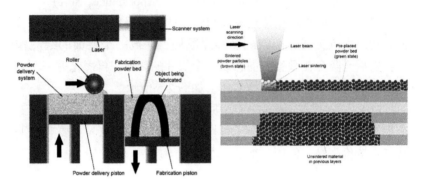

图 2-6 选择性激光烧结工作原理图

5. 电子束自由成形制造（Electron Beam Freeform Fabrication，EBF3）

电子束自由成形技术以电子束为热源，溶化金属丝制造零件。电子束自由成形技术最早由美国国家航空航天局兰利研究中心发明，LaRC 具有这项技术的专利权。这项技术主要用于制造复杂的、"近净成形"的部件；相比于传统工艺，它需要更少的原材料和后续处理。

（二）3D 打印技术的工作步骤

3D 打印技术的发展至今，形成了多种快速成型方式，但是无论哪种方式都需要以下工作步骤：

1. 软件建模

目前，主要通过计算机辅助设计（Computer Aided Design，CAD）、3D 扫描仪或者摄影测量软件等设计 3D 打印模型。软件建模可以分为两种：（1）直接通过 CAD 设计模型数据；（2）通过 3D 扫描仪，扫描手工模型得到 3D 打印数据。无论用任何一种软件建模，3D 模型数据都需要转变为 STL 格式或者 OBJ 格式，以便于打印软件可以读懂并且执行数据。在 3D 建模过程中，要特别注意，在 3D 打印前，必须检查流行误差，尤其是 STL 格式文件是通过 3D 扫描获得的。

2. 打印过程

当 3D 打印机执行打印时，需要在 G 语言指令的控制下进行连续逐层打印。所以 3D 打印机需要通过"切片机"（slicer）软件将 STL 格式的模型数据转换为切面数据，并且将 STL 格式文件转换为 G 语言指令。G 语言产生的截面数据与 CAD 建模的界面是完全吻合的，所以 3D 打印技术可以制造几乎所有几何形状的物体。

为了实现 3D 打印，我们首先需要在计算机中创建出虚拟的模型，这需要使用 3D 建模软件也就是通常所说的 CAD 软件来完成。根据具体建模的需要以及应用的领域，可以选择不同的软件，其中包括对 3D 建模起辅助性作用的 2D 绘图软件，如 Illustrator, Corel Draw, Auto CAD 等，工业或工程领域的核心 3D 建模软件，如 Pro/E, Solid Works, CATIA 等。对于艺术家和视觉设计师则更倾向于使用 Rhino 或 Alias 等曲面建模软件。另外，还有很多开源软件，如 Google Sketch Up, Blender 等。但是，3D 建模软件本身就对 3D 打印的普及造成了一些障碍，因为需要用户经过一段时间的学习，同时要有三维想象能力，对打印出的作品，头脑中提前要有大致的概念。最新的开源软件包括 Tinkercad, Autodesk123D, 3DTin 等，这些软件可以输出 STL 格式的文件是很大的优势。然而，这些开源软件输出的 STL 文件，有时候质量并不高，并不能直接用于 3D 打印，有些软件只基于 Windows 平台，有些软件只基于网络或只能通过浏览器来使用。诸如 Maya, 3D MAX 这类用于动画制作的软件也可以用来建模，但是只能形成曲面模型，还需要其他软件来转换成计算机中的实体模型，才能用于 3D 打印。

另一种建模方式就是使用 3D 扫描仪或力反馈触觉传感臂。3D 扫描仪扫描实物后形成点云，通过相应的软件把这些点云转换成曲面和实体。通常，使用 3D 扫描仪对物体的不同部分进行扫描，然后利用软件把这些部分拼接起来形成和实物一样的完整的数字模型。一般情况下，还需要对得到的模型文件做清理和转化，以便适合 3D 打印。或者也可以把这些扫描得到的模型导入 3D 建模软件中，根据作品的需要利用建模软件对数字模型做造型上的变化和调整，然后再导出 STL 文件用于打印。

3D 扫描仪有很多种，包括接触式的、激光式的，等等。使用力反馈触觉传感臂建模的方法是这样的，设计人员手握笔形传感器，面对计算机，在力反馈的作用下，仿佛用雕刻刀在粘土上实时造型一般，最终完成三维数字模型的创作。

一旦通过建模软件或者扫描的方式创建好了 3D 数模，接下来就是把数模转换成 3D 打印机驱动软件可以读取的格式，也就是把文件转换成 STL 三角网格面，再用 3D 打印机驱动软件对 STL 文件做切分，分成一层一层的刀路，然后控制打印机，完成一层一层的实物打印工作。

对于普通用户来说，整个过程的重点在建模部分，纵然 3D 打印能够成型十分复杂的零件，但是在具体工艺上仍然会有要求，比如，零件的最小壁厚，零件曲面的最大倾斜角度，收缩率，等等。所以，要针对 3D 打印的工艺特性以及不同打印机的特点和要求进行建模，这样才能确保最终打印出满意的作品。

在北方网一款电子产品的下壳原型制作流程中，使用 3D 建模软件 SolidWorks 完成三维数模创建，输出为 STL 格式，使用 Ultimaker 公司出品的 Cura 软件导入 STL 文件，进行模型的分层和切片，可以根据模型特点添加支撑结构，并对模型内部做不同形式的填充，生成打印每层材料时打印头的移动路径，输出可控制打印机的代码。最后用 3D 打印机制作出实物。

3. 制作完成

一般来说，3D 打印技术的分辨率可以满足大多数产品制造，要获得更高分辨率的物品可以通过如下方法：先用三维打印机打出稍大一点的物体，再用减材制造工艺除去多余部分，可以得到"高分辨率"物品。

三、3D 打印技术发展的必然性

从 1984 年 Charles Hull 的第一个 3D 打印方面的专利开始，3D 打印技术经历 30 年的发展，取得了长足的进步，发展出了很多不同的技术路线，无论是 3D 打印技术的实际应用还是产业链的整合以及商业模式的探索，都与具体使用哪种 3D 打印技术有着密切的联系，所以，有必要对各种主流技术做详细的介绍。目前，3D 打印的技术路线划分其中使用较多的八种作详细介绍。

目前，3D 打印技术逐渐融入人类社会诸多领域，正在应用于制造业、航空航天、生物医药、建筑行业、食品生产等领域，并且催生出许多新的产业。目前，西方发达国家认为 3D 打印技术、网络技术、新能源技术是推动新工业革命的核心技术，并且纷纷制定该项技术的发展战略，以便抢占高尖端技术制高点，提升本国国际竞争力。

2008 年金融危机后，美国开始启动相关政策提升传统制造业战略地位。2010 年 10 月，美国联邦政府发布"先进制造伙伴关系"（The Advanced Manufacturing Partnership，AMP）计划。2012 年美国联邦政府提出"美国国家制造创新网络"（National Network of Manufacturing Innovation，NNMI）计划，国家总投资额为 10 亿美元。美国政府通过严格的技术评估，认为 3D 打印是一种革命性的先进制造业技术，能够帮助美国创造大量的工作岗位，能够通带动经济快速发展。根据评估结果，美国政府投资 3000 万美元成立了第一家国家制造业创新中心——国家增材制造创新中心（National Additive Manufacturing Innovation Institute），即 3D 打印技术创新中心。该中心的成立形成了国家、高校、跨国企业的科研机构以及部分社会非盈利性机构的联盟，通过联盟方式鼓励和推动创新。由此可见，美国联邦政府已将 3D 打印提升为国家战略性新兴技术以及发展先进制造业的核心技术。目前，美国采取一系列先进制造业发展计划，增强其研发和创性能力、从而保证美国在制造业的领先地位。

2008 年金融危机后，欧洲诸多国家经济受到了重创，但是德国经济并没有受到很大影响，而且实现了经济的快速发展。这是因为德国一直重视作为国民经济支柱产业的制造业，而且注重发展先进制造业技术和提高工业过程管理的水平。德国工业在嵌入式系统、工业自动化、网络信息化技术方面处于世界领先水平，这确保了德国在装备制造业的领先地位。目前，先进制造业和网络信息化技术融合已成为必然的趋势，因此德国政府于 2011 年制定了《高技术战略 2020》国家战略。《高技术战略 2020》包含了具有战略意义的十大未来项目，"工业 4.0"作为实现网络化、分布式、个性化定制生产而名列其中。"工业 4.0"概念最早出现于汉诺威工业博览会，它是由"工业 4.0"小组编制的实现"第四次工业革命"的规划。3D 打印能够实现智能化、个性化、社会化定制生产，因此它被纳入"工业 4.0"计划，成为智能工厂的主要组成部分。根据德国"研究与创新专家委员会(EFI)"的报告，3D 打印将促进制造业回归，给德国带来上百亿的工业产值。目前，该委员会正在敦促德国政府制定 3D 打印发展战略。

众所周知，日本的制造业处于世界领先水平，尤其是电器制造处于世界最高水平。但是随着日本高技术产业的海外转移，其出口增长萎靡、制造业国际竞争力下降、经济发展速度放缓。2014 年，日本政府通过了《制造业白皮书》，借此发展 3D 打印、新能源、机器人等制造业尖端技术，以便增强日本制造业水平，提升其国际竞争力。

改革开放后中国经济实现了飞速发展，已成为了"世界工厂"，但是大多数商品处于全球价值链低端，产品附加值较低。目前，中国政府制定了从"制造业大国"向"制造业强国"转变的一系列战略规划。2015 年两会前，工业和信息化部、国家发展和改革委员会、财政部等联合发布了《国家增材制造产业发展推进计划(2015—2016 年)》。该计划提出通过营造良好的商业环境，明确企业主体性地位，形成产业联盟甚至创新中心，从而推动 3D 打产业健康快速地发展；并且认为 3D 打印有助于我国提升制造业水平，加速产业结构转型。计划中设定了 3D 打印技术的短期发展目标，比如，(1)重点选择 2~3 家企业，通过政策扶持提高其研发能力和国际竞争力；(2)发展材料科学研制 3D 打印专用材料；(3)提高 3D 打印设备制造能力。(4)加深该项技术在航空航天、生物医学等领域的应用，促进我国基础科学研究；(5)通过建立产业联盟、创新中心等形成完善的创新体系；(6)通过成立行业协会，研究该技术可能带来的社会风险，做到提前预防。

由此可见，3D 打印已成为了各国优先发展的战略性新兴技术，其发展状况将影响各国制造业国际竞争力甚至经济的发展。所以我国应将该技术的发展作为强国战略的一项重点工作，通过发展该技术改变我国制造业相对落后的局面，推进从"制造业大国"向"制造业强国"的转变。

四、3D 打印技术的应用领域

3D 打印作为"19 世纪的思想、20 世纪的技术、21 世纪的市场"，已经被应用于人类社会的诸多领域，如制造业、航空航天、生物医学、建筑及地理信息系统、电子机器人等领域，正在影响着人类的生产生活方式。

（一）制造业应用

2014 年 10 月 29 日，在芝加哥举行的国际制造技术展览会上，美国亚利桑那州的 Local Motors 汽车公司现场演示世界上第一款 3D 打印电动汽车的制造过程。这款电动汽车名为"Strati"，整个制造过程仅用了 45 个小时。Strati 采用一体成型车身，最大速度可达到每小时 40 英里（约合每小时 64 千米），一次充电可行驶 120～150 英里（约合 190～240 千米）。目前我国沿海经济发达地区已经出现了 3D 打印服务提供商，可以根据客户个性化需求提供定制服务。而且 3D 打印技术借助网络技术，可以实现分布式生产。客户可以选择本地 3D 打印服务提供商，生产出符合自己需求的产品。虽然目前 3D 打印技术在工业制造业的应用还处于初级阶段，正如"工业 4.0"所设想，3D 打印技术的使用会逐渐改变目前的生产模式，将会使工业制造走向分布式、个性化、社会化定制生产。

（二）航空航天领域

航空航天属于高尖端领域，其所需零部件基本通过单件定制生产。对于传统制造方式，这种个性化定制生产必将提高其生产成本。而且因为产品精度要求高，所以生产周期较长；而且航空航天领域使用的原材料基本属于贵金属，传统制造方式下材料的使用率比较低，这将加大零部件生产的成本。同时，航空航天领域对零部件的要求是轻而强度高。3D 打印技术的技术特性决定了能够实现个性化，定制生产，能够满足单件定制而且能够缩短生产周期，而且 3D 打印技术的材料利用率能够达到 90%，这将降低航空航天领域的材料成本。同时，相比于传统制造方式，能够制造出更加轻便而且高强度的零部件。2014 年 10 月 11 日，英国一个发烧友团队用 3D 打印技术制出了一枚火箭，还准备让打印出来的这个火箭升空。该团队在伦敦的办公室向媒体介绍了用 3D 打印技术制造出的世界第一架火箭。队长海恩斯说，有了 3D 打印技术，要制造出高度复杂的形状并不困难。就算要修改设计原型，只要在计算机辅助设计的软件上作出修改，打印机将会作出相应的调整。这比之前的传统制造方式方便许多。目前，美国宇航局已经使用 3D 打印技术制造火箭零件，3D 打印技术的前景是十分光明的。

（三）军工领域

2014 年，我国国防支出预算将增加 12.2%，升至 8 082.3 亿元，这是我国国防支出预算首次突破 8 000 亿元人民币。国防开支的不断上升预示着军工领域可分的"蛋糕"在不断做大。实现现代化部队是我国军队建设目标之一，3D 打印技术的应用符合提高军队设备高科技含量的要求。目前，3D 打印技术被应用于我国新一代高性能战斗机的研发中，如首款航母舰载机歼-15、多用途战机歼-16、第五代重型战斗机歼-20 等。两会期间，歼-15 总设计师孙聪透露，通过 3D 打印技术生产的钛合金和 M100 钢，已用于歼-15 的主承力部分的制造，这包括整个前起落架。如果 3D 打印技术能够成功应用于第四代战斗机的生产制造中，那么势必加速我国战斗机的更新换代速度。3D 打印制造军工产品所需耗材少而且损耗少等特点不仅仅可以应用于战斗机的制造，而且还能满足军工领域其他设备制造的需要。今后，3D 打印技术在该领域的应用会大幅提升。

（四）医学领域

医疗领域已然成为 3D 打印应用最多的领域之一，2012 年产能占据全球该项技术产值的 16.4%，且大部分应用都集中在假肢制造、牙齿矫正与修复等方面。利用 3D 打印能够完美地复制人体结构构造。现如今欧洲使用 3D 打印制造钛合金人体骨骼的成功案例已有 3 万多例。

随着科学技术的不断进步，3D 打印制造人体组织器官并且进行移植已成为现实。2013 年 5 月，美国俄亥俄州一名儿童患有支气管软化而且病情严重，医生利用 3D 打印机制出了夹板，通过移植在婴儿的气道中开辟了一条呼吸通道。患者最终成功维持呼吸，幸免于难。这是医学史上首宗 3D 打印器官成功移植的案例。

2014 年 8 月，北京大学研究团队成功地为儿童植入了 3D 打印脊椎，这尚属全球首例。据了解，该儿童脊椎受伤之后长出了恶性肿瘤，医生选择了移除肿瘤所在的脊椎。不过此次手术比较特殊，医生并未采用传统的脊椎移植方法，而是尝试使用先进的 3D 打印技术。研究人员表示，这种植入物可以和现有骨骼非常完好地结合，同时可以缩短病人的康复时间。

根据美国器官共享网络（UNOS）统计数据，美国等待器官移植的患者人数在逐年增加。截至 2014 年 4 月 10 日，需要器官移植手术的病患共计78 000余人，今后这将是一个需求量极大的市场。由于符合要求的器官捐献数量不足，以及术后可能产生的严重排斥性问题，传统医疗手段已然无法满足器官移植病患的要求。今后，3D 打印在这一领域的应用将会非常可观。

（五）建筑行业

2015 年 1 月 18 日，中国高科技公司通过 3D 打印机在苏州工业园区内制造出了世界上最大的"6 层楼住房"和世界上第一个内外装一体化的"精装修别墅"。

目前，3D 打印建筑成本较高，但是随着该项技术的发展和 3D 材料的多样化，这项技术将会颠覆目前建筑行业的施工方式。根据美国宇航局（NASA）的最新报道，NASA 正在研究如何通过 3D 打印机在月球上建造住房，其关键是能以月球土壤为材料打印房屋。

（六）服饰服装

许多女人深知，遇到一件很合身的衣服是很不容易的事，用 3D 打印机制作的衣服，可谓是解决女人挑选服装时遇到困境的万能钥匙。目前，时间设计师已经成功使用 3D 打印技术制作出服装，使用此技术制作出的服装不但服装服饰外观新颖，而且舒适合体。

五、3D 打印技术应用预测

在社会经济需求的刺激下，3D 打印技术正沿着纵向延伸和横向交叉的发展趋势不断突飞猛进并且横跨多个领域。3D 打印机已经从最开始打印小尺寸单一材质的小模型，发展至可以打印有机生命体和超大规模物品。

3D 打印技术的灵感来源于喷墨打印机，工程师从喷墨打印过程中联想到如果将墨滴或者其他粉末材料进行逐层喷印，就能打印出三维物体。实际上，3D 打印正是沿着这一技术思路逐渐发展兴起的。今天，3D 打印机不仅可以打印各种常见的商品，而且还能打印食品，甚至人体器官，当然这是技术长期逐渐发展的成果。

3D 打印机从最初使用金属粉末状材料打印模型，到今天使用各种粉末状材料进行组合，并打印更加复杂的产品，甚至打印人体器官组织。3D 大打印机的打印单元已经由最初的可见"物质"缩小到肉眼不可见的大分子细胞。随着 3D 打印技术的不断发展，它所能使用的材料必将越来越小，打印喷头的数量必将越来越多。在打印材料数量级逐渐减小和打印喷头数量增加的情况之下，3D 打印机所能进行的物质与信息之间的排列组合将会呈几何倍数增加，这也就预示着 3D 打印机将能打印越来越多的复杂物体。事实上，从 3D 打印机诞生至今，其所能打印的物体在范围种类、尺寸大小、精密程度上都得到了不断的提升和强化。

组织结构有分子组成，分子有原子组成。时至今日，3D 打印机已经能使用大分子材料进行人体组织器官的打印，并已经取得了临床应用。那么按照打印技术发展规律，3D 打印必将朝着更小的物质材料方向发展，也就是朝着以分子、原子级别的材料作为打印原料的方向发展。我们认为一旦 3D 打印机能使用分子材料作为打印基料，不仅会在有机物打印领域取得突破性进展，而且很有可能与基因技术、克隆技术相结合，取得革命性成果。而当 3D 打印以原子材料作为打印基料，那么笔者认为正如西方科学家一直所追求的揭开上帝之谜，扮演上帝角色的那种执著精神，使用原子材料的3D 打印机在某种意义上就已经成为上帝。因为原子作为物质的基本形式，是构成物质的基本单位。从今天人类科技发展成果来看，在不久的将来，原子级别的 3D 打印机极有可能出现。

世界万物均是物质的也是信息的，正是在信息的编码之下进行物质之间的组合，才造就了这丰富多彩的世界。而 3D 打印技术的原理正是信息+物质＝物体，只要人类科学技术不断进步，使用分子、原子作为打印原料的打印机必将诞生。

第三节　打印技术发展规律总结

技术的发展规律具有普遍性、客观性、重复性、相似性、历史性等多重属性。但技术发展规律最重要的属性是人工性或者属人性，因为技术是在人的实践活动中产生、发展起来的。当然技术发展规律是以自然规律为基础，并与自然规律有着内在的统一性，技术的发展不能脱离自然规律，不能超越自然规律，可以说人类对自然的认识和把握程度决定了技术的发展。技术的发展规律正是在人的主观能动性与自然规律之间寻求着一定的平衡，保持着主观性与客观性之间的辩证统一。

打印技术发展至今，先后经历了打字机、电子打字机、针式打印机、喷墨打印机、激光打印机，直到今天的 3D 打印机。打印技术的发展最开始是为了满足人类对于高速、规范、标准化书写的需求，但是在经历喷墨打印技术之后，科学家和工程师根据喷墨打印技术的原理构想出了 3D 打印技术的基本思路。可以说打印技术的起始具有偶然性，但是进入 20 世纪之后，打印技术的发展规律在更大程度上是取决于人类生产生活对于技术的需要。从而在科学发展和技术突飞猛进中，打印技术经历了革命性的变化。

一、从虚拟到存在

打印技术最原始的起点在于人类对于信息传递的需求，正如第一台打字机的出现，是为了满足盲人的书写需求。满足个人表达自身意愿，将个人的信息通过文字的形式进行表达和传递，这和我们日常所用的书写具有同样的功能。都是将个人所要表达的信息通过文字符号得以体现，虽然文字是打印在物质实体(纸张)之上，但是所能表达的均是虚拟的。尽管之后的针式打印机透过针头的排列组合能比打字机打印更为复杂的图表信息，喷墨打印机能在针式打印机的基础上打印出更具色彩的信息，但这些终究只是对于物质实体和精神世界的虚拟表述，包括之后的黑白、彩色激光打印机在内。例如，我们想向他人表达我想要的，或者说我喜欢的一个杯子，我必须表达出杯子的形状、颜色、材质和几何结构参数等信息，并将这些信息通过字符或者图标加以表示。如果想要造一个这样的杯子，那么必须拿着这些载有信息的图纸去工厂生产，才能得到。那么打印机能为我描述杯子和制造实物作出什么样的贡献呢？无非是更规范、更形象地打印我心中所想杯子的各种信息于纸面之上。其他人也只能从纸面上的虚拟信息获取相关信息，并在自身大脑中构建一个杯子的形象。

3D 打印技术的出现，使得个人所表达的信息能够从虚拟的符号表述转变成实实在在的物体。当人们将信息输入计算机之后，打印机打印出来的将不再是载有信息符号的纸张，而是实际的物体。如上文所举例子一样，我们将杯子的数据输入计算机，那么计算机就能控制 3D 打印机制造出符合数据信息的杯子。3D 打印机相对于历史上的打印设备，其第一个革命性转变在于打印机能制造出含有信息的存在。或者说，3D 打印技术的出现使原有的从虚拟到存在的环节变得简化，3D 打印机使原有的虚拟到存在的方式，无论在时间上、空间上都发生了革命性的变化。

二、从简单到复杂

打印机是一种传递信息的工具，虽然与书写有着共同的功能，但是在打印机发展过程中，打印机并不能像人的双手一样随心所欲地表达各种信息，或者说能将各种信息"写"在纸面上。

打字机的出现，使得人类能够通过它进行文字信息存储。其规范、高效等特点使得打字机一经推出就能满足社会需求并得到大规模商业化生产。但受制于其机械式工作方式，尤其是以字符作为其信息单元，使得每个信息单元所能书写的信息是单一的、固定的。

如果我们敲击打字机上的 M 键，那么纸面上只会落下 M 字符，一组动作只能表达一个字符。而实际上，有限的键盘空间只能容下一定数量的字符针头，所以传统机械式打字机仅能打印文字以及简单的符号，所能传递的信息也仅限于简单的文本信息。

针式打印机，利用细小的针头作为基本信息单元，根据电控系统解析信息、信号，通过控制针头的排列组合，一组针头就能打印出所有字符和特殊符号。针式打印机不仅能打印传统文字符号，而且还能打印特殊符号、公式方程、简单图表等信息文本；其逐行打印的工作效率也使得其一次机械动作就能完成一行信息的打印，打印效率迅速提升。当然针式打印机打印信息较之打字机更加丰富、复杂，这与计算机的融合是密不可分的。从打印技术发展规律而言，针式打印机较之于打字机，其打印信息的复杂程度得到提升，打印速度得到提高。

喷墨打印机，利用细小墨滴的排列组合，打印出不同的信息文本。较之于针式打印机，喷墨打印机的墨滴组合和针式打印机的针头组合有类似的技术原理。但是较之于针式打印机的针头排列组合，喷墨打印机的墨滴更小，所以能进行更加细腻、更加精确的信息打印；同时由于油墨可以选择多种颜色，并且不同颜色之间可以进行组合，从而使得喷墨打印机的墨滴组合具有颜色属性。以上原因使得喷墨打印机较之于针式打印机能打印出更加细腻、精确，且含有色彩的信息文本。较之前者，打印出的"纸张"上面所蕴涵的信息就更为复杂了。在之后的激光打印机中，虽然打印速度迅速提升，但是打印信息的复杂程度实则与喷墨打印机并无差别。可以说，激光打印机打印的信息复杂程度与喷墨打印机的水平是基本相同的。

3D 打印机的打印原理则是信息+材料＝产品。如上文所述，3D打印机已经突破传统打印机只打印载有虚拟信息的纸张，而直接将"信息"打印在实际存在的物体之中。而这里的信息，除了包含传统打印机所能打印出来的"信息"，还包含组成产品的物质信息。这些物质信息是传统打印机所不能真实表达的，尽管传统打印机能将这些物质信息以虚拟的、繁多的文字和图标等形式进行描述。另外，如上文所述，3D打印机已经能够打印多种食品，而食品所蕴涵的味道信息和感觉信息，是一个复杂的人体感觉。常言道，这种美味是不能用言语所形容的，3D打印机制造出来的美食所给人们带来的味道和感觉，是不能由传统打印机通过文字描述出来的。而实际上，不论3D打印机是在打印何种产品，其能给人类带来的视觉、味觉等感觉和享受只能透过实体传递，即只能通过3D打印机直接打印实体并传递给人们。

3D打印机能直接制造物体是此类技术的革命性飞跃，使得打印机不再仅仅打印简单、虚拟的信息符号，而直接能打印包含复杂信息的物质实体。这使得打印机从打印简单信息载体突变为打印复杂信息与物质的组合体。

三、从无机到有机

打字机、针式打印机、激光打印机等只能将信息打印到的纸张或者其他载体上，然而其使用的墨水和纸张均是无机物，当然这里我们指的是普通的常见打印机。3D打印技术发展之初，虽然也能打印实实在在的物体，但这只是无机物，如塑料、金属材料制品。但随着该项技术的不断发展，所能利用的打印基料越来越多，数量级也越来越小，3D打印机突破了从打印无机物到有机物的历史界限。

当前，3D打印机不仅能打印普通意义上的有机产品，如各种美食，而且更重要的意义在于其能打印人们狭义概念中的有机物——生物组织。在计算机的精确控制下，3D打印机通过将细胞胶材料的混合物层层堆积，最终形成人们所需的人体器官。当前，3D打印机不仅能打印人体骨骼、血管和血管网络、人造肝脏等，而且还在乳房构建上取得了一些成绩。当然，这与打印更为复杂的人体器官还有一定的距离，但是随着3D打印以及生物科学技术的发展，通过该技术制造人体复杂器官的时刻必将不远。

3D打印机实现了从无机打印到有机打印的历史性突破，尤其是人体器官的打印技术获得临床实践应用。但今天4D打印技术的概念已经产生，在加入时间这一维度之后，4D打印制造出的物品具有时间属性，具有生长发展功能。这一发展趋势也是 3D 打印机在有机体打印方面努力的方向，而实际上当前 3D 打印机制造出的人体器官在移植到人体之后，同样具有时间属性，同样具有发展生长的功能，在某种意义上说也是"4D 打印技术"的成果。但这一切都得归功于 3D 打印机在有机物打印方面的历史性、革命性突破。

本章通过追述打印技术的发展历程总结出打印技术的发展规律，即从简单到复杂、从虚拟到存在、从无机到有机。同时通过分析 3D 打印技术的工作原理总结出其该项技术的本质和内涵，即信息+材料=商品。

第三章　3D打印技术的哲学探讨

上文已详细介绍了3D打印技术的发展历史、原理及其应用。抽象出3D打印机的工作模式：信息+材料=商品。3D打印技术无论在时间上还是空间上都简化了传统生产方式，将商品的生产体系压缩到一台设备中，而且生产什么样的商品则取决于信息与材料的组合。与原有生产模式相比，"看不见、摸不着"的网络"代码"取代文本图纸成为商品生产的信息来源。这里的信息主要是存在于网络空间，以各种代码存在着的"信息"，存在于"世界3"中。实际上，现有生产方式中所需要的知识体系也是以各种代码形式存在与"世界3"中的。那么，3D打印机逐渐社会化应用后，人类生产所依赖的那个"世界3"和"世界1"将会发生什么样的变化，本章将作试探性的分析。因为技术的应用都有其两面性，3D打印技术给人类社会带来福祉的同时，是否会对现有的伦理道德产生冲击，这也将成为本章讨论的重点。

第一节　3D打印技术与"三个世界"理论

一、三个世界理论

"三个世界"的理论是由波普尔在研究科学知识增长理论模型的过程中提出的。波普尔最早在"没有认识主体的认识论"（Epistemology Without a Knowing Subject）提出了"三个世界"的理论，并对三个世界理论做出了比较系统的论述。波普尔认为除了物质世界和精神世界以外还存在着人类精神世界的产品，即世界3。波普尔对三个世界作了以下的界定：(1)物质世界(世界1)，其包括所有生命体和无生命体；(2)精神世界(世界 2)，包含了知觉经验和非无知觉经验；(3)精神产物的世界(世界 3)，包含了人类精神活动产生的理论知识，如相对论、牛顿定理等；艺术作品，如电影、音乐、雕塑等；实践活动的产物，如电视、飞机、火车、汽车等。而且他认为像理论知识等虚拟信息以外，其他世界 3 成员，都需要世界 1 作为载体。按照此定义，世界 3 的组成比较复杂，它既包括世界 3 客体，又包括部分世界 1 客体。波普尔认为，其世界 3 的定义既包括人类精神活动的产物，又包括体现世界 3 的部分物质客体，这种定义具有扩展性，它给未来"三个世界"理论的研究提供了延伸空间。波普尔认为，世界 1 与世界 3 之间的作用关系是通过以人为载体的世界 2 完成的。

二、三个世界理论的改进

尽管波普尔世界 3 的定义具有开放性和包容性，但是将部分人造物体划归为世界 3，造成世界 1、世界 2、世界 3 之间划分不够清晰，不利于读者理解。我们更倾向于国内学者王克迪教授对世界 1、世界 2、世界 3 的划分，即世界 3 应当是纯知识或精神活动的产品。笔者认为王克迪教授的定义和划分能使研究人员清晰地理解世界 1、2、3 的分类，而且适合当代信息技术发展的需求。

波普尔的三个世界的界定：

世界 1：物理世界或物理状态的世界；

世界 2：精神世界或精神状态的世界；

世界 3：纯知识、精神活动的产物和部分精神产物的载体物质。王克迪教授对波普尔三个世界作了如下修改：

世界 2 即以人为载体的精神世界。

世界 3 即纯知识或精神产品。

从 20 世纪 70 年代以来，波普尔意义上的三个世界都有了巨大发展和变化，特别是在波普尔晚年的 90 年代，他所定义的世界 3 已经随着日新月异的电子技术、计算机技术和网络技术的迅猛发展而变得范围更大、内容更多、形式更复杂，数字化信息、数字化生存、赛伯空间、虚拟现实、知识经济等新情况出现，世界 3 不仅是不容忽视的客观实在，而且相对于世界 1 和世界 2 的关系又有了新的情况出现，波普尔的世界 3 概念在信息时代得到扩充，在考虑了知识必须以语言文字表达，即以某种或多种编码形式存在，而且必须有物质载体，能够加以存储等要求后，不仅波普尔意义上的客观知识，而且通过计算机等信息处理设备处理过的所有编码信息原则上都属于世界 3 范围。但是波普尔定义的世界 3 是人的思维活动产生的纯知识或者精神产品，但是计算机自己产生的信息是否能够纳入世界三？根据王克迪教授的论文"知识-机器互动之理论与实践"，王克迪教授再次修改了世界 3 的定义，将计算机及相似智能设备自己产生的信息也纳入了世界三的范畴。他认为，通过突出计算机与人脑在信息处理方面的共性以及它们的创造物所共同具有的编码特性，把两种创造物都为一类，即世界 3。但是此处，想提出一个学术问题：计算机自己产生的编码或者信息被纳入了世界 3 的范畴，而且计算机与人脑处理信息具有一定的共同性，那么这个处理信息的过程只是部分的替代人的逻辑推理过程还是可以将其纳入世界 2 的范畴？

尽管世界 3 的范畴经过了几次修正，但是世界 3 具有以下特点：

客观性：世界 3 是抽象客体，其内涵和思想内容不会因为表达方式的不同而发生变化。

自主性：世界 3 是人类对世界的认识，但是其具有自主性，如同人类创造数列，为了方便计量，但是人类开始时并不知道数列具有素数、偶数、奇数的特性。

实在性：世界 1 的部分物质是世界 3 内容的具体化表现，而且世界 3 和世界 1 之间的作用实实在在存在的。

三、世界 1、世界 2、世界 3 之间的互动关系

波普尔认为世界、世界 2、世界 3 之间不是隔绝的，而是具有相互作用的关系。它们之间的关系如下：

首先，由波普尔定义可以发现，世界 1 是最早产生的，由世界 1 逐渐演变出生命体。人类作为生命体逐渐进化，具有了区别与动

物的思维活动，也就是我们所说的世界 2。世界 3 是世界 2 的思维活动的产物。所以三个世界的演化应该是世界 1—世界 2—世界 3 的过程，世界 2 是世界 1 的进化产物，世界 3 是世界 2 的进化产物。

　　其次，三个世界之间是相互联系的。(1)"世界 2"是"世界 1"的进化产物，而且人类通过自身劳动改变着物质世界，其人工自的产生。所以世界 2 和世界 1 之间相互作用。如风景优美的景色，能够使人心旷神怡，精神面貌发生变化，有助于身体健康；如果人的身体不适，就会影响到人的精神面貌和心情。(2)"世界 2"与"世界 3"之间存在和作用关系。如诗兴大发的诗人诵出优美的诗词，是"世界 2"作用于"世界 3"；感人的电影场景能够触动观众的内心。"世界 1"与"世界 3"之间同样存在着作用关系。不过它们不是直接地，而是间接地通过"世界 2"的中介相互作用的，如大脑(世界 1)与语言(世界 3)的相互作用，是通过"世界 2"(人的意识)的中介而相互作用，结果既促进了大脑的进化，也促进了语言的发展。(3)世界 2 是连接世界 1 和世界 3 的桥梁，它们之间的作用关系也是通过世界 2 实现的，即世界 1 与世界 3 存在间接作用关系。波普尔本人描述三个世界因果关系的时候特别强调了一点，"世界 1 与世界 3 之间以世界 2 为中介"。波普尔所展示的三个世界的互动如图 3-1 所示：

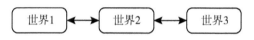

图 3-1　波普尔所展示的三个世界的互动

　　王克迪教授在论文"知识-机器互动之理论与实践"中，通过赛伯空间、"虚拟生命"实验等案例证明了世界 1、世界 2、世界 3 之间的互动关系，如图 3-2 所示。

　　由图 3-2 可见，王克迪教授所描述的世界 1、世界 2、世界 3 之间的关系，与波普尔描述的直线关系有所不同，是一种闭环关系。按照王克迪教授的描述和证实，世界 1 与世界 3 之间可以直接

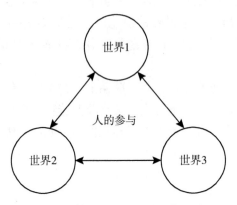

图 3-2　修正后的二个世界的互动

互通，而不是通过世界 2 这个中介。

但是无论波普尔还是王克迪教授，关于世界 1、世界 2、世界 3 之间的互动都是通过人直接或者间接创造的，而人在三个世界的互动中起到了关键性作用。

四、3D 打印技术对在三个世界互动中的意义

我们在第二章中已经总结出 3D 打印技术的生产方式：信息（世界 3）+材料（世界 1）= 产品（世界 1）。3D 打印技术不同于原有的生产方式，它是快速一体成型技术，它作为一种智能设备（工业机器人）在制造产品的过程中，同样展示了世界 1 和世界 3 之间的互动关系。

（一）3D 打印技术的构成

3D 打印机主要由硬件部分和软件部分两个部分组成。硬件部分主要包括微处理器、磁盘、存储器、与外接设备的接口、3D 打印激光喷嘴、可移动平台等，上述部分都属于世界。

软件部分主要包括 3D 打印机控制软件，格式转换软件等上述软件的代码属于世界 3。目前 3D 打印的实现过程中还需要网络的加入。

(二)3D 打印实现世界 3 与世界 1 之间的互动

3D 打印一般包括软件建模、打印过程、制作完成三个过程。软件建模过程产生属于世界 3 的文本书件，也就是关于自然物体，人工自然或者满足人类需要的新的人工自然的几何尺寸。打印过程是将文本代码变成新的人工自然的过程。在这个打印过程中包含了世界 3 与世界 1 的互动。如图 3-3 所示：

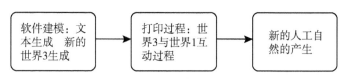

图 3-3 3D 打印所示世界 3 与世界 1 的互动

由 3D 打印过程图，可以看出本书应该重点研究打印过程，这个过程如下：

首先 3D 打印机(世界 1)运行控制软件(世界 3)将 STL 格式的文件转换为 G-Code 文件(新的世界 3)，3D 打印机控制软件(世界 3)控制打印机的设备(世界 1)，根据程序流程和设计尺寸，逐层打印出 3 维的物体——新的人工自然(世界 1)。由打印过程可以看出，这个过程包含了世界 1 和世界 3 的互动过程，而且与赛伯空间所展示的世界 1、世界 3 的互动不同，在 3D 打印过程中产生了新的世界 1。

第二章讨论了 3D 打印技术的应用，其中包括科学家利用 3D 打印进行基础科学研究。在生物医学领域正在通过 3D 打印技术进行药理研究，如科学家通过 3D 打印技术研究艾滋病病毒的机制从而理解病毒原理，这将使世界 3 的内容得到丰富；3D 打印的商业化使用将使普通人能够利用它制造符合个人需求的产品，其中个性化产品的设计方案属于世界 3 范畴，而将方案具体化的过程中将产生新的世界 1。

由此可见，3D 打印不仅可以通过世界 3 直接生产出世界 1，而且将使世界 3 和世界 1 的内容变得更加丰富和多样化。

第二节　3D 打印技术的价值探讨

主体性是哲学的一个重要概念，不同的哲学流派和哲学家甚至社会学家对于主体性的理解各不相同，但存在一定的共性。从一般意义上来说，人在实践过程中本质力量的外化即为主体性，从而表现出主体的自主性、能动性、创造性等特性。人类的主体性原则将人的尺度作为一切价值的衡量标准，以主体的方式来认识、对待、改造世界，从而使得世界按照人类的方式持续演化。而在人类展现主体性的漫长历史中，技术作为一个重要手段或者媒介，一直扮演着关键的作用，可以说人类的历史既是一部技术发展史也是一部人类主体性彰显的历史。

一、技术对人的主体性的影响

从技术发展的历史看，技术的实践应用并不是十全十美，而是存在着两面性，技术对于人的主体性确认和展开同样存在两种截然不同的作用。一方面，技术"助长"了人的主体性。人类利用技术不仅提升了认识和把握自然的能力，而且也使得人类改造自然的能力得到了提升，人的意志得到了彰显。尤其是近代以来不断加速发展的技术及其社会化应用，不仅使人类认识和实践的空间、范围得到了空前的扩展，而且也创造了巨大的物质财富，使得人类主体性的展现扩张到了前所未有的程度。对人类生存的辅助作用以及对人类生活品质的提升作用，已经促使技术成为人类主体性展现的必要基础和关键媒介。

技术的大规模应用虽然在某种程度上展现了人的主体性，让人类更加"自由"，但是这种自由和主体性的展现具有局限性，甚至是人类无法接受的。正如对技术的批判一样，技术的资本化应用，使得人类陷入了无穷无尽的"创新—制造—消费—垃圾"的模式，而众多普通劳动者也因此成为这一模式上的一个要素。自工业革命以来，技术在社会生产中的普遍应用，改变了人类的生产方式和生产关系。以机器为载体的流水生产线在工业生产中广泛应用，从而极大地提高了人类的生产效率，并使人从众多繁重的体力劳动中解放出来。但是支撑此种模式的工业技术，由于其超强的功能性、工具性限制了普通劳动者的可选择性，让它成为工业生产中按照指令行动的"机器人"，甚至成为机器的"服务者"。海德格尔则认为，在座架（技术的本质）指引的"挑起"和"预置"的去蔽过程中，人也被还原成各种可利用的资源，而且根据参照物的可预置性去规定自身的实践标准，从而使得人类本该无限展开的可能性被"预置"成某一种功能。于是，真正能够在现代工业生产中体现本身主体性、自由选择可能性的人只是极少数的创造者，更多的是以牺牲自由为代价成为丧失主体性的劳动者，或者说是现代工业社会的"要素"。

二、3D 打印技术对人类主体性的展现

目前，3D 打印技术被广泛地应用于制造业、建筑行业、电子机器人行业，其生产产品的核心是设计方案（世界 3）和材料（世界 1），而且 3D 打印技术能够实现一体成型。劳动者主要以脑力劳动为主，主要通过计算机辅助设计软件设计出产品生产方案，通过 3D 打印机将方案变为实体物质（新的世界 1）。正如很多专家预测 3D 打印技术是推进第三次工业革命的核心技术，那么它能否像以往的关键性技术一样对人的发展起到促进或者限制作用？下面我们将作出试探性的探讨。

（一）人的主体性在 3D 打印技术中的展现

自由作为主体性中最重要、最充分的内涵和外在表现，是确定技术对人的主体性是彰显还是遮蔽的一个关键参考标准。

目前人类社会已经变成了一个技术社会，或者说是一个被技术化的社会，人类的生产生活方式在某种程度上也被技术化了，或者说人们对技术的依赖性越来越强。过去技术被看成是人类无法控制的力量，不会因其他社会因素的制约而改变状况和作用；社会制度的性质、社会活动的秩序和人类生活的质量，都单向、唯一地决定于技术的发展，受控于技术。甚至有的学者提出这样的疑问，"离开现代技术，人类还能生存下去吗？"也正是由于技术无处存在，人的主体性的展现也需在技术的框架之下。人类一切生存的手段都

取得了技术的统一形式，技术成为人类生存的唯一条件，故而纯粹的自由或许只能存在于前技术时代或者超越技术的后现代社会中。古代技术与现代技术的共同本质虽然都是"去蔽"，但由于"去蔽"方式不同，其对人类自由的影响也不尽相同。"座架只能理解成现代性的历史命运，但命运并不是通常意义上的宿命。宿命指的是处在完全决定论状态下的人的自由意志的缺失，是对人无法更改的强制以及人在这种强制之下的无法逃避和无可奈何。"当前人类主体性依旧处于技术的"座驾"，人类自由还处在技术的影响之下。但是技术对于人类的主体性以及自由的展现并不一定是完全遮蔽。由于其独特的技术特性，3D打印技术的社会化应用能够彰显人类的主体性，或者说更大程度上展现了人的自由。3D打印的技术特性，即"信息+材料＝商品"的生产模式，使得生活资料的生产由"工厂制造"转向"人类自我创造"；同时人类社会从"制造—消费"模式转向"创造—消费"模式，每一个普通人都可以根据自身的需求或者兴趣爱好构思、设计、创造产品。

（二）现实商品与网络信息之间的冲突

3D打印机使消费者可以直接打印任何合法的工业产品。而这些合法的产品目前由诸多制造商生产。3D打印机在社会化使用过程中，具有专业技术背景的消费者可以设计出产品的数字信息或者通过3D扫描仪得到产品的数字信息，并通过网络上传至数据共享平台，而这将引起原有制造厂商和信息上传者之间的知识产权纠纷。大厂商或许能够更好地保护其商品在3D打印时代的数字信息的合法权利，而诸多小厂商则很有可能面临知识产权方面的巨大损失。

（三）无形知识产权的维护

3D打印机不仅可以打印工业产品，而且还可以打印各种生活用品，如食品。美食人人都钟爱，但是不是人人都会做，而3D打印机目前已经能够成功打印出诸多美食，那么这将会引起法律纠纷。原有知识产权纠纷主要存在于厂商之间，而进入3D打印时代，这种纠纷存在于传统厂商与3D信息专利所有人之间，或者3D信息专利所有人和普通用户之间。

三、违法产品可能失控

根据美国材料与试验协会(ASTM)2009 年成立的 3D 打印技术委员会(F42 委员会)公布的定义,3D 打印生产与传统的材料加工方法截然相反,它是基于 CAD 三维数据模型,通过层层叠加而制造产品的方式。它可以直接制造出与相应数学模型完全一致的三维物理实体。与传统制造方式相比,3D 打印能够实现个性化定制服务,能够实现一次性成型。它所生产的商品具有高精度、高强度、高复杂度等特点。

(一)传统违法物品的可能失控

3D 打印技术日益成熟,通过该项技术制造任何物体已经成为可能。打印枪支弹药就是众多现实案例之一。2013 年 5 月,美国一家非营利性公司"分布式防御系统"(Defense Distributed)上传了 AR-15 半自动步枪的 3D 打印图纸,根据图纸可以制造出功能完备的枪支,能将小钉子作为子弹进行射击。而且根据《福布斯》报道,短短两天内该图纸的下载量超过了 10 万次,引发了巨大争议。

这一案例也预示着今后人们只需要一台电脑和一台 3D 打印机,花上几小时或者更短的时间就能打印出一把致命的武器。这将启发人类在未来的战争中采用就地取材,就地制造武器的方式来解决军事补给问题,但是更重要的是这种武器生产方式对将对社会治安、枪支管控等造成巨大的冲击。

而事实上,作为 3D 打印技术最发达的美国,虽然公民可以合法持枪,但是由于 3D 打印枪支没有序列号和买卖凭证,有的以塑料为材质,甚至可以躲过传统的金属探测器和安全检测系统;而且枪支复制者完全不用接受背景审查,这些都将引发美国政府对枪支管理所面临失控的担忧。部分城市和州已经立法禁止 3D 打印枪支弹药,但是还缺乏更为明确的法律条款,以及更加详细的技术、信息、材料方面的防控规定。

2014 年,日本也出现了此类案例。居住在神奈川县川崎市的犯罪嫌疑人,以树脂材料为原料,利用计算机和 3D 打印机制造出了枪体、弹膛等零部件并加以组装,成功生产出了可以发射实弹的

3D 打印版手枪。法院依据能够证明其犯罪过程以及犯罪行为的相关证据，遵照日本武器制造法、枪炮刀具类物品持有管理法和刑法等有关规定，对其判处了两年有期徒刑。此案一经公开，便在全日本范围内引起轩然大波。第二次世界大战结束后，日本取消了军队只设立自卫队，欲保持其中立的、向往和平安定社会环境的形象。但此事的出现，使人们开始担忧是否能维持社会和平和安定。3D 打印技术使危险物的制造趋向简单化、低成本化、隐秘化，这无疑将成为日本维持社会环境和平安定过程中的重大课题与挑战。由此，日本逐渐从最初对 3D 打印技术的科学崇拜中清醒过来，开始重视此项技术给社会带来的潜在危害性。现今，日本正在从两个方面加大力度控制并防止 3D 打印技术所缊藏的社会弊端和风险。首先，日本正在致力于研究开发安全保护系统，从而防止不法分子通过 3D 打印机秘密制造出违禁物品。其次，日本重新审视现有的法律规定，使其尽快适应 3D 打印等尖端技术的发展，使技术在合法、合理的范围内得到应用。日本当前采取的措施，对我国发展 3D 打印技术具有借鉴意义。

(二)创新型技术产品的违法使用

3D 打印不仅能够生产违禁物品，从而引起社会风险，而且它可以打印出人类意想不到的物品，可能对人类社会带来潜在的风险，这种风险相比于枪支风险具有隐蔽性和不确定性。目前，3D 打印机可以制造出人体组织、人体器官，如骨架、脸皮等；同时，还可以打印药品、生物制剂等。这些已经在医学、消费领域得到应用，但是一旦失控将会对社会安全带来无法估计的危害。

一方面，3D 打印机可以根据用户的 3D 数据信息打印人体组织。那么一旦犯罪分子利用 3D 打印机制造被害人的脸皮、指纹膜，甚至眼睛等，将使得现行安保措施等失去作用。而据英国《每日邮报》2013 年 10 月 13 日报道，日本一家名叫 REAL-f 的高科技公司日前研究出一种高仿真的"3D 人脸面具"，该面具与真人脸孔真假难辨。

另一方面，3D 打印技术已经在医药领域得到初步应用。3D 打印机在医药领域的合法开发，可以为人类的身体健康带来更多的福音。但是一旦落入犯罪分子手中，其3D打印机的诸多技术特点则会为社会带来很多潜在威胁。事实上，利用3D打印机制造违禁药品，如毒品、神经药物等在技术上是可行的，从分子的角度上使用3D打印机合成化学药物是有可能的。一位格拉斯哥大学的研究学者创造出了一个能制造毒品和药物的3D"Chemputer"模型。并且利用3D打印机打印毒品，较之于以前毒品的化学加工过程还存在效率高、技术要求低、容易生产等诸多技术优势。

四、生物分子领域研究领域带来的不确定风险

目前，3D打印技术逐步应用于基础科学研究，如航空航天、生物医学、电子机器人领域。3D打印技术在生物医学方面的应用，正在帮助科学家深入了解宇宙中最微小的一些成分——生物分子。科学家正在通过3D打印技术打印生物分子，更准确地探明病毒分子。众所周知，目前人类还没有发明治疗艾滋病的药物。根据最新报道，美国斯克里普斯研究所的分子生物学家阿瑟·奥尔森，正在利用3D打印机制造的模型来研究导致艾滋病的HIV病毒的运行机制。因为3D打印技术具有重复建模的特性，通过模型的反复研究，人类有望研制出治疗艾滋病病毒的药物。但是，3D打印技术在生物分子的研究同样具有不可确定性，如研制过程中产生新的人造生物分子，人类并不了解人造生物分子的特性，无法进行技术风险评估，这可能会造成新的病毒的产生，或者产生毁灭性的新病毒，危及人类发展。历史上发生过类似的技术不确定性带来的负面结果，如1948年的诺贝尔医学奖授予瑞士昆虫学家米勒，因为它合成了高效有机杀虫剂DDT。后来人们才发现，DDT可以积蓄在植物和动物组织里，甚至进入到人和动物的生殖细胞里，破坏或者改变决定未来形态的遗传物质DNA。当时，人们没有对DDT进行全面的技术评价，忽视了它的负面影响，导致诺贝尔奖出现了尴尬。因此，在实施新技术前，就需要全面权衡新技术的预期危害和预期利益，认真进行技术评价。

第三节 规制 3D 打印技术的法律途径

笔者认为，要想规制 3D 打印技术在社会中安全应用，涉及许多方面的技术手段和法律规定。但基于笔者总结的 3D 打印技术特点，即"信息+材料＝产品"的模式。笔者认为应该在三个方面对 3D 打印技术的安全使用做好法律层面、技术层面上的管控。从而在保障 3D 打印技术的健康发展，同时有力规避其危险使用。

一、加强技术与法律之间的联动机制

(一) 做好技术专家与立法机构之间的联动机制

3D 打印技术在各个领域的逐渐应用，必将引发更多、更复杂的社会问题。如何能够做到趋利避害，必须加强技术专家与立法者之间的沟通。让立法者知道 3D 打印技术的技术特性，当前社会应用有哪些，当前和未来可能会产生何种社会变革，变革中会引起何种社会安全问题，等等。以方便立法者对其技术特性有所把握，从而为将来 3D 打印技术可能造成的危害做到心中有数，从而使得立法不仅更有利于保护 3D 打印技术的发展，而且更有效地管控其可能产生的社会危害。

(二) 强化执法者与技术专家之间的共同合作

加强立法者与技术专家之间的沟通，或许能使得法律尽可能完善。但是社会实践却复杂多变，如何才能避免不法分子钻法律空子，笔者认为加强执法者与技术专家之间的交流极为必要。执法者对法律条款、立法原则有着深入认识，但是对于技术原理却存在诸多不解。强化技术专家与执法者之间的交流工作，则能使得执法者能够根据自身执法经验、法律原则来对 3D 打印技术在社会应用中出现的新情况(法律条款无规定)作出合法判断。

二、制定周密、灵活的法规体系

一项技术的有效发展离不开法规的保护，同样若要避免一项技术的失控，则也需要周密、有效的法规体系。从而使得技术在社会实践中能达到趋利避害的效果。针对 3D 打印技术的特点，笔者认为应该在信息、材料、打印设备三个方面进行立法。

（一）打印信息的法律监管

首先，保护现有产品实物的 3D 数字信息所有权。3D 打印机在家庭中的普遍适用，必将导致传统制造业、商品流通模式发生革命性变化。任何用户都可以在家中打印自己想要的商品，就必须使用商品的 3D 数字信息。现有商品在形成 3D 数字信息专利的过程中，不免会发生专利抢注的现象，必须对原有现实物品生产者、持有人的权利作出明确规定并保护。

其次，建立统一的 3D 数字信息平台。一方面，有利于用户使用；另一方面，更加有利于进行知识产权保护，防止具有危险性数据的失控。而这里需要在法律层面上明确该数据平台的唯一性、以及数据平台之外数据使用的违法性。

最后，实行数据上传、下载实名制。正如每台电脑实名制一样，上传数据至全国统一平台，需要进行实名认证，从平台下载数据也需要实名认证。这样不仅有利于进行 3D 数字信息的知识产权保护，而且更加有利于管控敏感商品的打印。

（二）打印材料的法律监管

3D 打印机虽然号称"想打印什么就能打印出什么"，事实上，如果 3D 打印技术缺乏原料，就算自己设计出 3D 数字模型，那么也不能打印出来。所以笔者认为，对 3D 打印的材料实行实名制购买，是一项管控 3D 打印技术的有效办法。例如，3D 打印机可以打印毒品，但是所需材料却是固定的几种罢了。但是不能因为这几种材料能打印出毒品，就禁止流通，这必将不利于人们的生活所需。若实行材料购买实名制，则能避免具有潜在威胁的人同时购买打印毒品所需的几种材料。

（三）打印设备的法律监管

对于信息、材料的监控，固然能使得违法产品能在打印之前就被有效管控或者说能让其无法打印出来。但是具有技术背景的犯罪分子还是能通过自身的技术手段自行绘制违法产品的 3D 数字信息，制作相关材料。所以打印出违法产品还是存在可能性，那么这里就必须思考如何才能使违法物品达到"可查"。

不同级别的 3D 打印机能打印不同的产品，不是所有 3D 打印机都能打印违法产品。但是不同用户需要不同的 3D 打印机，不能因为其有可能的风险就禁止其流通，这必将不利于 3D 打印技术的发展，也不利于普通家庭的使用。所以，笔者认为有必要根据每个公民的犯罪记录情况，实名制购买不同等级的 3D 打印机。

综上所述，3D 打印技术在未来必将进入普通百姓的生活，而人类的产品制造、流通模式也将发生革命性变革。中国唯有加强对 3D 打印技术未来趋势的研究，制定促进其有利发展、规避其有害应用的法规体系，才能在未来的技术革命浪潮中赢得发展。

三、制定 3D 打印技术评价体系

3D 打印技术作为推动新工业革命的战略性新兴技术，已经广泛应用于人类社会的各个方面，并且正在推动着人类社会的发展，改变着人类生产生活方式。因为科学技术的内在风险特性，3D 打印技术的使用也具有社会风险性。如同，核技术能够帮助人类解决能源问题，但是核泄漏或者是核技术在核武器上的使用给人类的生存和发展造成了极大的威胁。所以借鉴国外技术评价体系，建立 3D 打印技术的评价体系，提前预测其危害性，这不仅有利于 3D 打印技术的发展，而且能够避免对人类造成危害。

第四节　3D 打印技术的风险控制

3D 打印技术是 20 世纪 80 年代末 90 年代初迅速发展起来的技术，其目前还没有被划归到某个相应的技术领域，且其研究和开发时间较其他传统产业和技术而言还较短。但其广阔的应用前景已引起世界各国的关注。作为第三次工业革命的重要标志，该技术也逐渐开始对我们的生活产生影响。然而，科学技术的两面性使得人类需要对新技术有客观地认识，目的旨在为人类提供利益的最大化而非给人类带来负面影响。如何使人类对 3D 打印有一个理性且客观

的认识，引导 3D 打印技术朝着有利于人类的方向发展，是本课题研究的目的和意义所在。

本节通过对 3D 打印的兴起、发展和现状的总结分析，对 3D 打印技术的应用可能对环境伦理、生命伦理、军事政治伦理等产生的潜在风险进行了分析和论证，并结合上述论证提出了 3D 打印的合理控制模式。由于目前对于 3D 打印技术的研究主要集中于其应用领域、发展趋势等方面，对 3D 打印技术可能存在的风险方面缺少可参考文献及资料，因此笔者结合自身对于 3D 打印技术的研究和销售经验，给出了 3D 打印技术的合理使用和发展的建议。

一、3D 打印技术意义和趋势

(一)3D 打印技术的风险控制意义

在 3D 打印技术的探索与使用过程当中，不仅为制造业的变革作出了新的贡献，而且还给人类以后的发展带来了许多新的可能。该技术带来的价值是无可限量的。由于新技术新颖而神秘的特性，使得人们对其缺乏了解，因此对新技术可能带来经济利益也缺乏认识，同时也容易使人们忽视传统道德和人的价值而滥用该技术，最终造成对人自身的伤害并会引发许多伦理问题和道德困惑。所以，有必要对 3D 打印技术可能引发的各种伦理问题在理论上进行分析，并且依靠相应的伦理控制理论来指导对该技术在实践层面的控制，防患于未然，使 3D 打印技术被合理研究及使用。

对科学技术产生的伦理问题进行研究，主要的研究领域涉及人类道德与科学技术之间的关系以及科学技术领域相关工作人员的道德规范问题。由于 3D 打印技术是新兴技术，而有关科学技术伦理通常集中关注比较成熟的科学技术，如纳米技术、自动化技术和生物技术等。而对发展研究还处在基础阶段，实际应用只是冰山一角且未实现产业化的 3D 打印技术而言，其应用中潜在的社会伦理、道德规范等问题还未引起足够的重视。在本课题中，主要从对技术的认识与技术的应用着手，对该技术在社会中所产生的伦理问题进行研究与分析。此研究结果将在拓宽科技伦理问题研究的内容的同时对新技术开发应用伦理研究模式提出借鉴的方法。

　　3D 打印技术被赋予极高的期望，其研究和使用会对目前的生产和生活方式带来巨大的改变。新领域的探索和实践，就目前的研究成果而言，将极大地改善人类的生存条件，提高人类的生产能力，为人类带来科学、经济且可循环使用的制造能力，其带来的改变是其他技术所无法比拟的。但是，不得不明确的是科学技术这把双刃剑的使用完全取决于我们自己，是使用它迈入更加繁荣的未来，还是使用它使人类走入不断的冲突、竞争而导致的灭亡的边缘呢？3D 打印技术的如何应用，取决于人类自身的道德标准与选择。

　　本节依据 3D 打印技术的最新发展现状，对 3D 打印技术研发和应用的过程中可能产生的伦理问题进行了较为系统、全面的分析，并尝试提出了对于该技术的伦理约束方法，为如何正确认识、理解应用该技术提供一些理论和实践上的依据。

　　对于该技术的伦理约束是非常必要的，就目前世界环境而言，各国在高技术领域中的激烈竞争以及利益冲突随时可能动摇本不牢固的国际和平格局。一个新技术的合理使用，将尽可能避免冲突的发生，合理建构新技术的相应社会控制，在最大程度上可以制约技术引起的国际冲突，确立新技术合理发展的方向和方法，最大限度消除新技术带来的负面影响，使其真正实现造福于人类的目的。

　　技术迅猛发展的同时，也可能带来人类始料未及的技术风险。刘婧对技术风险进行了较为全面的诠释，明确地指出随着工业化进程的加快，社会所面临的技术风险将越来越多。例如，当人类研究纳米、基因和机器人技术时，并没有意识到现在这三项技术对人类社会造成的影响。而如今基因、通信和人工智能技术的融合发展所可能带来的技术风险虽然已被意识到，但是技术的研究仍然盲目乐观，忽视了技术可能造成的危害。同时，刘郦、吴国盛等人在研究中对风险、技术风险等概念给出了自己的理解，并结合纳米技术、基因技术等发展过程中所出现的风险提出了风险研究的必要性以及控制风险的模式。张成岗在其文章中也提出了对技术风险的反思，针对目前认识论的角度提出的用技术解决技术问题的局限性并给出了自己对解决技术风险的理解。所以，每一项技术的研究、发展都离不开对技术风险的探讨，3D 打印技术也不例外。

国内的研究情况相比较国外而言，多数研究集中于对该技术的科普、行业应用研究以及未来发展趋势展望，且研究的深度与广度不及国外，距离达到国外的研究水平还需要很长的时间，需要进一步加大时间、财力与人力的投入。且由于我国对于 3D 打印技术的掌握和研究相比国外实力较弱，所以在技术层面的研究并没有太大的研究成果。

虽然国内的研究情况较国外相比差距较大，但是随着对技术的不断探索，国内各科研机构、组织、个人对该技术的研究不断深入，研究的领域也越来越广越来越全面。

在对技术的描述方面，郭振华与孙柏林对 3D 打印技术作了非常详细的介绍，同时还展示了其主要的工作原理、特点与应用范围，并将其与第三次工业革命的关系进行了详细且具体的阐述。从技术的发展与应用的角度上，王雪莹指出 3D 打印技术将改变之前所使用的传统生产模式，但是该技术目前仍需完善，因为其技术特点使其存在许多约束。不过有关学者表示，在之后的十年时间内该技术会变得更加成熟。在未来的 5~10 年时间里，该技术将发生质的飞跃。因此，对 3D 打印技术进行密切的关注，了解并分析其可能的发展方向，可以在之后的信息革命中抢占到更多的先机。同时，李飞与张楠提道：由于 3D 打印技术不断的进步与发展，新兴材料也在突破，该技术在生产加工产品中的产品尺寸和加工速度等各个方面都在不断增强，同时其使用范围也越来越大，尤其是在图形艺术领域，运用该技术所获得的三维概念模型在各个方面都能更好传达出设计者本身的意图，并且只需要一张图纸就胜过千万文字的表述。与之相关的学者表示个性化与定制化特点相融合的 3D 打印技术能够使产品设计迅速成为三维模型，便于产品改良。此特点将会对社会中其他领域带来巨大的冲击。所以，在对 3D 打印的未来应用和发展趋势方面国内的研究也越来越完善，但是其研究的方向、结果和展望却大致相同。而在对技术层面的研究是微乎其微的，相关研究几乎处于空白阶段，在关心科学技术发展和应用的同时，缺乏对各个阶层人群对该技术认识的研究。

应用和发展趋势研究结果的雷同是因为对技术的掌握还仅限于

冰山一角。杨恩泉、卢秉恒、李涤尘、贺超良、汤朝晖以及许廷涛等人在文章中，分别对该技术在具体领域中的应用给出了应用的方式和未来的发展趋势，但都提到了目前 3D 打印技术的局限性以及对材料的依赖性问题。

随着技术在具体领域里的应用以及进一步的研究工作，技术在应用、研究过程中出现的一些问题也引起了使用者和研究者的注意。郑友德等中提出，"3D 打印技术将彻底颠覆法律中有关侵权取证和追责的方式，因为它允许设计图纸以数字文件的形式上传到互联网，导致复制变得更容易实施，而追踪却变得更加困难"。王文敏也指出，"设计图纸的获取更为便捷，开放性越来越高的社会将很难对知识产权进行有效的保护"。王程杰、汤志贤更为明确地指出，"现有的知识产权框架目的旨在控制制造和供应链上的关键活动。正如把控制权交给消费者的颠覆性技术(影印机、录像机和 P2P 文件分享技术)的应用一样，知识产权法力争跟上这过程中的巨变或供应链出现的颠覆。最终，法律能对这些挑战做出反应，但反应不是实时的，在有些情况中(如《数字千年版权法案》)产业和权利人在为新法进行积极游说"。3D 打印技术的应用使法律对其缺乏明确的限制和管理，极易造成市场的混乱，干扰研究者的研究工作等。尽管该技术尚处于研究开发阶段，应用范围也非常的有限。但就其目前所取得的成就已经暴露出来的法律、技术流动、生物技术的发展限制等方面的问题已逐渐浮出水面，该技术带来的问题以及所带来问题对人类影响的研究还非常少，尤其是在技术可能带来的风险方面的研究，如生命、环境、军事、国际政治等方面可能带来的风险的研究基本处于空白阶段。仅有少数几篇文献对技术可能带来的风险有所论述，如皮宗平、汪长柳简单地叙述了该技术的发展在国际竞争环境中可能带来的影响，文中指出，"现阶段产业界对 3D 打印领域的投入应以加强创新研发、技术引进为主，尤其要重视自主知识产权的建设和维护，争取在未来的市场竞争中占据优势地位。如受到概念炒作影响，在技术尚未充分完善的现阶段大规模投入产能扩张，则投资回报将面临着较大的风险……"。从技术的发展和产业的发展以及供应链等角度进行了分析，意识到该技术必须在有效的社会控制条件下发展才可以避免很多不必要的风险，由于缺乏对技术的认识以及技术相关社会控制的研究资料，使得技术发展基本处于无人监管的位置，而对如何控制该技术实施什么样的措施更没有达成共识，所以技术的未来以及人类的未来面临着较大的风险。

由于 3D 打印技术是一项正在发展的新技术，所以对该技术的风险和控制方面的研究及参考的文献基本空白。因此，参考纳米技术在研究、发展初期对风险和控制方面的研究，对 3D 打印技术在上述方面的研究也有一定的借鉴作用。

同样作为新技术的纳米技术，已有很多专家和学者在技术的社会控制方面进行了大量的研究和探讨，而其中的控制措施也贯穿了纳米技术目前的发展过程。黄军英与陈军等人提到了对于纳米技术在应用方面的风险，尤其是在生态环境、生物医学和纳米武器等风险的存在，且上述风险可能对人类带来的负面影响。在明确了纳米技术存在的巨大风险之后，大量的科研人员对纳米技术的发展、控制做了相应的研究。王国豫、Maria C. Thiry、何桢、朱敏、黄晓锋和郑摘等人针对纳米技术的风险，提出了如何降低风险及控制风险的对策，如通过法律、行政对技术的发展加以限制和控制，通过舆论手段加强对技术及技术相关人员的监督和舆论控制，通过教育手段加强对技术相关人员的教育，避免由于个人因素导致技术的滥用。

同时，Frederic Vandermoere 与刘莉在对纳米技术的认知方面作了大量的研究，了解了社会各阶层对于纳米技术的认知情况。

结合纳米技术的风险和控制研究情况，对 3D 打印技术的研究有较好的借鉴和指导作用，就目前 3D 打印技术的研究特点及可能遇到的问题，对技术发展的风险及控制也可以使用类似于控制纳米技术应用风险的控制措施。对于纳米技术的控制经验，无论成败都对 3D 打印技术的发展未来有着非常高的借鉴价值，有助于对该技术进行控制。

对于一项新的技术而言，了解该技术的特点及原理是分析该技术发展前景的前提，3D 打印技术也不例外。有两篇研究论文详细地描述了什么是 3D 打印技术以及其工作的原理。在介绍该技术的工作原理时也介绍了其所运用的主要行业和领域，如制造业、医疗行业和材料领域等，并着重叙述了 3D 打印技术在上述领域的具体应用情况。在医疗领域，3D 打印技术的出现为医疗提供了极大的便利，人体模型、骨头器官再造，等等。在制造业领域，3D 打印技术在个性化制造方面和产品一次合成方面将有极大的发展，但受技术和材料的限制，目前主要的应用仍然是部分零件的制造和模型的制造。在材料领域主要介绍了新材料与该技术结合的可能以及在新材料技术的支持下，使用 3D 打印技术将实现产品的多样化。

新技术的应用将可能带来新的力量。新技术的产生以及其所能带来的红利将影响到产业、社会的变化。Reg Tucker 指出 3D 打印技术将对未来的工厂制造业带来极大的冲击，其增材制造（Additive Manufacturing）的特点可以实现最大限度减少成本的浪费。Satwant Kaur 也在其文章中展现了在 3D 打印技术广泛应用于生活中时人类生活的景象。有篇文章描述道，"……通过互联网，所有生活所需的产品、消耗品都可以找到打印的图纸，配合相应的材料以及云服务技术，实现对每一台 3D 打印机的实时控制，帮助每一个人生产出其所需要的产品……"。James F. Bredt 指出，"……增材制造，在家庭和小型工厂，在一些高端系统与金属聚合物的结合，可以生产出令人惊喜的产品……低端市场已经受到 3D 打印技术的动摇，低成本的进入，出现大量该技术在应用方面的爱好者……"。因此，在未来的生活中，假设 3D 打印机的普及已经实现，那么通过互联网技术和新材料技术即可完成我们对生活所需所有产品的自给自足，这样的假设将证明：未来将在该技术的广泛应用中发生极大的变化。同时，全新的生产、生活模式将改变目前的经济产业格局，新的模式将被建立。3D 打印技术为创新和革命蓄积了力量。

然而，虽然该技术得到了非常高的评价与非常乐观的前景估计，但是 Thryft 提道："对该技术的期望值目前已超越了该技术原本具有的应用前景，这样可能导致该技术及技术相关产业的发展陷于非常艰难的发展环境之中。"British Plastics & Rubber Group 的行业报告也明确地指出了 3D 打印技术目前的发展情况以及可能的使用前景被社会各界所夸大，从技术的目前发展的情况以及技术可能所需要的其他科学技术的支持情况来看，当前相关应用领域对该技术的态度太过乐观。H. G. Lemu 阐明了 3D 技术的发展可能遇到的问题，材料技术等相关技术的依赖使得该技术的发展受到约束，同时在整个技术流动过程当中，该技术几乎不能大范围进行流动，更难做到普及，因为该技术对于其他领域的技术要求过高。所以，该技术的发展仍需要一个漫长的过程。

(二) 发展趋势

一方面，技术层面，针对该技术的理论研究和未来发展趋势的预测是非常困难的。首先，该技术的发展依赖于多项其他技术的配合。其次，该技术的掌握与应用在世界范围内存在极大的差距。同时，对于该技术的未来应用虽然被多数国家和领域所看好，但是该技术仍然处于初步发展阶段并没有实现大规模的应用，其带来的技术红利也相对较低，因此其发展趋势不是很好而难以预测。最后，技术研究和应用必须有一定的环境作为支持，目前的环境无法准确预测技术未来的发展方向，只能结合目前已有的知识、研究和倾向来预测技术的发展趋势。

另一方面，针对技术的应用对自然环境和人类社会的影响这一层面的研究也是非常重要的。

众所周知，技术是把双刃剑，其应用对人类社会有其积极的方面也有其消极的方面。盲目追求技术发展带来的红利忽略技术的潜在风险将使自然环境和人类社会受到极大的负面影响。工业化带来的环境问题，核技术应用带来的核灾难在不断提醒着人们注意技术的负面影响。纵观技术的发展史，如今对于技术的发展与应用应该更为理性更为合理，避免不必要的情况出现。

因此，技术未来发展的趋势不仅仅应集中于技术层面的不断进步，而且也应该对技术的应用对人文环境的影响以及对技术与人类的哲学思考方面进行更深入的研究，实现自然、人类和技术共同繁荣的局面。这应该是该技术的未来研究的发展的趋势。

二、3D 打印技术及其发展历史概述

(一)3D 打印技术简介

3D 打印技术作为 20 世纪 80 年代刚刚兴起的新技术，因其自身的技术特点在人类社会中的多个领域得到广泛的应用。并且，在其应用的同时其可观的应用前景不断被发现，在部分领域甚至起到了颠覆性的作用。因此，作为第三次工业革命象征的 3D 打印技术渐渐被各个国家、组织所重视，其未来在带来极大的经济利益的同时也将逐渐改变目前社会已有的生产、生活结构。因此，对于该技术的了解有助于了解该技术为什么会给人类社会带来这么大的影响。

1. 3D 打印技术的概念

3D 打印技术，又可以称为增材制造的一种形式，是通过一系列的横截面切片叠加来制造产品，每层的接合采用溶化和沉积等技术来实现。通过电脑设计出物体的数字切片，并将这些切片的信息传送到 3D 打印机上采用分层加工、迭加成形，即将连续的薄型层面堆叠起来，直到完成一个固态的物体。就 3D 打印机的工作原理而言，其与普通打印机的基本相同，即仅仅需要与电脑连接，通过电脑控制把"打印材料"一层层叠加起来，最后将变为实物。更进一步解释，3D 打印过程是从 CAD(计算机辅助设计)系统开始，通过 CAD 软件，使三维模型被数字化，对物体进行数字化分层且确定每一层的构造。之后，3D 打印机制造每一层的结构。这样的工作流程与普通打印机类似，唯一的区别在于材料的不同。3D 打印机所采用的是金属粉末、陶瓷粉末、塑料、细胞组织等特殊材料，而普通的打印机采用的是墨。综上，3D 打印技术是利用激光束、热溶喷嘴等方式使各层点结硬化，最终叠加成型，制造出实体产品。

3D 打印技术与其他快速成型技术相比具有两个极为重要的优势。首先是成本低，一个 3D 打印机的价格最少10 000美元，而一个快速原型机成本可高达500 000美元。桌面 3D 打印机现在从10 000美元到超过100 000美元不等。其次是 3D 打印机可以与 CAD

软件以及其他数字文件进行无缝集成。在产品设计过程中，设计师的作品可以被保存为 STL(立体光刻文件格式)或类似的文件，设计人员只需点击"打印"，然后选择合适的 3D 打印机即可将 STL 文件导入计算机辅助制造(CAM)系统中，计算机辅助制造系统根据所使用的材料、成型路径和制造参数建造原型，其原型数据将被 3D 打印机读取用以制造成品。

3D 打印机有多个名称，如三维成型机、三维打印机、立体打印机、3D 成型机、添加剂打印机等。该技术的技术特点受到很多加工企业的重视，原因在于该技术的技术特点使得产品的生产制造大大缩短了建模、浇铸等工序，提高了制作与生产的效率。3D 打印机是 3D 打印技术的直接体现。

3D 打印机(3D Printers)这一产品最早源自美国军方的"快速成型"技术。美国的 Stratasys 公司在 1992 年开发并生产了首台 3D 打印机。自问世以来，该技术由于受到全球各个国家的关注，发展速度极快。而数字技术的不断发展，让 3D 打印技术逐渐成为了制造业的新宠，3D 打印也是"数字化制造"的缩影。尽管其所受关注度很高，但 3D 打印技术实现质的飞跃，能够投入对物品的制造业是在最近两年逐步发展起来的。

2. 3D 打印技术的特点

3D 打印技术的特点可以从技术层面和应用层面两个方面来分析：首先，技术层面(如表 3-1 所示)。

表 3-1　　　　　　　　　　　技术层面

技术的高度集成	集成了 CAD、CAM、激光技术、数控技术、化工、材料工程等多项技术，是设计到生产的综合集成
方便快捷	3D 打印技术操作简单，且可以一次性完成产品的制造，省去了大量的后期加工工序
再现三维效果	可以准确完成物品内外部三维结构的塑造，且不需要后续再加工工艺

其次，应用层面。其特点如下：

（1）材料多样化。可使用树脂、尼龙、塑料、石蜡、纸以及金属或陶瓷的粉末以及细胞组织作为材料。

（2）缩短了时间。产品从设计到成品需要一个漫长过程，结构越是复杂的产品设计生产难度也就越大。而该技术可以在短时间内完成从设计到成品这一过程，且可以轻松完成对复杂结构产品的制造。

（3）降低了成本。众所周知，在产品生产制造过程中占成本比例最大的主要是材料、人工、场地和设备。

（4）减少了生产工序。传统生产制造过程包含车、刨、钻、洗、磨等工序，而通过 3D 打印技术可以方便快捷实现从图纸到实物生产过程，减少了大量的生产工序。

（5）减少了人员。满足产品设计、机器操作和维护的人员，即可完成生产，最大限度地节约了人力成本。

（6）节约了场地和设备。3D 打印所需设备极少，且设备根据所生产的产品的不同所需的空间也不同。只要拥有电脑、3D 打印机和设备摆放空间就可立刻投入生产。

（7）复杂结构的制造更为容易。传统的制造技术在加工复杂结构的产品时需要耗费大量的时间、材料、人力和工序。而 3D 打印技术采用逐层堆叠的原理使得复杂结构的制造更为便捷，有效减少了生产时间也降低了生产成本。

（8）个性化定制需要的满足。3D 打印机所打印的产品样式在未来只需根据两个因素即可实现：材料和创意。并且，随着大数据和云计算的发展，3D 打印工厂和设计者可以通过互联网技术实时沟通和修改，极大满足了个性化的要求。

（9）操控简单。简单的操作软件和简单的操作步骤使得对 3D 打印机的掌握变得非常容易。

（10）创造显著的经济效益。该技术的生产加工特点使得产品的生产成本大幅度降低，帮助企业减少了大量的开支，而低生产成本的产品销售中也可以带来更多的利润。

（二）3D 打印技术的兴起与发展

3D 打印技术诞生于 20 世纪 80 年代末期，在经历了几十年的发展如今才得到人们的广泛认识。3D 打印技术能有如今的辉煌及广阔的发展空间并非偶然，而是一个科学发展和技术积累的必然过程。依托自动化、数字化、新材料等技术，3D 打印技术才逐步成为一项极具价值的应用技术。

1. 3D 打印技术的兴起

3D 打印技术是增材制造技术中的一部分。所谓增材制造（Additive Manufacturing, AM）技术，是通过 CAD 设计数据采用材料逐层叠加的方法制造实体物品的技术，相对于传统的对材料的切削加工技术，是"自下而上"的制造方法。随着该技术的发展，在其发展过程中被称为"材料累加制造"（material increase manufacturing）、"快速原型"（rapid proto typing）、"分层制造"（layered manufacturing）、"实体自由制造"（solid free-form fabrication）、"3D 打印技术"（3D printing）等多种名称。而不同的名称也表现出不同的技术特点。

美国材料与试验协会（ASTM）F42 国际委员会对增材制造和 3D 打印有明确的概念定义。增材制造是依据三维 CAD 数据将材料连接制作物体的过程，相对于减法制造它通常是逐层累加过程。3D 打印是指采用打印头、喷嘴或其他打印技术沉积材料来制造物体的技术，3D 打印也常用来表示"增材制造"技术，在特指设备时，3D 打印是指相对价格或总体功能低端的增材制造设备。

3D 打印技术最初是由多名科学家和学者在经历长时间的研究之后才逐渐成型。最初，3D 打印技术中的分层制造原理的思想是由 J. E. Blanther 在 1892 年提出。之后，Carlo Baese 在光敏聚合物制造塑料原件的领域有所突破并解释了相关原理。经过不断地尝试和摸索，最初的 3D 打印技术原理逐渐成型。20 世纪 50 年代后，大量的 3D 打印技术的研究成果相继问世。而在 30 年后，该技术的大量的研究成果申请了并获得了专利，以美国为例，其在 12 年中的相关研究专利就有 24 个。这是 3D 打印技术研究成果的质的飞跃。1986 年，Hull 发明了光固化成型（Stereolithography

Appearance，SLA）；1988 年，Feygin 发明了分层实体制造；1989 年，Deckard 发明了粉末激光烧结技术（Selective Laser Sintering，SLS）；1992 年，Crump 发明了熔融沉积制造技术（Fused Deposition Modeling），在著名的麻省理工大学，3D 打印技术终于在 1993 年被 Sachs 所发明。技术发明更加催生了一个个相关专利的诞生，并很快有了将技术转化为实际应用的设备。1988 年，美国的 3D Systems 公司根据 Hull 的专利，制造出了首台 3D 打印机。这意味着 3D 打印技术又进入了一个更高的阶段。3D 打印设备的诞生意味着技术的实际应用，也进一步促进了 3D 打印技术的发展与完善。经过不断的发展，1991 年，Stratasys 的 FDM 设备、Cubital 的实体半面固化（Solid Ground Curing，SGC）设备和 Helisys 的 LOM 设备都实现了商业化；1992 年，DTM（现在属于 3D Systems 公司）的 SLS 技术研发成功；两年之后，EOSINT 的选择性激光烧结设备在德国诞生；1996 年，3D Systems 公司根据喷墨打印技术制造出第一台 3D 打印机——Actua2100；同年，ZCorp 也发布了 Z4023D 打印机。综上，美国是该技术的发源地，也在该领域有着更高的技术水平，其在研制和生产方面在全球处于领先位置。所以，美国的研发和应用是该技术未来发展的风向标。

2. 3D 打印技术的发展史

从问世至今，该技术经过了 30 余年的发展取得了非常丰富的成果，其应用面越来越广。伴随着技术的不断更新换代，不同的设备在全新的技术支持下逐渐完善其功能并投入使用。

目前，3D 打印技术的应用领域较广，如工业设计、文化艺术、机械制造（汽车、摩托车）、航空航天、军事、建筑、影视、家电、轻工、医学、考古、雕刻、首饰等。根据其技术特点 3D 打印技术可以应用于各个行业，但是目前主要集中于制造行业，因为就目前的 3D 打印技术而言，多数的应用仍然是以模型和原型制造为主。而目前限制其应用领域的原因仍然是技术的发展问题以及配套的材料研发。相信随着该技术的不断发展，其应用领域将逐渐进入各个领域，并对传统制造业带来极大的冲击。

3D 打印技术根据目前的技术水平在上述领域得到了广泛的应

用。但是，3D打印技术的未来发展可能涉及的应用领域可能着重于医疗、军工、传统制造业领域。

在医疗领域，目前3D打印技术已经可以使用已有的材料打印出人体关节，并可以取代人类原有关节。在美国、日本、中国等国家，利用3D打印技术打印出来的人体骨骼已经逐步用于替换原有钛合金材质的人体骨骼部件。由于3D打印出来的人体骨骼有质量轻、强度高的好处，所以在医学领域的应用逐步被接受并逐渐被推广。同时，随着材料的不断研发成功，利用组织细胞打印出人体器官的尝试也已经成功，这标志着在未来可以根据3D打印技术的个性化特点，因人而异打印出人体所需要更换的器官来延续人类的生命。

在军工领域，3D打印技术已经可以生产建造枪支。美国在研制新型的"陆地勇士计划"中，很多步兵的单兵装备都是利用3D打印机打印而成。同时，美国最新建造并将服役的"小布什"号航母以及F35战机的开发和零部件的生产上已经大量使用了3D打印技术。而3D打印技术方便快捷的特点，使其可以在战场上随时组装并工作，用来制造战斗中所需的装备和修理装备所需的零部件，这样可以大大省去部队后勤的压力，也可以提高部队自身的战斗生存能力。

在传统制造领域，由于依靠3D打印技术而生产的3D打印机就是以快速生产、个性化定制、成本低廉为主要特点，依托计算机技术，其产品的生产程序大大减少。之前的流水线生产可以改变为布满整个车间的一个个的独立3D打印机，将所需要生产的产品输入3D打印机内，打开开关后只需要等一段时间即可看到成品的出现。并且因为生产过程依靠计算机控制具有严格的数字化和标准化特点，产品的生产质量因受到精益化管理而可以得到保证。同时因为每一台打印机都是一个独立的单位，只要设计图纸不同，其生产的产品就不同，完全可实现高效的定制化作业，大大节约生产的各个方面成本的投入。

因此，3D打印技术的应用范围是十分广阔的。

3. 3D打印技术的未来发展

结合 30 年来 3D 打印技术的发展以及 3D 打印机的广泛使用，3D 打印技术的发展未来逐渐多元化，实用性也越来越强。随着各国对 3D 打印技术的研发的投入加大，该技术被不断完善。就目前该技术的使用领域而言，未来的发展趋势将更加接近于个性化、快速化和实用化，将逐渐成为与生产、生活密不可分的技术。可以想象，在未来的生活中，房屋的建造只需要在所建房屋的地基上架设一台大型的 3D 打印机，将已经设计好的房屋图纸录入到计算机内，计算机控制已架设好的设备开始房屋的建造。在不同的建筑过程中运用不同的材料，完成设计与建造方面对于不同材料的要求，这样在建造房屋的同时也可以完成内部装修，既节约了材料、人力的投入，也节约了时间，更在标准化设定下实现了精益化管理与制造过程，保证了产品建造的质量。

在生活方面，每家每户都将根据不同的生活要求添置不同用途的 3D 打印机。例如，用于制造食品的设备。只要根据预先设定的材料比例而加入所需材料，设备即可以根据录入好的食品制造过程而完成食品的制造。同时，在制造饮食的同时也可以根据自己的特殊爱好自行编程，为设备录入自己的独特饮食偏好，完成自己所需要的饮食。在方便快捷地完成饮食需求的同时又保证了个性需求，在材料允许的情况下，3D 打印厨房将完全取代原有厨房的概念。一个杯子、一套餐具等所有的用品只要将设计图纸录入 3D 打印设备中即可完成需求。衣服可以根据自己的设计制造出属于自己独一无二的服装，完全个性化。同时，依靠设计图纸的数据库，不会设计的人也可以轻松从网上下载产品图纸并打印。

在工业生产中，3D 打印设备可以取代工厂的流水线作业模式，告别产品的流水线作业带来的残次品的可能以及时间、人力的投入，使产品从设计到实物快速完成。并且 3D 打印技术的定制化特点可以方便地满足不同客户的不同需求。诸如此类的应用，将使得 3D 打印技术在未来的社会生活中形成一个家家都是小工厂的社会环境，完全颠覆目前已有的商业模式、生活模式和发展模式。因此，3D 打印技术的未来发展趋势是一种颠覆性的发展，其颠覆性不小于纳米技术和克隆技术给人类现有模式所带来的冲击。因此，

"第三次工业革命"的重要标志是 3D 打印机技术是必然的，它将逐渐改变人类对于"生活"这一延续了千年的概念的理解。

尽管，3D 打印技术的应用范围十分广阔，其技术特点对未来的生产、生活有极大的影响，但该技术仍然处于研发状态，有很多技术难题需要攻关。就目前的研发中遇到的一些问题，如果不能有效攻克技术难关，就有可能影响到技术的未来发展趋势。所涉及的难题如下：

（1）无法实现批量生产。由于原料种类的限制，并且原料的价格以及设备自身的价格非常昂贵，所以如今的 3D 打印机的应用还主要集中于样品开发以及对机器设备自身的研发中。

（2）打印效率和精度问题。由于目前使用的 3D 打印机主要是材料熔融并由打印头逐层打印，激光打印和粉末烧结还在不断完善中。所以打印所需时间较长，打印一个小型的零部件就可能用上几小时，而打印高精度的零部件可能需要的时间就更长了。因此，在打印精度方面需要进一步的完善。

（3）强度。打印出来的产品的产品强度无法直接与由传统工业加工得来的产品相比，其结构承受力及强硬度仅仅符合锻造产品的级别，这就反映出材料对于该技术的极大制约。

（4）再加工。由于打印的精度问题，使得打印产品的表面的光滑度需要进行后期处理加工。尤其是在制造薄壁及细长的产品时，由于产品自身强度较差，所以后期再加工的难度也随之加大。

（5）尺寸。3D 打印技术从理论上来讲可以打印任意尺寸的零部件，因为可以自行组装设备。但是就目前的技术而言，过大零部件受技术约束无法直接打印，只能选择多部分分开打印后期组装的办法。

正因为有上述技术瓶颈，使得 3D 打印技术在全方位投入到我们的生活中，影响、改变我们的生活方式还需要一段漫长的发展过程。

（三）3D 打印技术的行业发展状况

每一项技术被应用到服务于社会都需要经历由实验室到大规模产业化的过程，而一项技术是否可以被大规模产业化是根据其应用是否可以为社会带来明显的促进作用。3D 打印技术经过了几十年的发展，并没有完全走出实验室走进人们的生活，但根据目前的发展情况该技术也得到了部分应用。而制约该技术的应用以及产业化的决定因素是技术本身仍存在大量的问题有待解决，其全面的产业化需要不断完善技术自身问题才可实现。但就目前而言，该技术在发展中得到了不同程度的应用，并实现了初步的小规模产业化。

1. 国际 3D 打印行业发展现状

目前，汽车、消费电子产品、医疗、航天工业、军工、地理信息、艺术设计、服装设计等领域是该技术的主要应用领域。根据Wohlers（美国专门从事添加制造技术的技术咨询服务协会）发布的2011 年年度报告，3D 打印行业在 2010 年创造了 13.25 亿美元的销售额，其年均复合增长率为 24.1%。该公司同时预测：预计到2020 年，3D 打印市场份额将达到 52 亿美元左右。而全球工业分析公司（GIA）的预测较为保守，认为这一市场在 2018 年将实现 30亿美元左右的市场份额。

而 3D 打印技术发展的好坏快慢在一定程度上也取决于国家对于该技术专利的掌握。刘红光等四人在《国内外 3D 打印快速成型技术的专利情报分析》中分析指出："美国、欧洲、日本、德国、韩国是拥有 3D 打印技术专利最多的国家和地区，申请专利达 1750件，占全部专利的 69.3%。其中，美国是 3D 打印技术研发领先、实力最雄厚的国家。欧洲、日本的实力也不容小视。"

分析目前国际上 3D 打印行业的发展和市场份额的分配可以得出，3D 打印机制造业处于并购和收购的过程中，行业巨头逐渐崛起。该行业的两家公司：3D Systems 和 Stratasys 都是美国的公司，其产品已占据了绝大部分的市场份额，行业巨头初露端倪。但由于3D 打印技术是新兴技术，且该技术是依托大量配套技术而产生的技术，所以竞争态势较为激烈，竞争对手也非常多，如美国的 Fab@ Home 和 Shapeways、英国的 Reprap 等。目前以欧美发达国家的3D 打印技术的商用模式已经初步形成，并实现了收益。

2. 国内 3D 打印行业发展现状

我国是在 20 世纪 90 年代初才开始涉足 3D 打印技术领域，晚于发达国家。1990 年，王运赣教授在美国访问时无意间接触到了刚问世不久的快速成型机(3D 打印机的始祖)。而华中科技大学的攻关核心放在了以纸为原料的分层实体制造技术(LOM)。

1991 年，华中科技大学校长，我国著名的机械制造专家黄树槐主持研发基于纸材料的快速成型设备并成立快速成型研发中心。

1992 年，西安交通大学卢秉恒教授(国内 3D 打印业的先驱人物之一)在赴美做高级访问学者的过程中，对快速成型技术在汽车生产领域的制造有浓厚的兴趣，并在回国后从事该领域的研究且成立了先进制造技术研究所。

1994 年，国内首台以薄材纸为材料的的 LOM 样机在华中科技大学快速制造中心研制并生产出来。

1997 年，卢秉恒教授的团队成功研制出国内首台光固化 3D 打印机。

国内虽然涉足 3D 打印行业的领域较晚，但是在 20 多年的发展过程中逐渐实现了对该技术的研究和掌握。但是，就目前我国 3D 打印技术研究、生产、商业模式的建立与国际水平相差很远。依托于新材料的开发、新成型技术、模型制作、打印头的精准度控制等技术的 3D 打印技术受到上述技术发展的限制，尤其是新材料技术直接限制该技术的应用范围。而我国在上述技术的研发中并不占有明显的优势，尤其是新材料技术的开发研究。因此对于实现自主研发 3D 打印技术这一技术难题的攻关仍需要一个过程。

在该技术 30 年的发展过程中，通过对更多技术的集成和发展，3D 打印技术逐步完善。而各个国家对于该技术的重视程度有目共睹，并且逐渐投入大量的人力、物力、财力在该技术的研发上。之所以如此受到各国政府的重视，是因为该技术未来十分广阔的应用前景，可以创造更多的经济效益，并且可以有效提升国家综合国力。并且，根据该技术的特点，其未来的应用可以涵盖目前社会各个领域，甚至于在未来的发展上可以颠覆人类对于社会生活的认识概念。尽管该技术的优点以及发展趋势都使得社会各界充满信心，但是由于技术本身仍然处于研究状态，仍然需要大量的时间去研发才可以使该技术完全投入到实际应用中。作为一项新的技术，虽然其目前已经有了部分使用，并且伴随着技术流动社会各界人士对该技术都有了或多或少的认识。但是，不同社会阶层的人对于技术的认识不同，不同的社会阶层将对技术的使用方法也截然不同。

所以，从该技术目前所涉及的行业发展情况可以得出如下行业发展现状：

(1)上游环节。在3D打印设备的使用中，金属作为打印材料的设备在研发、采购和应用方面占据较大的份额，其发展空间较大。但是，金属粉末的制备是个技术难题，无法实现大规模生产，直接影响3D打印技术的发展。

(2)中游设备。3D打印技术的发展之初设备厂商将明显获益，而设备分级主要分为高端和低端两类。而多数的企业由于技术瓶颈限制，只能涉足于低端设备制造。具有核心技术的部分企业将对高端设备生产实现垄断。

(3)下游服务。军工、核电、医疗等价格敏感度较低的领域已大规模使用3D打印，其产品小批量、非标准的特点将在试制阶段通过该技术满足低成本、高效率的修改需要。

综上，该行业目前仍处于一个"过高期望"阶段，公众对其关注度过高不符合目前行业技术发展现实。作为行业技术核心的3D打印技术仅在欧美等国得到广泛应用，而国内应用主要集中于教育领域。国内外技术差距较大的现实将导致该技术所涉及行业发展的不平衡。另外，根据3D打印技术的技术工艺特点：打印速度、成本、可选材料及色彩能力分析可得，金属材料打印将作为未来的主流发展方向。而从市场现状分析可得，未来将呈现个人打印需求激增，打印功能以模具制作为主的市场需求情况。所以，该技术涉及行业未来发展空间非常大，军工、医疗、航空航天将为该行业发展最具发展前景的三个领域，而金属打印也将作为未来的主流方向。

三、3D打印技术应用的潜在风险

人类对于科学技术并不陌生，自17世纪以来，技术逐渐突飞猛进地发展并运用其能力不断改变着我们原有的生活状态。从第一次工业革命到第二次工业革命，从蒸汽机到大规模工业化，科学技术为人类创造了前所未有的福祉，极大改善了人类在地球上的生活环境。但是，纵观科技史，科学技术的双面性也时刻提醒着我们科学技术这个潘多拉魔盒需要谨慎对待。科学技术自身所蕴涵的能量十分巨大，它的细微变化都可能给人类社会带来革命性的变化，积极方面的变化暂且不提，而负面的影响对人类自身和自然都将带来极大的危害。

人类社会的发展史可以看做是人类社会科学技术的发展史，人类的生活方式、活动范围、生存空间的变化都仰仗于科学技术带来的福祉，社会经济效益也离不开科学技术的进步。科学技术的领先程度将决定一个公司在竞争环境的胜负，甚至将影响一个国家在国际政治这场大的博弈中稳操胜券立于不败之地。因此，科学技术对我们的生活有着极多正面的影响，但科学技术所带来的负面影响也使得我们付出了极大的代价。环境的污染、生态平衡的逐渐丧失、全球文化多元化的丧失以及大规模杀伤性武器带来的影响，使得我们在欢呼雀跃科学技术带来的福祉的同时也意识到科学技术本身也可能是敲响人类文明丧钟的敲钟人。

原子能的开发给人类带来了一定程度上的清洁能源，但是核武器的使用却给人类带来了不可遗忘的伤疤。第二次世界大战的广岛和长崎，乌克兰的切尔诺贝利以及日本福岛的核泄漏，造成了数以万计的平民的伤亡，并且有过核泄漏或核爆炸的地域在微量元素衰减周期到期之前都无法适于生物生存，该区域在非常长的一段时间将成为各类生命体的噩梦。

工业发展的规模化，为人类带来了物质上的极大富裕，同时也对自然环境造成了极大的破坏。工厂在生产过程中制造的废水、废弃的排放导致自然环境遭到破坏。化学产品的使用在提高粮食产量、治愈人类疾病、延长人类寿命的同时也造成对环境和其他物种的负面影响。

纳米技术的应用在创造了极大价值的同时，其自身所含有的毒素对生物有致命影响。而且，对于纳米技术的了解并不充分仍然处于研究状态，微观领域可能造成危害是无法衡量的。

科学技术所带来的负面影响有目共睹。"每种事物好像都包含有自己的反面。我们看到，机器具有减少人类劳动和使劳动更有成效的神奇力量，然而却引起了饥饿和过度的疲劳，"马克思在其著作中也提到了对于科学技术双面性的担忧。而马尔库塞也提到"技术的异化是技术作为一个工具领域，可以增强人的力量，同时也增加人的怯懦。在现阶段，人对自己生产的工具的控制较以前更加无力"，这表明，人类在开发、使用技术时，也是在"领导"着技术，而未来可能发生的事情是技术的发展反倒"领导"着人类。

所以，一切技术都无法摆脱其两面性的特质，3D 打印技术作为新的技术，其两面性中可能造成的负面影响更是无从知晓。3D 打印技术虽然蕴涵着巨大的潜力，并且可以极大改变人们的生活、生产方式，但是其可能带来的危害以及可能引起的伦理问题，也需要引起我们的重视。

（一）技术风险的认识

对技术的风险进行分析，首先要明确什么是"技术风险"。而明确"技术风险"首先要了解"风险"是什么。对"风险"的理解和认识是非常复杂的，不同专业对"风险"的认识有所不同。所以笔者选择了一种较为普遍的"风险"概念作为对"风险"的界定：风险，不同于"危险"（Danger），但"风险"是"危险"的一种形式，即"可能发生的危险"或一种冒险。"风险"更多地依赖于观察者或行为者自己的选择或判断。它不以实体的形式存在，是由外部原因或他者原因引起的，在此意义上，"风险"更可能是指向未来的一种可能性，一种包含着可能性的现实，一种潜在的现实。因此，对"技术风险"的理解可以理解为：技术作为"风险"的主体，即"风险"是技术的一部分。然而，"技术风险"的划分也存在着多种的划分依据和划分模式。所以，将"技术风险"划分为以下三个部分：

（1）技术的风险，即技术及其应用所造成的风险。主要表现为技术的使用给人类社会、自然环境等带来的影响，如核技术对自然环境的破坏。

（2）技术的外部风险，即影响科学技术的风险。主要表现为社会各类因素对于技术的影响，例如宗教和克隆技术之间的矛盾。

（3）技术的内部风险，即技术本身的风险。主要表现在技术自身可能存在被系统内部证伪的风险、没有价值的风险、技术瓶颈的风险，甚至于带来技术革命的风险。虽然，对"技术风险"的概念及其划分模式和依据有着多种各种各样的理解和认识，但是"技术风险"特点是不变的，即其具有不确定性、危害性和可预知性。只要通过合理的方式，对技术和技术可能存在的风险进行充分的了解并提出相应的控制方式，就可以有效的预防"技术风险"所带来的以及自身存在的的风险。

结合对于纳米技术、基因技术的研究经验，对比3D打印技术的发展，技术在发展过程中由于技术的使用以及技术的研究人员，技术在未来发展中风险的出现是必然的且风险的种类将非常多。本书选择生命伦理风险、环境风险和国际政治军事风险作为本研究有关3D打印技术的主要风险。所以，主要集中对"技术的风险"的讨论，结合3D打印技术目前的发展现状，讨论"技术风险"对于人类社会和自然环境的影响，并根据"技术风险"特点尝试对3D打印技术的"技术风险"进行分析并提出相关的控制模式。

(二)3D打印技术潜在的生命伦理风险

3D打印技术作为新兴技术，目前仍然处于研发和少量运用的状态，距离实现产业化还有相当长的距离要走。而人类的认识有其局限性，对该技术的认识有其主观因素影响。同时，对于新兴技术社会伦理意识的淡薄，使得该技术本身可能带来的伤害是无法被察觉的。纳米技术作为一种时代前沿的科技，在对农作物的改良方面有很大的作为。而正当人们陶醉于纳米技术带来的美好前景时，科学家的研究为人们敲响了警钟。纳米材料的超微性在科学家的研究下让人们重新认识了纳米技术，纳米材料的颗粒可以很容易进入人的体内，并可能因积累过多而产生病变。同时，进入人体后的纳米粒子表面会形成游离基，而该游离基可能含有毒性，如ZnO与TiO_2纳米粒子。TiO_2纳米粒子被证明可被催化成对DNA有害的物质。而富勒烯C_{60}是一种单个氧发生剂，对人的身体可能存在危害。纳米粒子的分子化合物类似芳香环系统，其尺寸与形状使其可与DNA作用，具有致癌的潜在可能。

3D打印技术是一项新兴起的技术，人类对该技术有着太多的陌生和不确定，尤其是在它的应用方面，对其可能造成的危害毫无认识。但是，根据大量技术的前车之鉴，我们在应用 3D 打印技术应保持足够的谨慎，尤其是应用在人体方面，避免出现不必要的损害。

1. 3D 打印技术对人体健康的潜在风险

无论科学技术有多么的先进，其研究者和使用者都将是人类。在对新技术的研发中，对技术可能存在的危害缺乏认识将对身体健康产生影响。

新材料技术的发展对 3D 打印技术的未来起着举足轻重的作用，多种材料的应用将满足 3D 打印技术多样化和定制化的特点。因此，新材料的技术决定了 3D 打印技术的未来。而在材料的研发中，材料自身所包含的各种潜在风险不得而知，直到其显现出来时人类才意识到其危害。例如，纳米材料，由于纳米材料自身可能就具有毒性，所以在应用纳米材料作为 3D 打印技术的打印材料时不可避免使得产品具有了潜在毒性。所以，对于打印所需材料的选择上需要慎重。

美国伊利诺伊理工大学(Illinois Institute of Technology)的一项研究结果表明：3D 打印在室内操作可能造成对人体的伤害。该研究称，目前在市面上出售的桌面级 3D 打印机在进行打印操作时可能伴随有大量的"超细颗粒物"(UFP)的出现。普通的 3D 打印机的工作流程，如以 PLA 或 ABS 为打印材料，第一步是对打印头进行加热直至打印头内温度可以将固化的打印材料溶解。之后，易溶解的固化材料通过喷嘴挤出，依照设计图进行堆积作业。这样的生产过程会释放有毒物质，但是不易被人所察觉，而且如果室内缺乏通风系统或者操作人员没有合理的保护措施，那么所释放的有毒物质可能造成人体的伤害。美国伊利诺伊理工大学的此份研究报告是基于一次实验而得出，试验所用被试的五台 3D 打印机都是市面上热销产品(由于涉及相关法律问题没有提及品牌)。在实验中，使用PLA(生物降解塑料聚乳酸的英文简写，全称为 Polylactic acid)聚合物作为实验材料。实验分为两个部分：第一部分是 3D 打印机在温度较低的环境下工作；第二部分是在较高温度下工作。在低温度下，3D 打印过程中 UFP 的排放量为每分钟 200 亿个超细颗粒物。在高温度下，UFP 排放量为每分钟2 000亿个超细颗粒物。根据上述实验所得数据，UFP 排放量等同于室内吸一根烟的 UFP 排放量。

不同的材料在使用中其 UFP 排放量不同。但是，由于超细颗粒物体积很小，非常容易进入肺泡、血液、神经系统等，通过肺部吸入的超细颗粒物通过肺泡很容易进入人体的血液并扩散到其他器官。如果材料中包含纳米颗粒，那么纳米粒子以及部分生物持久的粒子可能会透过生物膜上的空隙进入细胞内或细胞内包括线粒体在内的细胞器，并与生物大分子发生结合或催化的化学反应，使生物大分子及生物膜的结构因化学反应而产生对整个细胞的影响。因此，有研究表明 UFP 的吸入可能与白血病、心血管疾病甚至癌症的发生有一定关联。目前，对于 3D 打印技术对人体健康可能带来的危害还不十分明确，多数仍然是根据其技术本身特殊性进行推测，但是我们也没有足够的依据对可能存在的风险进行否定。

2. 3D 打印技术与生物技术结合带来的潜在风险

根据 3D 打印技术目前的发展情况，生物医学领域的成功运用一直得到人们广泛关注。同时，也因为在医学领域有所建树，人们对于该技术的未来充满了期待。通过对该技术的应用，人们成功打印出了可运用到患者身上的骨骼，并成功运用组织细胞打印出器官。通过不断发展，我们可以根据自身的特点设计并打印新的器官或骨骼来替换已经衰老、破损器官或骨骼，这样的技术成果可以等同于延长了人类躯体的生命。那么，是否可以通过这样更换器官的方式来帮助人类实现一个长久以来一直渴望实现的长生不老的美好愿望呢？

3D 打印技术目前的发展情况已经基本实现了高仿真人体模型制造的能力。2012 年，日本太平洋横滨国际会展中心举行的"MEDTECJAPAN2012"上，以色列的欧贝杰（Objet Geometries）公司在日代理商介绍了 2012 年 4 月刚刚开始在日本提供的"医疗工程服务"。该服务项目是一项根据图像诊断设备拍摄的图像数据，依靠 3D 打印技术来制作逼真三维人体模型的服务，其主要面向客户群是想利用三维人体模型实施模拟手术及培训的医疗机构。此项目的最大特点是可混合两种材料进行制造，只要其中一种材料选用透明材料，便能制成可从外部确认人体内部骨骼及肿瘤位置等的模型，并且根据所选择的材料的不同可以模仿人体各个位置的触感，实现生动模拟人体的效果。因为模型的制造需要对人体进行全面的 CT 扫描，扫描后的图纸通过设备打印成人体模型，该模型从外观和触感上与真人无区别。因此，在未来发展中，通过与逐渐成熟的 3D 扫描技术、透视技术和新材料技术的结合，可以对人体实现完整的复制。人体骨骼在 3D 打印技术中也被成功制造出来并被应用到病患身上。2 岁的 Emma Lavelle 因患有先天性多发性关节挛缩症（AMC），阻碍了她的肌肉和关节生长并使肌肉和关节变得僵硬。因此，Emma 的运动能力严重被限制。而传统治疗方式只有手术和矫正治疗。为了治疗 Emma，科技人员和医生运用 3D 打印机打印出以 ABS 为材料的非金属人造关节并通过手术替换了 Emma 已坏的关节。自此，Emma 的生活得到了恢复。

3D 打印技术在美国维克·弗里斯特再生医学研究所（Wake Forest Institute for Regenerative Medicine）所长、外科医生安东尼·阿塔拉（Anthony Atala）的努力下成功打印出一颗鲜红的人造肾脏。我国上海交通大学医学院附属第九人民医院的医生也将 3D 打印机技术运用到医疗中，并实现了"全耳再造"。那么，随着技术发展，人体器官打印将越来越容易，新的人造器官可以不停替换已经衰老或者病变破损的器官。而人类身体的老化主要从器官开始，如果器官可以更新，那么人的生老病死将可能成为过去。

而将人体模型、人造器官和人造骨骼结合起来，植入计算机芯片，通过计算机技术模仿人类神经传导，那么未来将有可能出现"人造人"。一种 3D 打印技术为基础的另类克隆现象将出现在不久的未来。当克隆技术成功克隆出动物时，全世界为其取得的成就欢呼雀跃之时也意识到了克隆的风险。如今，3D 打印技术发展也可能出现类似克隆技术的风险：3D 打印技术对生命的正常发展顺序提出挑战，也对人的定义有了全新的解释。通过技术创造出来的"人造人"不是正常人类在特定环境下通过进化形成的社会心理、行为、特征和生物性的集合体，而是来自于工厂的全新"物种"，且"人造人"的大脑可能由计算机程序控制，不像人脑一样赋予每一个人不同的性格特点，"人造人"将会打破人类性格的多样性，致使人类退化。

不仅如此，而且"人造人"的出现将使得人类的繁衍方式发生改变，打乱人伦关系，使以遗传信息为种子不断延续的人类面临种族危机。在此危机下，家庭概念将被颠覆，人类彼此之间的关系也将被颠覆，那么社会道德和法律将不再拥有存在的依据。更可怕的是，该技术一旦被心怀不轨的人所利用，那么将导致更为严重的问题；如通过"人造人"的制造模式，对"人造人"进行强化，"人造人"逐渐取代人类而存在于这个地球上。

3D 打印技术的发展在未来对生命伦理方面存在极大的风险。虽然，人体模型、人体器官、骨骼的制造会为医疗提供更为充足的物质保障和技术保证，也更大程度的为患者提供了方便，但是这样的应用必须建立在对风险的充分认识以及合理控制技术应用的前提之下，不然该技术在生命伦理方面的潜在风险将有可能直接影响到人类未来。

（三）3D 打印技术对生态环境可能带来的潜在风险

人类通过不断开发自然和自己的大脑，创造着一项项新技术。一项项新的技术服务于人类使得人类在自然前的生存能力越来越强。当人类不断战胜残酷的自然的同时也在不断地尝试改造自然，使自然逐渐成为符合我们所期望的那样服务于我们人类。这是一个非常可怕的现象，我们在通过技术的革新妄图征服自然，一步步地打破人与自然之间的相对和谐。严重的环境污染，大规模的物种灭绝，明显的生态失衡等，人类所处环境面临着极大的危机。

3D 打印技术可能将成为 21 世纪人类社会的主流技术之一，该技术将广泛应用于我们生活中的各个领域。由于 3D 打印技术带来的高度个性化及可操作化，使得每一个个人或家庭都可以成为一个简单的工厂，生产日常生活中所需要的任何产品。而这就意味着一个实际的问题：生产 3D 打印机及打印不同产品的材料需要耗费大量的电能和其他材料，每一个家庭都有至少一台 3D 打印机，那么意味着每一台机器在工作时都需要耗费大量的电能。根据拉夫伯拉大学的研究显示，以目前的 3D 打印材料 PLA 和 ABS 为例，材料的使用加工需要对材料本身进行加热。材料随着高温和激光而融化，通过挤出堆叠完成一个模型。相比较传统的模型制造技术，3D 打印机所消耗的电能是注射模塑的方法 50~100 倍。2009 年，麻省理工学院的环境友好制造业项目指出，采用激光烧结技术的 3D 打印机所消耗的电能是传统方法的好几百倍。而在目前的世界范围内，发电技术还在持续发展，主流的发电方法依然是火力、水力以及核能发电，其效率、污染以及可能造成的危害已经影响到人类目前的环境。而为满足新技术对于能源的需求，发电技术也将面临极大的挑战。为满足新技术的需求，大量的其他能源、材料已被消耗，而使用、生产这些能源和材料的过程已经造成或可能造成对环境的影响，如核能的使用。核能地使用可能带来的环境灾难有目共睹，切尔诺贝利和福岛的核泄漏事故使人们对于核的使用有了新的思考，更全面的限制条件将对核能发电产生积极或消极的影响目前不得而知，而 3D 打印技术对于电能的消耗之大却是事实。因此，该技术的发展和应用因为其对能源的依赖使得它将对环境带来重复性污染。

3D 打印技术在吞噬能源的同时，也因为其目前的技术限制，使其对 ABS 塑料这种最为常见的材料产生了极大的依赖。ABS 和 PLA 材料，是 3D 打印过程中常用的材料。而塑料作为一种降解周期较长的人工提取物，在目前的社会环境中的继续使用饱受争议，且塑料制品的生产、使用和处理过程对环境破坏非常严重。而 3D 打印机目前所使用的材料中，塑料材料是最为主要也是最成熟的材料。所以，3D 打印技术在投入使用之前由于其材料的特点使其已经对环境造成了破坏。同时，在未来 3D 打印产业的发展趋势而言，由于其增材制造的特点可以在一定程度上避免原材料的损失，但是材料的损失以及加工过程中可能出现的问题也可能导致材料的浪费，无法保证对材料的有效节约。因此，3D 打印技术、产业的目前发展对于节约能源没有起到任何有效的作用，反而因为其对能源的依赖以及消耗量使其成为能源消耗大户，对于人类的可持续发展和人与自然的和谐没有起到革命性的影响。

（四）3D 打印技术对国际政治、军事可能带来的潜在风险

科学技术的进步可以有效提升生产力。每一次科学技术的飞跃将对社会的生产力起极大的推动作用，生产力中各要素的变化将对生产关系产生影响进而推动上层建筑的变革。科学技术决定着一个国家的经济实力，而经济实力代表了一个国家在世界上的地位。因此，谁站在科技领域的制高点，谁就可以获得更多的经济利益并以此在世界上占据一席之地。

资本主义经济在第一次工业革命后迅速发展起来，依靠工业结构发生的变化，欧洲的经济水平逐渐在全球范围内领先。而第二次工业革命使得欧洲的工业实力和经济实力得到进一步发展，并且依靠其技术和经济实力，加快了全球扩张的步伐。

国家政治格局在一定程度上受到科学技术影响，而经济和军事实力是依靠先进的科学技术来支持的，科学技术的先进与否是影响国际政治力量的直接因素。先进的科学技术带来更高的经济利益，也为军队的建设和维护提供可靠的经济基础，而先进的科学技术也将为军队提供先进的武器装备，可有效提升军队的战斗力。军队实力影响国家在人类世界中的影响力，更影响着整个国际政治的格局。

3D 打印技术在国际格局中已经渐渐展现出其影响力。该技术的掌握、发展以及其产业化具有较为广阔的市场潜力，且其可能带来的经济利益被各国所重视。该技术掌握将对国家的经济发展、军事发展起到直接的影响，并直接影响未来国家在国际政治格局中的地位。该技术掌握和应用也可能对目前的国家政治和军事格局带来潜在地威胁。

1. 3D 打印技术对国际政治可能带来的潜在风险

国际政治格局是指各个国家或地区的政治力量对比以及政治利益的划分情况。包括主权国家、国家集团和国际组织等多种行为主体在国际舞台上以某种方式和规则组成一定的结构，由各种政治力量对比而形成的一种相对稳定的态势或者是一种状况。一种世界格局的形成，是世界上各种力量之间经过不断的消长变化和重新分化组合，从量变逐渐发展到质变，构成一种相对稳定的均势结果。一

种世界格局的解体，则是由于这种稳定的均势被打破，再也无法保持下去。世界政治格局几经变迁，逐渐形成了多元化的新格局，在未来较长一段时期内，任何国家无力改变这种格局。科学技术通过在应用过程中对经济利益的变化产生影响，进而对国际政治格局产生影响，其影响从一个国家到整个世界，即科学技术通过影响世界经济格局进而影响国际政治格局。因此，技术力量是国家在国际政治格局中支柱。德国在第一次工业革命中革新技术，扩大产能，迅速发展经济，在短时间内缩小了同英、法等国家在国家实力方面的距离，并跻身欧洲强国的序列。而美国在第二次科技革命中，积极推动新技术的应用和发展，从区域大国逐渐变为全球强国。美国通过"二战"后的技术革命直接跃升为国际超级大国，"二战"前以欧洲为中心的世界格局已经改变。由此可见，技术及技术相关产业地发展将直接通过影响国家经济实力而决定国家在国际政治秩序中的地位。21世纪，综合国力的强弱取决于高新技术的掌握，而发展高新技术也是国家经济发展支柱和前提。通过对于高科技的投入，包括资金、原材料、信息等资本的投入，高新技术将逐渐由技术向产业过渡，最终产生经济效益，在国际经济市场上获得更多的资本。同时，根据目前的世界格局，发达国家对于新技术的掌握速度以及产业化速度远远高于发展中国家，而且，由于意识形态等问题的存在，部分国家或组织对发展中国家一直保持着技术壁垒，封锁技术的全球流动，进而限制发展中国家的发展。

3D打印技术的发展潜力以及未来为国家带来的经济利益是无法估量的，掌握该技术将为国家的发展带来极大的好处。但就目前而言，该技术主要被西方发达国家所掌握。该技术的掌握将对生产制造业带来较大的冲击，依靠廉价劳动力以代工为主的国家生产制造业将在3D打印技术发展下面临极大的挑战。因此，作为技术支配地位的西方发达国家将依靠自己的技术、经济实力扮演技术的输出者，通过限制技术流动，使扮演技术输入者的发展中国家无法打破已有的垄断和技术壁垒，技术和经济发展将受到非常大的负面影响，这将进一步导致国家、地区之间的不平等。并且，发达国家通过其对技术的掌握、垄断所形成的壁垒，制定国际规则，拉开与发展中国家的距离，并从技术输入和产业发展中获得高额的利润，使得自身资本越加雄厚，而发展中国家可能面临的局面却是廉价劳动力被更为廉价的劳动力所取代，发展中国家的国际竞争优势将荡然无存。而失去技术的支持，同时遇到发达国家的技术壁垒，发展中国家缺乏竞争力，技术研发实力和经济实力又无法与发达国家抗衡，经济将遭到空前的打击。单一国家的经济实力变化可能导致区域格局的变化，区域格局变化将导致世界格局的改变。

因此，3D 打印技术的发展将增加这样的不平等，使发展中国家的经济发展受到极大的限制。没有雄厚的经济基础，缺乏高素质的科研人才，缺乏完善、先进的科研设备，种种限制因素将使得3D 打印技术在未来可能成为发达国家的筹码。通过技术、生产力的制约，发达国家可能依靠技术改变产业格局，从而推行贸易保护主义，在国际贸易市场与技术引进市场上发展中国家将处于不利地位，而为满足自身经济发展不得不依赖大量的进口从而导致大量资本外流。因此，发达国家将因为获得高额利润而逐渐加大与发展中国家的差距。

因此，3D 打印技术对于发展中国家和发达国家都至关重要，其掌握、应用情况将直接影响国家的未来发展情况、综合国力的提升以及国际政治格局的地位。而目前发达国家，尤其是美国和欧洲以及日本，在 3D 打印技术方面具有非常大的优势，在未来的发展中可能存在上述技术壁垒、加剧区域发展不平衡的风险。

2. 3D 打印技术对国际军事可能带来的潜在风险

国家在国际政治格局中的地位依靠经济实力和军事实力来争取和维护。军事实力的强弱代表着国家经济、技术水平，而军事实力将成为国与国斗争的最后手段。类似于第二次世界大战的大规模全球战争在未来的发生可能性很低，但是地域冲突从没有中断过。为了保护国土、国家人民以及国家利益，军队的实力将是保护国家利益的最后防线，同样也是最有效的威慑。为此，3D 打印技术的运用将对军工生产产生积极的影响，使军工生产能力、生产方式发生革命性的变化。

3D 打印技术已经应用到武器的研制和生产中。例如，美国利用 3D 打印技术辅助制造导弹的弹出式点火器模型,中国使用 3D 打印机与高强度钛合金粉末相结合完成了了歼-15 舰载机起落架的制造。3D 打印技术可以轻松地完成对于枪支的模型设计、部件制造和整枪制造。美军通过实验在很短的时间内成功打印出 AR-15 半自动步枪的实体,且该枪完成了 600 发子弹的激发试验。在不久的未来,根据材料技术的发展,轻武器的制造将因为 3D 打印技术的生产速度快,便于生产复杂结构部件以及高度个性化的特点而完全由该技术来承担,并且该技术因为可以迅速打印零部件而非常适合对武器的快速维护。而在信息化战争中,武器装备的快速维护将直接影响军队的持续作战能力,保证军队的战斗力。例如,2012 年 8 月,两个移动实验室被美军部署到阿富汗战区。这两个实验室除了配备数控车床、成型机和实验设备外,还配置了 3D 打印机及其配套设施。这使得 3D 打印技术可以在战场上实时为军队提供所需要的零部件和装备。

因此,3D 打印技术在武器研发、制造、野战保障等领域具有巨大的军事应用潜力。该技术的发展可以极大提高军队武器装备的先进水平,提升军队的战斗力,有效提供军队的后勤保障。所以,该技术对于提升一个国家的军事实力而言是非常直接的,发达国家掌握该技术并运用到军事领域将快速拉开与发展中国家军队的差距。

四、3D 打印技术的风险预防与控制

技术作为工具随着人类的发展帮助人类不断适应、改造周边的生活环境。正是因为这个蕴涵着巨大能量及巨大潜能的工具,使得我们自信地认为有这样一个强有力的支持,人类改变自然、征服自然的能力越来越强。但是,高度发达的现代科学技术以及其所改变的生产、生活模式掩盖了科学技术所带来的巨大风险。目前,由于技术滥用所导致的环境问题、国际政治问题渐渐威胁到基本的生活以及人类生存的未来。

科学技术的发展是社会发展的基础。科学技术的先进与否决定生产力的高低,而生产力对社会的影响是依靠其与生产关系、经济

基础和上层建筑等因素之间的相互作用。所以，科学技术如何发挥作用离不开人的因素，人对于技术、社会的发展方向具有最为直接的导向作用。

正如赵国杰提道："科学技术既影响社会，也受社会的影响。科学技术作用于社会的过程是在政府、科研机构、市场的主动、积极参与下实现的。另外，这个过程又是在一定的社会环境的制约与影响下完成。"技术与社会是相辅相成，缺一不可的。所以，3D 打印技术若要朝着对人类社会有益的方向发展，则在发展和应用的初期应建立较为合理的评估机制和控制措施，必须看到技术存在的风险、被滥用的可能性和可能造成的负面影响，不可仅仅看到技术带来的红利，应对技术有一个较为全面的了解。只有正确地认识该技术和技术的发展未来才可以帮助人类实现人与自然共同发展，且同时满足两者利益最大化的梦想。

而针对技术风险的预防与控制，预防是需要建立在对技术的充分了解上，而控制对技术风险的控制需要从技术手段和社会手段两个手段进行控制，二者缺一不可。而就目前，由于对技术的未来的发展趋势和情况只能进行预测所以技术手段的控制方式需要对技术自身进行深入的了解。所以，从社会的控制手段角度出发，对技术的前期发展提供一个较为全面的依据。

（一）3D 打印技术的法律控制

3D 打印技术目前尚处于发展与应用的起步阶段，对该技术的了解较少。为避免技术的不合理使用导致对人类社会和自然产生负面影响，可以在对技术进行充分了解的前提下，结合技术特点和发展阶段制定相应的法律法规，通过对技术研发、应用立法的手段来约束、控制技术的研究和应用。目前，在世界范围内技术法律与法规总是滞后技术的实际发展形势，而立法滞后是导致技术对人类社会和自然环境造成负面影响的原因之一。所以，3D 打印技术仍处于起步阶段这个特殊的时期就应开始对其可能造成的影响进行评估，通过立法的形式尝试阻止一些负面影响的事件发生。

至今，在世界范围内并没有针对 3D 打印技术的法律、法规，3D 打印技术及其所生产的产品通常由各个国家的环保部门或食品药品管理部门等有关机构来管理。而其中存在的问题是，由于缺乏对该技术和技术产品的认识以及界定，对 3D 打印技术及新产品界定较为困难且不严格，因为对技术特点和产品特性掌握不足，有些 3D 打印产品不在任何法律法规的管理范畴内。因此，要真正做到严格控制 3D 打印技术及其产品的潜在风险，需要结合 3D 打印技术的具体情况制定相应的法律法规。在对 3D 打印技术的立法工作中，应注意以下几点：

(1)3D 打印技术的立法工作应建立在对其技术特点的充分了解的基础上，清晰地界定出 3D 打印技术的责任主体，有针对性地制定法律法规。

技术的目的是政治家想达到的，而技术指标却又是工程师的追求，但技术的功能才是消费者的关注点。然而，技术的恶却无人关注。所以，在追求利益的同时也必须确定权责问题。鉴于 3D 打印技术的特点，应制定有针对性的法规。比如，目前知识产权的保护措施在该技术的应用下将完全失效，且该技术有能力生产制造武器。所以，在其发展过程中，世界各国都需根据技术的特点立法，保证 3D 打印技术的合理应用。若出现负面影响，则也应具有有法可依的处罚措施，做到法律上的约束和惩罚。

(2)建立 3D 打印技术公约与国际法规。

由于 3D 打印技术自身的特点以及技术流动的全球化，技术的滥用不单影响个人或组织团体之间的利益问题，有时可能影响国家之间的利益问题。因此，3D 打印技术发展和应用应处于国际公约的监督控制下，避免 3D 打印技术被利用而威胁国际安全。各国应在国际公约的基础之上，保持与公约的一致性并根据国情制定相应的法律法规。

(3)3D 打印技术法律、法规实施与监督机制的制定。

各国在制定该技术相关法律、法规的同时需要制定相应的实施与监督机制，做到有法可依、有法必依。对于可能建立的国际公约中对 3D 打印技术的限制，各国应当遵守公约要求，保证 3D 打印技术被应用到对人类有益处的方向。并依托健全的实施和监督机制保证相关法律和法规的执行。

3D 打印技术的社会控制离不开法律这一强有力的手段，健全的法律、法规有助于促进技术的良性发展。

(二)3D 打印技术的行政控制

3D 打印技术的发展如火如荼，但是其发展的方向受多方面因素影响，发展的路线和结果无法预料。而法律具有稳定性的特点可能导致其对随时都在变化的技术无法实现实时的控制，因为法律、法规的制定需要一个相对漫长的过程，而在制定的这段时间内就可能已经导致技术的发展朝着错误的方向发展了。为补充法律控制的不足，采取行政手段来应对该技术随时可能出现的问题，保证对技术的实施控制。

行政控制手段的合理使用可以同时完善法律控制和市场机制控制的不足。由于 3D 打印技术具有极高的经济价值，企业可能根据市场对该技术的需求开发和使用该技术。这样的行为可能促使技术发展的控制失效也将导致资源的大量浪费。为保证技术的合理研发和使用，政府可以采用设立科研项目、补贴研究机构、设立科学基金等行政手段对 3D 打印技术的研究进行政府干涉，确保 3D 打印技术的科研发展保持在可控且造福于人类的方向上。这样一来，通过行政控制手段可以有效促进该技术的正常发展，合理处理在技术的研发中的资源分配问题。

行政控制手段具有如下特点：

(1)针对性强。有关于技术政策和指令等都是在特定国家环境下制定的，目的就是在国家目前及未来发展方向上，结合技术的特点给予相应的控制，使得该技术在科研和应用层面保持在对国家有益的方向上。

(2)时效性强。政策、指令、规章等在实际应用中的实际效力受环境氛围和技术发展影响而不断改变，迫使政府相关部门需要结合具体情况进行调整和更新，保持对技术的实时控制，不断解决在其研发和应用中可能出现的新问题。

(3)全局性强。行政控制是以国家的利益甚至人类的利益为出发点来实施对技术的控制，所以其可以综合分析各因素对于技术的影响，提出较为有效的控制措施。

但是在针对该技术的行政控制过程中，应注意如下两个方面：

（1）技术的发展目的是造福于人类，可是技术发展受国家意志、世界环境等很多因素影响。国家的财政实力，技术研发实力将影响技术的发展，而国家的战略也有可能将技术大量运用到军事上，提升国家的国际竞争实力。行政控制可以有效帮助国家实行国家意志。技术的军事运用很难保证其不被一些类似于恐怖组织、极端组织或个人所利用，很容易导致技术的发展为人类带来负面的影响。因此，技术的发展需要行政手段加以预防和控制，也需要平衡国家意志可能造成的危险之间的利弊。

（2）制定、实施和监督相辅相成。合理有效的政策是需要有效地实施、监督和修止来保证的，因此配套的法律法规必须完善。行政控制是指政府有关部门通过行政手段，运用各种政策、指令、规章对受体提供一系列的控制措施，尽管其具有极强的法律效力，如果没有更强有力的实施、监督和修正能力来配合，那么行政控制手段也无法达到预期的效果。

因此，行政控制手段无法单一实现对技术发展的有效预防与发展，需要更多的其他措施相辅相成才能达到最佳的效果。

（三）3D 打印技术的舆论控制

技术的研发目的是使该技术实用化，需要让技术从实验室中走到人们的生活中去。技术的发展不断地提供着生活上的便利，人们在享受技术带来的便利以及对生活模式改变的同时，公众也逐渐意识到技术在应用的同时也可能给个人及整个社会带来非常大的影响，部分影响将是负面的。而技术是否可以朝着有利于人类未来发展方向发展，其决定因素较多。而一个良好的社会环境是合理发展技术的前提。随着近年来技术应用带来的负面影响，如移动通信技术对于人体的辐射，转基因食品对于人体的潜在伤害和纳米技术的滥用可能对环境带来的破坏逐渐使公众意识到关心技术对社会的危害是生活中的一部分。人类的日常生活越来越离不开技术这是一个基本的事实，这代表着公众对于技术的参与度也逐渐增加。卡利顿指出，"这是公众介入科学的时代，以前，我们普遍感到，科学事业应当完全由科学家自己去管，而现在，这种感觉正在被所谓公众介入科学的理论所取代，虽然老一辈科学家对此深恶痛绝"。所以，公众对科学技术发展的影响方式日趋多元化，其中社会舆论是较为有效的影响手段。

舆论是指在一定社会范围内，消除个人意见差异，反映社会知觉和集合意识的、多数人的共同意见。公众对技术的态度就是社会舆论控制。通过社会舆论强大的社会影响力，可以有效影响技术的发展。例如，克隆技术的发展受到强大的社会舆论影响而不得不制定了限制其发展的相关要求及法律，实现克隆技术在有效的监督和设定的发展范围内发展。因此，社会舆论是对技术采取社会控制时不可或缺的重要工具和手段。由于社会舆论是集合作为技术最终受体的公众的意见和态度，因此它对技术的发展具有指导和约束作用。

舆论的社会控制其控制的方法和起到的作用。主要体现在：

(1)引导发展方向。即通过舆论内容反应民众对于技术的态度，引导技术的发展方向。

(2)对有关部门的监督。舆论监督是最为有效的监督机制之一，对于技术的控制最终需要落实到法律和行政手段上。而舆论恰恰可以监督法律和行政手段，使得相关部门及所涉及的控制手段可以按照既定要求完成。

(3)寻找发展和控制之间的平衡。技术的发展需要一个相对开放的环境，严格控制可能影响技术的正常发展。因此，对于技术的发展和应用作为技术应用的最终受体，可以根据自身的实际使用情况对技术发展给予建议，介入技术发展决策，影响对于技术控制或限制的手段和程度。

为减少3D打印技术给社会带来的潜在风险，在其发展的过程中采取舆论控制这种具有广泛社会性的控制手段需要注意以下三点：

(1)普及公众对技术的了解。技术应用最终受体是所有公众，所以公众是技术的受益者更是风险的承担者，公众需要对技术有全面的了解。对技术的全面了解，在减少技术不当应用可能带来的危害的同时，可能会促进技术的良性发展，使技术所带来的益处最大化。为避免不良舆论对于技术发展的不良影响，对技术全面且正确的了解是至关重要的。

（2）社会各阶层公众广泛参与。社会各个阶层对于技术应用有着不同的认识，会发出不同的声音。所以，广泛的公众参与方可获得最全面、最具代表性的公众声音。

这样的声音才代表民众最真实的声音，有助于政府和科研人员倾听来自公众的意见和建议。同时，政府和科研人员应同时倾听公众科学和不科学的意见，可以多层次、多角度地分析公众对技术的意见，了解技术可能存在的社会风险。同时，公众的广泛参与也有利于发挥技术带来的实际利益的广泛宣传，有助于技术应用在公众中建立良好的信心。

（3）完善公众与政府、企业和科研机构的对话机制。公众包含社会中的每一个成员，无论是政府还是企业或科研机构都是由社会公众中的人所构成。因此，政府在制定政策时，企业在决定发展战略时，科研机构在决定发展方向时都离不开公众的直接参与。因此，政府的决策、企业的战略、科研机构的方向都需要与公众进行对话方可获得公众最基本的声音，而公众最基本的声音才是技术发展的根基。

所以，对技术的有效控制同时需要法律手段、行政手段和舆论手段的相互配合才可达到预期的效果。而上述控制手段都是从外部环境对技术加以限制和控制，避免技术的潜在风险影响到社会。而技术本身的发展还需要人来决定，人的意志将左右技术的发展方向。具有良好道德品质以及对技术利弊有充分认识的人在从事技术相关领域工作时，将促进技术的良性发展，为人类创造更大的福利。反之，将造成极大的破坏。因此，人的道德品质是对技术控制的不可或缺且极为重要的手段之一。而良好的道德品质来源于良好的教育，所以教育也是对技术控制的重要手段。

（四）3D 打印技术的教育控制

技术的发展受到人的意志左右，而人的意志受道德品质影响。道德品质的好与坏与人所受教育的多少、质量的高低有着非常直接的联系。因此，教育是控制技术的重要手段。教育对人的道德品质起塑造作用，优良的教育环境和教学内容将有助于被教育者养成正确的人生观、价值观，通过合理的教育模式可以保证被教育者的心理健康和身体健康。而从事技术领域的工作者为了保证技术的良性发展和正确应用，需要对技术有非常全面的认识。所以，优秀的科研人员首先需要是一个具有优秀道德的人。而不单单在技术研发者身上优良的道德品质是不可或缺的素质，在技术应用和对技术控制的决策方面也需要具备优良道德品质的人。所以，提高全民的道德素质是实现技术良性发展必不可少的条件，也是控制技术潜在风险对人类社会造成破坏的重要手段。

对技术的教育控制，指的是在技术的研究、生产、分配和使用等一系列活动中，需要通过对技术现象的道德评价和价值引导使技术的受体人类在看待技术时能够全面意识到其目的、手段和结果的正当性。旨在利用基本的社会道德价值标准来衡量技术，以达到缓解人与技术之间紧张的伦理关系。良好的社会秩序依赖于教育和法律的相互配合，教育倾向于诱导为主的软控制，强调内在性，而法律倾向于强调外在性，通过强制性来实现目的。由于对技术的控制是一个全面且复杂的工作，而新技术的控制更为艰难。我们必须依托合理的教育控制手段，提升技术的研发、使用和管理者的个人道德素质水平，使其坚信技术发展的目的应始终以为人类谋取福利而非对人类造成伤害。

所以，政府、企业、科研机构和公众都需要拥有良好的道德品质才可以从根本上对技术有全面且客观的了解，了解技术的应用领域，了解技术应用的利弊。优良的道德品质已经内化为技术控制不可或缺的手段，而一切优良的道德品质都离不开教育。所以，通过教育来提高全社会的道德素质水平是对技术控制的最佳也是最根本的方法。只有高素质的人才才可以更好地促进技术的发展，更好地应用技术，更好地为人类服务。

优美的环境，高质量的生活，是技术发展与应用的目的。3D打印技术根据其技术特点，可以完全颠覆我们目前已有的生产、生活模式，实现"生产—使用"一体化的新概念：以家庭为单位，每个家庭配置一台 3D 打印机即可成为一个个小型生产资料生产工厂。所以，该技术应用前景非常广阔，其价值不可估量。在未来的发展中，3D 打印技术将有可能成为社会发展的核心技术并颠覆目前已有的模式，改变我们对社会的认识。然而，技术如何发展并非完全受人的意志所左右。多元化的社会必将导致对同一问题的不同理解。而不同的环境势必也将造成不同发展方向，技术应用的结果也势必对人类社会有益也有弊。技术这把双刃剑需要被理性看待，而理性看待离不开全面了解和适应技术良性发展的社会环境。所以，在 3D 打印技术还处于刚刚起步的阶段，对该技术的发展和应用人们应该开始逐步意识到：新技术的高收益代表着高风险。许多国家的政府、科研组织机构和企业虽然积极地支持 3D 打印技术的发展，逐渐加快实现该技术潜在的经济价值，促进该技术对社会带来积极影响，但是，在不断的发展进程中也渐渐意识到这项技术的风险可能给人类带来的影响，对健康、环境、伦理、国际局势及其他方面的潜在负面影响的思辨也在逐渐开始。

因此，本节对 3D 打印技术发展的历史及未来发展趋势进行了详细梳理，并对该技术的风险进行评估的同时提出可行的预防控制措施，有助于 3D 打印技术不断创造更多的经济价值，减少其负面影响。随着技术发展相关资料越来越丰富，无论在技术层面还是技术的风险与预防控制层面都将出现大量可供参考的资料，3D 打印技术的利弊也将越来越明显。本书所涉及的风险和预防控制也将在未来技术的发展中逐渐受到重视，对技术的未来发展将起到一定的借鉴和指导作用。

第四章　3D 打印技术企业风险研究

3D 打印技术是目前国际市场上的新兴技术产业，3D 打印技术的迅猛发展以及在各个领域的广泛应用使行业发展前景一片大好，甚至被冠以新世纪新技术革命的重要标志之一。

本章阐述了 3D 打印技术产业作为 21 世纪国家大力发展的新兴技术，其背景及技术发展概况及应用领域，大力发展 3D 打印技术对我国科技进步的重大战略意义，研究其所在新兴产业及作为一家企业面对的风险的价值。

本章对 3D 打印技术产业发展现状进行描述，对其作为一项新兴产业，所要面临的风险挑战进行分析；对 3D 打印技术企业发展现状进行描述，对其作为一家身处 3D 打印技术行业的企业，所要面临的风险风险挑战进行分析。

在本章中，以北京天丰科技公司为例，对作为 3D 打印技术产业中的一家小企业，在企业经营发展过程中，既要面对产业风险对企业的影响，又要面对企业运营等一系列外在及内在的风险问题时，作为企业的管理者如何决策，采取何种改革措施来规避风险，以确保企业的持续发展进行分析研究，以期为我国 3D 打印技术产业的繁荣发展作出贡献。

第一节　3D 打印技术企业风险研究背景和意义

1986 年，发明家 Charles Hull 成立世界上首家 3D 打印设备研发公司，命名为 3D Systems 公司，致力于 3D 打印技术的发展，1988 年，3D Systems 生产出世界上第一台 3D 打印机 SLA-250，至今 3D 打印技术已经发展了近 30 个年头。3D 打印设备经历了从作为设计师、建筑师、科研人员进行试验的辅助工具，到成为媒体、大众关注的科技新宠。30 年间，3D 打印机精度从低到高，性能由劣到优，3D 打印技术正在越来越多的行业发挥它的巨大优势，并吸引着全世界的目光。

2014 年，全球 3D 打印市场规模为 41 亿美元，增长率超过 35%，2003—2014 年，3D 打印市场全球市场规模及增长率变化如图 4-1 所示：

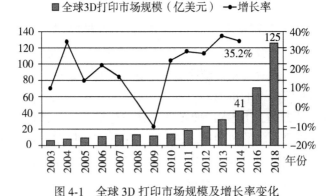

图 4-1　全球 3D 打印市场规模及增长率变化

且根据全球权威的《Wohlers 2014》报告数据预测，未来 5 年，全球 3D 打印产业的市场规模将呈现出成倍的增长模式，2016 年可达到 2013 年的 2 倍，约 70 亿美元，2018 年将比 2014 年翻 3 倍，达到约 125 亿美元，而 2020 年将出现历史性突破，达到约 2016 年市场规模的 3 倍，在短短 4 年时间首次突破 210 亿美元。

2012—2014 年，中国 3D 打印市场行业市场规模及增长趋势如图 4-2 所示：

如此大的市场份额及增长速度，使得在我国不少原来从事数字化技术、材料技术、精密仪器技术的企业纷纷加入投资开发 3D 打印技术产业中来。那么，3D 打印技术与传统产品开发制造有什么区别？发展的意义何在？3D 技术产业在我国的发展现状如何？3D

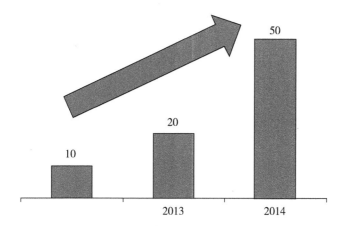

图 4-2 2012—2014 年中国 3D 打印行业市场规模(单位:亿元)

技术行业公司在发展过程中将会面临哪些方面的问题及风险,如何应对并解决?因此,本章对于 3D 技术产业现状及存在风险的研究,有利于 3D 技术的发展,有利于该产业中企业的生存发展,有利于促进国家新兴产业的发展。

本章以案例分析法为基本原理,通过对国际、国内 3D 打印技术产业及企业现状进行分析,并结合天丰科技实际情况,进一步深化了风险管理在企业经营当中的重要性,并形成理论指导实践,实践验证理论的效果。这对我国 3D 打印技术产业及该产业中的企业具有明确、可行的指导作用。

一、3D 打印技术的优势

3D 打印(3D printing),国外称为增材制造(Additive Manufacturing),通过软件的控制,根据三维数据模型,将可粘合的粉末材料逐层堆积成具有立体结构的物品的技术,即快速成型技术。

3D 打印机进行零部件生产基于离散-堆积原理,具体过程如下:

(1)使用 CAD 技术建造出或使用 3D 扫描仪扫描出所需零件的数据模型。

(2)将得到的数据模型导入 3D 打印机。

(3)3D 打印机在程序控制下，将液体、固体粉末、热熔细丝等不同形式的材料，通过液体光照固化、粉末激光烧结、细丝热熔等途径，逐点逐层的，类似"打印"的方式，完成所需零件的整个制造过程。

随着 3D 打印技术的不断成熟和完善，其终端产品不仅走出实验室，走进千家万户，走进最直接应用的制造业，而且更以越来越快的速度融入各行各业。在多种应用中大放光彩，广受欢迎，已成为多项领域中正在迅速崛起和发展的一项新兴技术产业。

那么，3D 打印作为一项新兴技术有哪些与众不同的地方呢？比传统的制造方式好在哪儿，差在哪儿呢？

传统制造方式一般是依照工程图样，采取锻造、冲压、刀具切削、化学腐蚀等工艺，对坯料进行多道次加工，以去除非零件所需形状尺寸的多余部分，从而得到所需零件。当所需零部件结构复杂或带有非线性变化的高次连续曲面时，则需把分解的各个部分零件经焊接、装配等方式拼装出复杂零部件。

相对传统制造方式，通过 3D 打印技术的生产方式，能直接根据所需零件的数据模型，以逐步增加材料的方法制成任何结构任意形状的零件。这种方式大大简化了数据模型转制工程图样、各工序工艺间特殊处理与转运、工装卡具设计制造等一系列中间过程，显著缩短了产品的制做周期，提高了生产效率。

而且，除前面所提到的优势外，3D 打印所用的液体和固体粉末，除用于成型零件所需的材料消耗外，剩余未参加成型零件所需材料的部分可完全回收再使用；使用热熔细丝更是需要多少使用多少，完全无须多余不必要材料的浪费。相对于"减材"的传统制造方式，显而易见，3D 打印这种"增材"的制造方式不仅极大的提高了材料利用率，更大的意义在于它最大程度的实现了生产过程的绿色节能，低碳环保。

二、3D 打印技术的应用领域

近年来，3D 打印技术逐渐受到了各领域的青睐，3D 打印目前已成为航空航天、汽车摩托车、家具家电等领域制造零部件、模型模具的不可或缺的好帮手，在工程和教学研究等领域占有了独特地位，同时也为我国生物、医学领域尖端科学研究提供了关键的技术支撑。

具体应用领域如下：

(1)工业设计领域：可以利用 3D 打印机制造各种机械配合小零件。适用于工业设计开发的各个阶段，方便反复验证和修改设计，加快开发周期并节省验证费用，同时能够保护知识产权。

(2)建筑领域：3D 打印改变了过去传统的用 2D 图呈现 3D 理念的方式，将那些看起来费力的图纸转变为立体模型，做到最快速、最简洁、最有效地传达设计师的想法。同时，还能够激发设计师更多的设计灵感，支持创新和改变。

(3)产品模型领域：个性设计、模型制作、产品质量对比、产品功能验证、逆向模具制作等。

(4)航空航天及国防军工产业领域：可对用途特殊、形状奇特、材料特别、尺寸要求精度很高的零部件，如转子叶片、涡轮机、轮船叶轮等直接进行精确的 3D 数据扫描后打印使用，或尺寸对比检测。

(5)消费品领域：用户可通过 3D 打印技术，进行奢侈品、装饰品、生活用品的个性设计和制作。

(6)医疗领域：与 CT 扫描等技术相结合，医生可根据打印出的病患部位的三维模型制定治疗手段或手术方案，为患者争取了宝贵的治疗时间。同时，3D 打印技术已经被应用于人造骨骼、假牙、人工耳蜗、义肢等方面的制作。

(7)文化传媒领域：实现设计并打印纷杂各异的卡通动漫角色，制作手办模型，同时还可以作为形状结构复杂、材料特殊的艺术表达载体，为电影、动漫、剧集、游戏等产业的设计工作提供有力的辅助作用。

3D打印技术市场应用份额分配显示，3D打印技术主要应用市场份额在在汽车、电子产品及医学等领域的分配额较高。

三、3D打印技术产业对于我国的重要战略意义

当前，全球制造业企业都面临着巨大的生存压力，原材料成本、人工成本、经营成本逐年升高，企业利润却是一再降低，制造业企业存活越来越难。3D打印技术是实现数字化制造的关键，并为传统制造业突破目前的困境带来了希望。

3D打印技术在进行曲面复杂、形状特殊、个性鲜明产品制造方面的明显优势已经不容忽视，3D打印技术必将成为新一代数字化制造的核心技术。因此，加快3D打印技术产业在我国的发展，是促使我国成为真正的"工业强国"强大助力。

3D打印技术产业对于我国有着以下三点重要战略意义：

(1)发展3D打印产业，可提升我国工业领域的产品开发水平，提高工业设计能力。

与传统制造方式相比，运用3D打印技术，可以把从设计到制造并改进样品的整个新产品研发时间缩短到原来的10%～20%，费用节约到不到30%。只要是好的设计理念，无论结构多么复杂，工艺多么特殊，设计人员都可以在3D打印技术的帮助下将自己的设计理念具体呈现出来，从而极大地激发了设计人员进行产品的创新设计的热情。

(2)发展3D打印技术，为基础科学的研究提供重要的技术支持。

既可以帮助科研人员在进行科研项目缩短研发时间，也为国家节约了大量的研发经费。例如，科研人员在进行航天航空或武器研发时，在3D打印技术的帮助下轻松设计任何他们想实现的模型，快速打印出任何他们想实现的结构，从而使大量技术难题迎刃而解，实现我国工业设计和制造水平对国际水平的赶超。

同样，3D打印技术在生物科学领域也发挥着其巨大的积极作用。例如，利用3D打印技术，以生物组织为原材料打印人体骨骼或器官，或利用3D打印技术直接打印传统制造方法较困难或无法

实现的药品和生物制剂，从而提高我国在生物工程、临床医学等领域的技术水平。

（3）发展 3D 打印产业，有利于我国经济的发展，并可以增加大量就业岗位。

随着 3D 打印技术日渐被大众所接受，现代服务业也开始考虑将 3D 打印技术融入到日常业务中，开创了"个性化定制"的商业模式，同时为我国经济增长作出了贡献。

例如，商家可通过 3D 打印设备，为客户提供个性化设计和打印服务，既能满足大众的个性化需求，又能促进消费，同时这也是人们开创自主创业一条新途径。

四、我国对 3D 打印技术产业的支持

（一）召开 3D 打印技术产业大会

我国已分别于 2013 年和 2014 年成功举办了两届世界 3D 打印技术产业大会，尤其是 2014 年在我国青岛举办的第二届产业大会，是目前国际上最高规格、最具权威性的 3D 打印展示活动，因此，吸引到了全世界对 3D 打印技术感兴趣的媒体、企业、高校和科研机构。

在本届产业大会中，全球 100 多家 3D 打印技术企业通过这次机会，向世人展示了他们最新的科技成果：从软件到硬件，从性能到应用，从理念到服务。在本次展示活动中，参展的 3D 打印设备品种最多、型号最全，向大众充分展示了 3D 打印技术在各个领域的功能和应用。

举办这项活动，有三个目标：第一，促进我国 3D 打印行业与国际间的对话合作，推动 3D 打印技术产业化进程；第二，希望社会各界更深入地了解 3D 打印技术，推动 3D 打印与传统产业的转型升级相结合；第三，希望通过世界 3D 打印技术产业大会和博览会这个平台，将全球 3D 打印的重心引向国内，推动我国 3D 打印装备、软件、材料、应用等相关方面取得实质性突破。

（二）颁布增材制造产业发展推进计划

当下，科技正面临着新一轮的重大变革，为抓住这项重大的机

遇，国务院制订了新的关于发展战略性新兴产业的决策部署计划，为落实这项计划，由国家工业和信息化部、发展改革委、财政部研究制定了《国家增材制造产业发展推进计划（2015—2016 年）》，以加快推进 3D 打印技术产业在我国健康有序发展。

在该计划中，对我国 3D 打印技术发展现状及面临形势进行了分析，明确了我国 3D 打印技术发展目标，并推出一系列政策措施对我国 3D 打印产业进行指导支持，政策如下：

（1）政府部门参与统筹协调。

增设专门的部门，对 3D 打印技术产业在发展中遇到的问题进行研究，并制定相应的政策措施；增设专人，3D 打印产业在对国际国内的发展情况及趋势进行跟踪报告，作为国家制定年度研发及推广项目的依据。

（2）加大财政支持力度。

推出支持政策，由国家为 3D 打印技术的研发工作提供专项研发基金，将国家支持的 3D 打印设备提供重大技术装备进口税收范围，并为符合条件的重大科技设备制定相应的保险条例。

（3）拓宽投融资渠道。

为帮助 3D 打印技术产业吸引更多的资金，国家采取一系列政策措施。例如，有了国家部门的担保，银行和金融机构会对 3D 打印技术产业提供更多的资金支持；通过鼓励支持企业通过上市、融资等方式吸引外界资金吸引到 3D 打印技术产业中来。

（4）加强人才培养和引进。

制订我国 3D 打印技术人才培养计划，计划如下：

首先，从国际上引进 3D 打印技术方面的专家和高端人才；

其次，建立培训基地，从各企业、高校和科研机构选拔人才进行培训，并建立 3D 打印技术人才库；

最后，设置激励机制，以激励科研人员尽快将科研成果落实到实际应用，从而提高我国 3D 打印技术的整体技术水平。

（5）扩大国际交流合作。发起和举办国际交流会议或活动，邀请国内外的高校、科研机构和企业参加，以促进我国 3D 打印技术与国际水平的交流；鼓励我国的 3D 打印技术方面的专家和人才积极参与国际增材制造行业标准的制定，以增强我国关于增材制造的行业标准与国际标准的契合度；既鼓励我国 3D 打印企业走出去，也欢迎国外 3D 打印企业走进来设立研发基地和中心，以带动我国 3D 打印技术的整体水平。

在以上国家行为和政策的支持下，3D 打印技术产业在我国必将能健康稳定的发展，所处于 3D 打印技术产业的公司，也可在 3D 打印技术产业中放手一搏了。

五、3D 打印技术未来发展趋势

1. 材料越来越丰富

目前，新型的 3D 打印机可选的打印材料有 140 多种，但世界上的物品丰富多彩，仅 140 种材料是远远不够的，3D 打印技术的发展的同时，3D 打印材料也会越来越丰富，可打印的物品也会随之更多。

2. 实用性越来越高

从简单粗糙的模型打印，到打印美味食物、精密机件、豪华奢侈品、人类假肢等物品，3D 打印的成品逐渐融入人们的日常生活和工作当中。

3. 性价比越来越高

随着 3D 打印技术的成熟，3D 打印设备一定会打印出的物品精致度提高，且速度更快，设备稳定性更好，而设备和打印出的产品的价格会随着技术的提高下降。

第二节　3D 打印技术产业现状分析

一、3D 打印技术产业现状

(一)全球 3D 打印技术产业发展情况

美国政府对 3D 打印技术的重视，使美国成为全球 3D 打印技术的发源地和 3D 打印技术应用的领导者。2012 年，美国政府更是将 3D 打印技术列为国家制造业发展的重要技术之一，并联合知名企业、科研机构、大学等单位建立国家"增材制造"研究所，以发展和培养大量人才从事 3D 打印技术行业的工作。因此，美国的 3D System 和 Stratasys 成为在全球占据大部分 3D 打印市场份额的两家企业。

欧洲也十分重视对 3D 打印技术的研发应用。例如，欧洲空中客车公司正推出 3D 打印飞机计划，计划将使用机库般大小的 3D 打印机打印飞机零件，预计 2050 年完成。

其他国家，如澳大利亚、南非、日本等国，也已经纷纷通过制订发展路线、建立专项基金、国家政策干预等途径，加入推动 3D 打印技术产业在本国发展的行列。

我国已有个别的技术水平超过了欧美国家。其中，高精尖设备方面，激光直接加工金属生产的特种零部件已经可以投入精密装备的使用；生物工程方面，3D 打印技术已可以制造立体的模拟生物组织，为我国生物、医学领域尖端科学研究提供了关键的技术支撑。

（二）我国 3D 打印技术行业的差距

我国 3D 打印技术的兴起晚于欧美国家，3D 打印行业的发展处于落后位置，具体表现如下：

第一，我国与欧美等国的 3D 打印企业在企业规模上相差数倍。目前，全球规模较大的 3D 打印企业均集中在欧美等国，而我国 3D 打印企业规模与国际水平相比还相差甚远。

第二，在设备性能方面的差距，无论是在金属领域、生物医学领域，还是光明树脂等技术领域，欧美等国明显高于我国。这些差距主要体现在设备的速度、精密度、稳定性等方面。

第三，我国在 3D 打印所需的优质打印材料，如金属粉末等，还均从国外进口。

第四，欧美等国每年在发展 3D 打印技术方面对企业和科研机构提供大量的资金支持，而我国投入这项技术的研发资金与欧美国家相比比例则非常少。

第五，欧美等国 3D 打印设备在我国市场销售情况良好，且占据很大的市场份额，我国很多公司都在通过各种渠道代理他们的产品。反之，目前我国还没有哪一家企业的 3D 打印设备在欧美市场形成规模。

二、3D 打印技术产业的固有风险分析

每一项产业，都有其固有的、不可避免的风险存在，3D 打印技术产业作为新兴产业也不例外，其所要面临的固有风险主要存在于以下五个方面：

（一）技术风险

虽然 3D 打印技术问世以来被很多人认为是对传统制造业的颠覆性挑战，但是相对于已经有很多年发展历史，发展成熟稳定的传统制造业，3D 打印技术仍然非常稚嫩，受其工作特点的限制，3D 打印在大规模批量生产、原材料选择、成本控制等方面，表现并不理想。因此，3D 打印技术发展的方向和程度，决定着该产业是走向规模日益扩大成为制造业的领导者，还是被其他技术所代替，最终退出历史舞台。

（二）研发资金短缺风险

目前，欧美国家企业每年对 3D 打印技术研发投入逐年提高，在公司利润中占据越来越高的比例。而在我国，从事 3D 技术产业的企业，趋于经济利益因素，普通存在研发资金投入很少，且大多数企业倾向于学习欧美国家已开发出的技术，因此我国 3D 打印企业大多处在代理、代工和山寨阶段。

欧美国家的 3D 打印企业凭借其先进的技术和雄厚的资金优势，正迅速吞并拓展我国市场，这将是我国 3D 打印产业发展的巨大压力，也是巨大的动力。因此，国家和企业对 3D 打印资金投入的数量与质量，关系着我国 3D 打印企业规模的大小和技术的发展，关系着我国自主 3D 打印产业能否与国际水平抗衡。

（三）产业链风险

3D 打印技术产业的发展，脱离不开其所在产业链的发展，供应商、服务商、市场平台属于 3D 打印产业链的一部分，每一部分的发展水平，都会对 3D 打印技术产业的发展产生或有利、或不利

的影响，而完善的产业链一定会对 3D 打印技术产业的发展起到积极的促进作用；反之，则会成为其发展的掣肘。

3D 打印技术的发展同样离不开相关领域科技的发展，例如，信息技术：先进的设计软件及数字化工具可以方便设计人员设计出产品的立体模型，并能自动设置打印程序，控制打印器材的打印过程。

精密机械：3D 打印设备能达到的精度与机械学的发展密不可分，机械学的高度发展才能保证生产出的 3D 打印设备达到精度高、稳定性好的要求。

材料科学：用于 3D 打印的原材料对其物理和化学性质的要求较为特殊，必须能够液化、粉末化、丝化，在打印完成后又能重新结合起来。

目前，我国对 3D 打印技术产业链的统筹规划还不够合理，整个产业整合度不高，产业所需的相关法律法规、技术标准、技术推广应用还处于制定的初级阶段，各家 3D 打印企业都是"孤军奋战"，缺乏国家的支持和干预。

3D 打印技术需要与所在产业链中的相关科学领域共同发展提高，否则 3D 打印技术将只能停留在理论层面，成为一纸空谈。

3D 打印的成型原理和工艺流程体现出了与传统减材制造方式的本质差别，使得 3D 打印产业链更为精简，打印材料和打印设备是整个产业链中最为重要的环节，基于这两项衍生出的方案提供商和平台商也是产业链中的重要组成部分。

1. 材料

3D 打印产业的发展与材料密不可分，3D 打印主流的八种技术路线，路线不同所用的材料也不尽相同，其中包括 SLA 和 DLP 技术使用光敏树脂，FDM 技术使用 ABS 塑料丝，LOM 技术使用的纸质薄膜，3DP 使用的石膏粉末，等等。这些材料也决定了打印出的零件的类型和性能，是塑料的还是金属或陶瓷的，是单色的还是彩色的，是柔软的还是坚硬的，等等。

2. 3D 打印机

随着应用范围的不断延伸，3D 打印机的价格也在下降，可以制作出的物品的精度也有了大幅提升，使 3D 打印机具备了更多的实际使用价值，而不单单局限于产品试制或原型的制作。针对于不同的应用场合配合相应的打印设备，满足特定的需求，例如，对于珠宝首饰等需要制作精密细小物品的领域，SLA 技术的打印机就十分合适，而航空航天领域，需要制作大型复杂金属件的情况，基于 DMLS 技术的打印机就可以大显身手。

3. 方案提供商

虽然目前 3D 打印设备的价格出现了下降，但是，对于很多企业或机构来说，购买设备自己制作所需的样品或产品依然是不划算的，而方案提供商就可以提供从设计到成品的全流程服务，这样，对于方案提供商来说，针对不同客户，加起来的打印总量并不低，所以，购置高端打印设备是可行的，既可以满足客户的高要求，也可以实现经济批量。

4. 平台商

随着互联网的日益普及，很多人预言 3D 打印未来的发展方向就是不断增加的服务机构或者说是平台商，从目前的 3D 打印产业的发展阶段来看，服务机构确实有着举足轻重的位置。近年来，基于互联网的 3D 打印服务机构不断涌现，这其中包括著名的 Shapeways 和 iMaterialise。这些机构有广泛的用户基础，易于使用，使得它们可以很快占领市场。用户可以通过互联网把需要打印的文件传到服务中心，与服务中心相连接的打印机位于世界各地，几天以后，用户便可以通过快递收到打印好的成品。这些物品可以是任何种类和颜色的可以打印的材料，包括塑料、金属、陶瓷，等等。

由于规模经济以及不断增强的购买力，通过 3D 打印服务机构来打印作品和自己用机器打印出来，花费基本相同。并且通过服务机构来制造作品，不需要用户去自己维护机器，不需要对机器不断升级。实际上，如果把资产折旧和浪费的材料的成本考虑进去，则使用服务机构绝对比自己买机器打印更划算。需要注意的是，这些服务机构对文件的质量要求比较严格，如对于薄壁零件，打印过程中易于塌陷的零件，这些服务机构是不提供打印服务的。即便个别服务机构可以提供这些零件的打印服务，那价格也绝对不菲。

（四）经济风险

虽然 3D 打印设备的售价已经越来越低，但即便是桌面级 3D 打印设备的售价也要至少 2 万元人民币左右，工业级 3D 打印设备更是几十万元、上百万元一台，平摊到单个商品的制造成本远高于传统制造业所需设备。再者，在运行 3D 打印设备的前期，也需要大量人力物力的投资。但投资者往往倾向选择投入少、回报更有保障、回报率高的方式，所以，目前的 3D 打印技术对大规模资本投入吸引力不大。

（五）社会接受风险

3D 打印的前期需要用户参与建模。到最终的模型确定完成，过程漫长且耗费精力，仅这一项就会吓走一大批用户；相比传统制造模式生产出的相同的产品，又贵又粗糙的 3D 打印产品又会失掉一批用户的心；最重要的问题是，未来社会道德和法律对 3D 打印的态度并不清晰，如果什么都能通过 3D 打印来彻底复制，那么引起知识产权方面的法律纠纷的可能性很大。因此，3D 打印技术产业面临着是否能被以传统制造业为主流的社会所接受的风险。

三、3D 打印技术作为新兴产业所要面临的特征风险分析

21 世纪以来，我国开始重视新兴产业的发展，3D 打印技术产业作为新兴产业中的佼佼者其高速增长的市场份额占有率吸引了众多投资者。但新事物便意味着高风险，3D 打印产业的发展也不能例外，发展过程面临重重阻碍和风险。如果只看到了 3D 打印技术产业可能带来的巨大效益而对其风险识别不充分，不能尽早制定有效的防范措施，那么 3D 打印技术作为新兴产业的发展很会非常缓慢，甚至夭折。

3D 打印技术产业作为新兴产业，面临的特征风险主要集中在市场风险、技术风险、金融风险、政策风险这四大风险中。

（一）市场风险

市场需求是新兴产业发展的重要推动力。新兴产业要完成从技术创新到获得稳定收益的过程，需要面对市场风险的以下四个主要

方面：

（1）目标市场对产品接受的程度。新产品要受到成本、用户消费习惯、市场规模和特点等因素的影响，不确定因素很多，需要运用合理的方式把新产品有效地引入目标市场，其产业才能逐步发展起来。

（2）尚未完善的市场配套体系。市场配套体系的变化将直接影响产业的兴衰，而处在发展初期的新兴产业，往往面临市场配套体系不完整、变动较大等问题引发的风险。

（3）国际市场风险。受文化背景、消费习惯、地域政策等因素的影响，国际市场的不确定因素更多，面向国际市场的新兴产业面临的风险也就更大。

（4）仍未规范的市场。我国对于新兴产业尚未制定出较为完善的市场准入制定和价格形成机制，新兴产业市场竞争仍然不够规范，对于传统产业地方保护和行业垄断仍旧存在。这些因素均是新兴产业市场隐藏的、不可规避的风险。

（二）技术风险

各地在发展新兴产业方面都能明确其核心技术的主攻方向。然而，如果新兴技术创新水平不断提高的同时，与其相关领域的技术却没有同步发展，那么将会影响或阻碍了新兴技术发展的脚步。

同时，由于关键技术受到人才的限制，关键技术人才的缺乏或流失将导致我国企业只能局限在产业链的某个环节上展开竞争，无法形成产业规模。

一旦上述情况发生，该技术的前期技术投入可能成为较大损失，该技术所在产业可能因此而逐渐衰退，与该技术相关的下游产业也会受到很大的影响。

（三）金融风险

我国融资体系存在金融资本成本高、办理手续复杂、创投资金设立困难等特点，这些因素导致企业在发展新兴产业时错失融资机会；同时，因为我国金融体系虽然大而全，但其专业化和细分化程度不够，对企业需要也不能做出及时有效的反应，这些因素导致其为我国新兴产业企业的服务能力不足。

因此，依赖于我国金融体系发展的新兴产业便需要面临此类风险。

(四)政策风险

产业政策风险主要表现在四个方面：

在国家总体规划出台之前，全国各省市各自制定本省市针对新兴产业的规划，但政策需求大同小异，没有与本省市产业的实际情况相结合，导致政策实施效果不佳。

政策缺乏科学性，即从政策制定到政策效果的评估没有确切的依据和可行的衡量标准。

政策缺乏系统性，只考虑早出成效，缺少对产业的深入分析和调研，对新兴产业前期研发和开拓的艰巨性和长期性认识不足。

产业政策与企业的结合度不够，与企业的有效需求、企业的发展动力及产业行业的发展方向结合度不强。

以上各项风险，不论是产业本身固有风险，还是作为新兴产业所要面临的风险，都是 3D 打印技术产业所要面对的，对这些风险问题进行分析研究，提出有效的规避方案，有利于帮助 3D 打印技术产业健康、稳定发展，为国家现代化建设作出贡献。

第三节　3D 打印技术企业现状分析

一、全球 3D 打印企业近况

(一)国外 3D 打印企业

3D Systems 和 Stratasys 是世界上最大的 3D 打印企业，最近 Stratasys 与 Objet 合并，3D Systems 收购 Z Corporation 和 Vidar Systems，这两家公司合并后成功上市，其技术实力迅速提升的同时也展开了更为激烈的市场份额的争夺；法国 Sculpteo 在获得超过 200 亿美元的巨额投资后，成功开发了云 3D 的打印服务模式，开创了大众参与 3D 打印新局面。详见表 4-1 所示。

表 4-1　　　　　　　　　国外 3D 打印企业介绍

序号	公司	介绍
1	Stratasys（SSYS）	Stratasys 公司是 FDM 办公室型的直接数字制造系统与工程材料快速原型系统以及桌上型 ABS 立体打印系统的生产制造商
2	Objet	以色列 BOJET 公司 1998 年成立，进行 Pol Jet 快速成型技术研究，开发了 Eden 三维打印机
3	3D Systems（DDD）	3DSystems 是一家领先的全球供应商，从 3D 模型的数据处理，到实物打印，从软件到打印设备，都包含在 3DSystems 业务范围内
4	Z Corporation	ZCorporation 是世界上速度最快的 3D 打印设备的开发商、制造商和营销商
5	Vidar Systems	BIDAR 系统公司专门从事医疗、牙科方面的 3D 打印服务
6	MakerBot	MakerBot 成立于 2009 年，是一家全球领先的桌面 3D 打印企业
7	Shapeways	Shapeways 是世界上领先的 3D 打印公司，该公司利用 3D 打印，共享设计，使产品设计更加容易
8	Sculpteo	Sculpteo 是一家提供快速三维打印服务的公司，通过 3D 打印机技术将客户的设计转换为实体

资料来源：赛迪顾问整理，2012.12.

（二）国内 3D 打印企业

我国 3D 打印产业链主要包括 3D 打印技术研究、3D 打印设备（工业级和桌面级）制造，3D 数据处理软件，3D 打印耗材，3D 打印业务等。分别介绍下国内企业情况：

1. 3D 打印技术及工业级设备制造

我国 3D 打印技术研究起步于 20 世纪 90 年代，目前在我国 3D 打印技术领域处于领先地位的科研机构主要是高校和与高校合作的企业，主要生产工业级 3D 打印设备。具体情况如表 4-2 所示：

表 4-2　　　　　国内工业级 3D 打印设备制造企业介绍

序号	依托院校	名称	简介
1	清华大学	北京殷华激光快速成型与模型技术有限公司	以自主研发 3D 打印技术为基础，研制了工业级 3D 打印设备
2	华中科技大学	武汉滨湖机电产业有限公司	主要以提供模具与原件制造服务、协助用户进行产品开发设计服务作为商业模式
3		南京紫金立德电子有限公司	研发、生产、销售工业级 SD300Pro 系列 3D 打印机，称拥有年产 5 000 台桌面式 3D 打印机的生产能力，并研发、销售耗材
4		机器人公司	成功研制首套金属材料 3D 打印设备，应用于航空航天、船舶等高端装备制造领域。除可打印金属的设备外，该公司成功开发的具有激光诱导功能的纳米制版 3D 打印机和配套的纳米级材料，也为公司带来了丰厚的利润

资料来源：网络知乎网资料整理。

2. 桌面级打印机研发

我国部分企业意识到桌面级打印机更具市场吸引力的优势，于是将公司研发重点转向桌面级打印机的开发与销售上，更建立了将技术研发、3D 打印设备销售与打印服务融合在一起的经营方式，以建立更完善的产业模式，如表 4-3 所示。

表 4-3　　　国内桌面级 3D 打印设备制造企业介绍

序号	公司名称	介绍
1	北京太尔时代科技有限公司	2010 年，太尔时代推出当时世界上首款桌面型 3D 打印机 UP! Plus；2012 年，被美国 Make 杂志评选为"最佳用户体验"3D 打印机 太尔时代的 Inspire 系列是工业级 3D 打印设备；太尔时代的 S-I 三维扫描系统是我国同类智能三维扫描系统中的佼佼者，扫描速度快，精度高；同时，太尔时代也销售 ABS 材料并提供 ABS 塑料的打印服务
2	杭州铭展网络科技有限公司	公司研制的 MBot 个人 3D 打印机系列属经济型产品，目标客户群是设计师、工程师、科技人员及 3D 打印爱好者
3	南京宝岩自动化有限公司	主要业务是代理国外品牌 3D 打印机，也提供 3D 打印、数据处理等服务
4	金华市闪铸科技有限公司	销售 Creator 系列和 Adventurer 系列桌面级打印机及售 ABS 耗材
5	西安非凡士机器人科技有限公司	公司成立于 2011 年 9 月，现已成为集研发、制造、销售、服务于一体的 3D 打印设备专业集成方案提供商和三维数据采集处理的专业服务商 2013 年 1 月，与 MakerBot 签署战略合作协议，成为桌面级 3D 打印机 MakerBot 品牌大中国区官方授权总代理。同时也是 Objet 系列工业级高精度 3D 打印机产品的中国区合作伙伴

资料来源：网络知乎网资料整理。

3. 代理及其他服务

还有一些企业只做代理销售国外品牌的设备，同时提供 3D 打印相关服务，如表 4-4 所示。

表 4-4 国内代理及其他服务企业介绍

序号	公司名称	介绍
1	普立得科技有限公司	代理的品牌有美国 Stratasys 公司的 3D 打印机和德国 Steinbichler COMET-5 三维扫描仪；同时，提供三维求反建模、小批量产品快速打印服务
2	湖南华曙高科技有限责任公司	提供包括数控及 CNC 加工，模具模型激光加工制造

资料来源：网络知乎网资料整理。

4. 材料研制

金属材料制造是联邦股份公司的主营项目，公司致力于各种金属粉末，包括铝合金、钛合金、不锈钢、钴铬合金等材料的研发。2012 年 8 月，飞而康快速制造科技有限责任公司成立，致力于生产符合国际标准的航空级粉末产品，同时利用金属增材制造技术及热等静压技术加工复杂部件。

5. 3D 建模

3D 打印产品需要 3D 数据模型，3D 数据模型的获取主要有两个途径：一是通过 3D 建模软件建模生成，二是通过扫描生成 3D 数据。而在我国，研发 3D 扫描设备的企业基本是空白的。因此，已有企业把目光投放到 3D 扫描设备的研制上，如表 4-5 所示。

表 4-5 我国 3D 扫描设备制造企业介绍

序号	公司名称	介绍
1	杭州先临三维科技股份有限公司	一家专业提供三维数字化技术综合解决方案的企业，自主研发了可见光照相式三维扫描仪，三维摄影测量系统和三维相机，并将三维成像技术与激光应用结合，开发出了三维激光内雕控制系统，其产品已销售至全球 50 多个国家或地区

续表

序号	公司名称	介绍
2	太尔时代	研制并出售国内居于领先地位的 S-1 三维扫描系统
3	武汉滨湖机电技术产业有限公司	研制了 PowerRE 系列结构光三维扫描系统

资料来源：网络知乎网资料整理。

二、3D 打印技术企业运营现状风险分析

一家企业，其企业主体在运营管理过程中，经营项目特征、外部环境的复杂性和变动性以及企业管理者对环境的认知能力的有限性，会使企业面临一系列运营问题和风险，从而使资本运营活动达不到预期目标或造成损失。

企业运营风险可以分为由其所在产业的产业特征、外部环境所决定的宏观性风险和作为一家企业运营过程中不可避免发生的微观性风险。

（一）宏观性风险

宏观性风险在上一章 3D 打印技术产业风险中以作论述，本章节不再赘述。

（二）微观性风险

微观性风险是指由非全局性事件波动造成的风险，即成立一家公司不可避免的要面对的风险，主要包括经营风险、财务风险、信息风险、管理风险和违约风险等风险。

1. 经营风险

在企业经营过程中，公司决策者需要明确企业发展方向，能对所处产业进行透彻的分析，并准确地掌握市场需求的变化，根据自身能力和特点选择恰当的经营方式，才能将企业资本合理调配。以上任何一个环节出现失误，都会导致企业经营风险的发生。

2. 财务风险

财务管理在企业在运营过程当中占据重要地位，公司预算计划的制订，资金的调配，投融资的决定都可以关系到企业的生死存亡，一旦发生决策出现失误的情况，就可能致使企业面临财务风险。

3. 信息风险

企业每一项运营决策的确定，都需要充分的信息为决策依据。因此，在资本运营过程中，如果决策者掌握信息不充分或被刻意隐瞒或歪曲，则将可能造成错误的决策，造成经济损失，甚至产生严重后果。

4. 管理风险

从企业新兴产业资本运营的微观过程看，管理风险主要来源于资本运营主体的管理素质及运营后对新企业的有效管理、项目协调等，主要体现在管理者的素质、组织结构、企业文化、管理过程这四个构成管理体系的主要细节。这也是目前部分企业管理能力缺失的重要方面。

5. 违约风险

企业在经营活动当中，企业本身和合作企业都可能会因为一些意外因素的发生而产生违约行为，一旦违约情况发生，将可能给公司带来损失，当情况严重时，也可能会关系到企业的存活。

6. 产权风险

产权明确是每一家企业进行经营活动的基础，当企业有产权变更、业务出让、业务并购、资产重组、制造改革等动作时，容易发生产权混论的情况，从而导致企业经营活动受到影响，使企业遭受损失。

7. 政策法律风险

企业的运营决策、日常经营活动都会受到国家和地方政策及法律法规的约束。如果法律政策掌握不准确，则可能出现资本运营决策风险，影响企业发展和投资，从而错失重大的发展机遇。

第四节　天丰科技公司风险分析及规避措施

北京天丰科技有限公司(以下简称"天丰科技")聚焦于 3D 扫描及 3D 打印领域，是三维扫描、精密测量、快速成型(3D 打印)三个领域的设备、软件、技术服务的专业提供商，经过不断发展及整合，公司在设备推广、软件应用开发、工程项目实施、售后服务等方面积累了丰富的行业经验，客户遍及航空航天、汽车制造、机械加工、科研教育、文化传媒、能源化工、考古文保、木刻石雕、农林业、医疗、刑侦等多个行业，是 3D 技术行业的高新技术企业之一。公司成立至今已有将近 3 年的时间，在全国有 7 个办事处作为分支机构。公司已在 3D 技术行业确立了初步的地位和发展方向。

天丰科技是一家处于成长期的小企业，想要在所在的 3D 打印技术行业中生存，在所处的市场中立足，所在行业的产业风险和作为一家企业的运营风险都是天丰科技所要面对的。对 3D 打印技术产业风险和运营风险的研究，有利于促进我公司在此新兴产业中不断健康发展壮大。

下面以天丰科技为例，以在实际经营过程当中所遇到的风险实例以及经识别有发生可能的潜在的风险进行分类研究，并针对每项风险逐一提出相应的规避措施为主线进行分析，情况如下：

一、天丰科技面临的产业风险分析及规避措施

公司身处 3D 打印技术产业，就需面对 3D 打印技术产业所涉及的风险，主要包括市场风险、技术风险、政策风险和法律风险。

(一)市场风险

公司在经营上提出"专业和专注"的经营理念，主动放弃部分原有的传统测绘市场，集中全部力量发展 3D 扫描和 3D 打印技术产业市场，提出"做 3D 实景扫描和打印核心技术领导者"的目标。公司的发展前景依托于整个 3D 行业的市场发展走向，因此，如果 3D 技术市场发展缓慢或停滞，则公司必将随之陷入困境。

（二）技术风险

3D 技术对于现代科学来说是一个跨学科、跨专业的新领域。在我国，由 3D 扫描技术、3D 扫描设备、点云数据处理技术、逆向工程软件、建模贴图技术、3D 模型输出技术、3D 打印技术等组成的产业链才刚刚形成，尚不完善。对比国外 3D 技术的发展情况，我国在技术和应用上明显落后于欧美发达国家，行业认知尚浅，目前只有部分高校和科研机构刚刚开设了 3D 扫描专业。

3D 技术应用市场正逐渐涵盖包括日常生活、工业生产、文化艺术等越来越多的领域，3D 技术发展的速度越迅速范围越宽广，其在各个领域的应用就越深入、越广泛；反之，则越浅显，越狭隘。3D 技术的变化导向直接影响公司业务的发展方向，因此 3D 技术的发展对于我公司来说是机会，同时也是风险和挑战。

目前我公司业务主要包括以下几个方面：

（1）产品创新，外形改进：原创数字模型设计，对已有系列产品升级改进。

（2）产品修复：由于老旧物品存在配件复杂、存量极少、寻找困难等问题，一旦发生破损，可能造成无法修复的永久性损坏，采用 3D 逆向工程进行等比例修复，可高度复原至原貌，完成老旧物品的修复工作。

（3）医学辅助：打印外科整形配件，假肢修复辅助工作等，为有需求患者提供服务。

（4）文物扫描：对珍贵文物、古建筑、现代的珍贵艺术作品等进行扫描，建立数字档案。

（5）建筑物扫描：使建立数字城市、数字工厂等工作更加便捷、精准、真实。

（6）质量检测：精密仪器检测，如航空零部件检测，医学仪器检测、数模比对等。

（7）刑侦记录：对交通事故现场、犯罪现场等进行 3D 实景记录，协助办案人员从多角度全方位分析案情。

通过以上各方面的应用，可以看出，我公司业务正逐渐向各行业渗透，尤其是在航空航天、汽车、造船、医疗业、制造业、考古文物、市政建设、刑侦、博物馆。因此，只有 3D 技术不断更新，可应用范围不断扩大，公司才能根据更新更广的技术，深化和扩大经营市场，获得更广阔的发展前景；反之，一旦 3D 技术遭遇瓶颈，公司只能和越来越多进入 3D 行业的竞争者争夺有限的市场份额，公司将面临逐步萎缩的困境。

(三)政策风险

由于国家的宏观环境在不同时期不断变化，政府势必会不断进行政策调整来适应宏观环境的变化，因此存在国家政策与 3D 打印技术产业利益产生矛盾的风险，即存在国家政策不利于公司利益的风险。

(四)法律风险

现有法律条文中，规范 3D 打印技术产业行为准则方面的内容尚不完善，然而，从商业角度看，随着 3D 打印技术的发展，想法、设计和过程需要保护，与添加剂制造商之间的经济份额需要进行合理分配，3D 打印产业中快速复制这一主要特点势必会与知识产权保护形成主要矛盾，这些内容都需要有相关法律法则来进行规范。

目前，公司可利用这些法律空白，暂时谋取较高利益，但随着国家相关法律的逐渐完善，这些风险将严重制约 3D 打印技术产业在某些领域的应用，公司在这些领域的发展也将受到法律的约束。通过以上对公司面临的产业风险分析可知，依靠单个公司的能力来规避产业风险的可行性非常小，国家的大力支持和干预，才能为 3D 打印技术产业的健康稳定发展保驾护航。但是，作为一家公司想生存、想发展、想壮大，面对以上可能发生的风险时，就不能坐以待毙，我们应该采取行动，以影响这个产业的发展向好的方向发展，从而来引起国家的重视和保护，并对这个产业给予支持和干预。

(五)产业类风险规避措施

2012 年 10 月，为推动我国 3D 打印技术产业化、市场化进程，加快与国际间的对话交流，促进 3D 打印技术在我国健康快速发展，中国 3D 打印技术联盟在北京成立，标志着我国从事 3D 打印技术的科研机构和企业从此不再单打独斗，不再是一盘散沙，这对于建立行业标准和加强与政府间或与国际间的交流都是非常有利的。在如此利好的条件下，我公司为规避以上四项产业类风险，采取以下行动，作为规避此类风险的措施。

首先，加入中国 3D 打印技术联盟。成为它的会员，可以充分利用联盟这个平台来及时了解最新最快的 3D 产业及技术资讯，了解时时变化的国家政策对企业的影响，同时也方便公司通过这个平台进行国内和国际间的信息交流，既有利于公司的发展，也为 3D 打印技术发展贡献自己的一份力量。

其次，鼓励同行业的其他公司也加入该联盟。中国 3D 打印技术联盟成立时间尚短，联盟的强大还依赖于各 3D 行业公司的不断加入，联盟的发展壮大将对我国 3D 打印技术产业的发展起到巨大的推动作用，达到让政府和市场认识和接受并重视 3D 打印技术的目标，从而，国家政策向利于 3D 打印技术发展的方向调整，3D 打印技术的市场前景也越来越稳定和广阔。

最后，积极参与行业标准的制定。行业标准的出台，有利于规范各公司直接的规范竞争，有利于规范 3D 打印技术行业的公司行为，避免因标准的缺失而引起法律纠纷。

二、天丰科技面临的运营风险分析及规避措施

企业在自主运营方面，主要面临运营风险主要包括经营风险、财务风险、信息风险、管理风险和违约风险。

下面就天丰科技所面临以上五项运营风险进行展开分析研究。

(一) 经营风险及规避措施

经营风险主要包括外部环境风险、内部组织结构风险、工作流程风险和法律风险。

1. 外部环境风险

如同行之间的竞争风险在北京，以 3D 打印为公司主业务的企业不仅只是天丰科技一家，而且与有些同行业公司相比，天丰科技还显得有些稚嫩。公司在争取业务时，经常不仅要面对客户的质疑

和刁难，而且还要面对竞争对手的打压。

因此，公司针对竞争对手制定出以下应对措施：首先，积极拓展公司业务，增强公司的综合竞争力。3D 技术行业，不止有 3D 打印，还有 3D 扫描、3D 测量、3D 数据处理软件和 3D 打印材料等领域，公司在开展 3D 打印业务的同时，也发展了 3D 扫描和 3D 测量业务以及后期数据处理业务，目前代理的 3D 扫描产品有加拿大 Creaform 公司的民用级手持式 3D 扫描仪和美国的 FARO 工业级三维激光扫描仪，形成扫描、数据处理、打印、售后服务一条龙业务。

其次，与竞争对手合作。虽说同行是冤家，但是目前，在北京以 3D 扫描和打印技术为公司主营业务的公司规模均比较小，且没有龙头企业，公司可以挑选相对友好的同行公司，结成同盟，平时各自为政，互补干涉，在应对大项目时积极合作，优势互补，共同开发 3D 打印市场，形成规模和品牌优势，求得共同生存与发展。目前，公司与北京欧诺嘉科技有限公司合作，共同完成不少的大项目的同时，技术人员也实现了相互调配，两家公司的资源都实现了优化配置，为两家公司都带来了更高的利益。

如外包风险公司使用的软件的开发方式分为自主开发和外包开发两种方式，由于目前技术人员人数及能力有限等原因，公司对外包软件的质量检测能力控制较弱，导致提供给客户的产品往往不能达到预期的使用效果，致使公司经常遭到客户的投诉。长此以往，不仅公司信誉度降低，而且整个行业的口碑也会被降低，因此外包的风险控制显得尤为重要。

针对公司在外包过程中出现的风险，公司采取以下措施来规避外包风险可能给公司带来的损失：

第一，合理选择外包商。实力与我公司向匹配的外包商是我公司寻找的理想的合作伙伴，优质的合作伙伴，必将成为提高我公司整体竞争力的有效助力。

第二，与外包商成为长期稳定的战略合作伙伴。建立专业外包商库，从中选择外包商作为长期稳定的合作伙伴，使外包服务不再是仅仅停留在企业寻求成本优势的层面，而是进一步提高到提升外包商供应效率和质量的层面，实现战略共赢的目标。

第三，制定详细的合作协议。在协议中明确合作内容、服务细节及验收标准以及协议解除条件。

第四，制定外包商控制规范。我公司成立了包括由软件、财务、商务等各方面人员组成的监管组，并对无法涵盖的领域聘请第三方监理机构，在协议执行期间，对外包商进行服务质量、项目进度和项目成本三个方面的监督，及时识别潜在风险，并采取措施降低，减少风险发生的概率。

第五，建立外包商激励制度。当外包商所提供的产品质量高出合同要求时，公司将给予外包商不同程度的奖励。如果外包商有重大技术改进或突破，为我公司实现了额外盈利，则公司也会为外包商额外的酬劳作为激励。

通过以上措施，在督促外包商不断改进服务质量的同时，一定程度上也减少了外包商的技术人员流失，降低了商业信息被泄密的风险。

2. 内部组织结构风险

目前，我公司起步不久，规模不大，内部组织结构简单，最主要的风险即人力资源风险。人力资源风险主要表现在关键人才流失、员工业务能力不足、劳动力成本大幅度上升这三个方面，具体情况介绍如下：

公司发展壮大，尤其是我公司这种科技型新兴企业，关键技术人才所发挥的作用对公司发展至关重要。3D 打印技术发展迅速，但与其对口的 3D 技术人才培训机构并没有随之跟上，公司无法从市场上直接获得符合本行业要求的专业人才。因此，在公司获得利润之前，首先需要投入大量的人力、物力、资金、时间等资源，培养建设自己的技术人才队伍。关键的技术人才掌握着公司的核心技术和重要信息资源，是公司整个技术团队的领头羊，这样成熟的关键技术人才往往成为其他同行竞争者觊觎的对象，一旦发生人才流失情况，公司将同时面临核心技术外泄、重要信息资源断链和竞争力下降的风险。

3D 打印技术应用领域非常宽广，而优质 3D 打印设备供应商主要集中在新加坡、加拿大和美国等地，公司客户散布于不同的行业的各个领域，要做到 3D 打印设备专业提供商，充分满足客户需求，一方面，需要正确理解和准确把握客户具体需求，做好客户售前服务并提供给客户最合适的设备；另一方面，则需要及时对客户提供使其满意的售中和售后服务。这就对公司采购人员和销售人员提出很高要求。如果采购人员对进出口贸易中的风险评估和规避方面的能力不足，则将出现不能正常报关和交货的情况；如果销售人员不能准确把握客户具体需求，不能充分展示设备功能或无法处理设备出现的使用问题，则将出现客户投诉或退货等情况。公司不仅要承担新客户流失的风险，而且严重影响公司对老客户的二次开发。

在公司刚起步阶段，业务量小，所有潜在问题产生的影响尚不显著。但随着公司业务量的逐渐扩大，因员工能力不足产生问题并造成公司运营风险便开始逐渐暴露出来。

随着社会整体收入的提高，公司面临着员工不断提高的薪酬待遇要求，公司不得不给予员工更高的薪资福利待遇，以避免因同行竞争对手公司对技术人员的抢夺而造成的人员流失。此因素造成公司劳动力成本的逐年上升，成为劳动力成本上升的原因之一。

针对以上这些情况，公司采取以下措施建设巩固并提高自己的核心团队业务水平。首先，在管理上遵循和国外合作企业接轨的模式，严格执行高标准配置，从硬件使用和工作流程做了明确的规范，提高竞争的门槛；其次，直接从设备制造厂家聘请专业的技术人员对我公司技术人员进行技术培训和业务指导；最后，除提高员工薪酬待遇之外，同时以增加员工的住房补贴，交通补贴，提高业务提成、年终分红等方式，满足员工需求，激发员工的工作热情，并实施对骨干员工进行了股份期权的规划等一系列措施，维护关键岗位人员的稳定性。

3. 工作流程风险

工作流程风险集中体现在客户管理风险和采购风险两个方面。如果公司对客户筛选或监管力度不够，则会出现交货或项目完成后，客户不支付尾款，或至支付部分尾款，导致公司出现坏账、烂账情况，给公司造成极大经济损失。

公司为应对客户管理风险，提出以下规避措施：第一，完善客户信息管理系统，对客户信息进行统一信用分析，逐一评级，舍弃信用不良客户；第二，建立客户销售额限制制度，避免个别客户赊账金额过高；第三，注重销售额的日常管理和分析，及时发现有争议的账款，避免长期拖欠或成为死账；第四，对应收账款进行严格跟踪管理，要求销售人员在整个销售过程中，对每笔应收账款进行全程跟踪、监控，必要情况下，停止供货；第五，加强老客户信用梳理，避免导致不良账款出现在老客户群当中。而在公司采购过程中，有时会遇到以下采购风险，如采购设备不能满足客户要求或采购金额超出预算；供应商供货拖延、货物与订单描述不符；采购人员工作失误或供应商存在违约行为。这些情况都会给公司可能面对的采购风险。

公司为规避采购风险，提出以下措施。第一，由采购人员和财务人员共同制订每年的年度采购策略规划，并严格把控预算的执行情况；第二，对供应商进行严格筛选，拓宽采购信息渠道同时，对供应商进行筛选和评级，汇总成合格供应商名单，采购对象从名单中选取；第三，安排专人对订货合同进行严格审查，并对合同执行情况进行监督；第四，将供应链管理知识运用到采购过程当中，完善采购风险控制体系，及时发现问题并采取相应的措施进行处理，以减低采购风险。

4. 法律风险

企业身处法治国家，一切行为均受到法律的约束，当外部的法律环境发生变化，或由于企业自身对法律知识认识不够全面等原因导致最终未按照法律规定或合同约定有效行使权利、履行义务，将导致企业承担负面的法律后果，以上可能是企业所要面对的法律风险。

2012年12月，公司从新加坡进口一台扫描设备，各步骤操作与以往过程一致，但在报关环节，出现了资金的增加和延期报关的情况，经调查发现，新加坡的货运代理方从设备供应厂家提出设备后，将设备寄存在海关监管仓库，在以往的操作中，设备直接由厂家或货运代理商进行标识处理或更换包装，并形成惯例。而按照空运要求，锂电池需要做相应的检测后才能进行安全运输，而此次厂家或货运代理商既未按照惯例做此项工作，也未按照空运要求对锂电池做相应的检测，导致我们的设备无法正常空运。

此事故暴露了原操作中的法律风险。为此，公司专门组织了案例研讨，总结货运代理方面的法律要求，制定出较完善的货代操作规范，以此来规避因法律知识不足造成的风险。

（二）财务风险及规避措施

公司面临的金融风险主要指汇率风险。公司代理设备均从国外进口，在设备采购时，需要采用国际货币与供应商进行结算（目前使用较多的是美元），汇率的波动直接影响项目的收益。

为规避此项风险，公司账户建立了基本的外币安全库存，项目承接后，直接使用外币账户采购设备，以此降低因利率浮动给公司利益损失。

现金流控制风险和闲置资金投放风险是公司财务方面所面临的另一风险。目前公司运作规模较小，资金筹集方式主要是自筹资金，基本没有使用其他融资方式，未制定资金使用规范，没有控制现金流的预险机制。同时，闲置资金如何进行合理投放和利用，也是公司财务工作目前欠缺的板块。资金是一家公司的命脉所在，如果现金流的流畅和闲置资金的安置一旦出现问题，则公司必将随之陷入困境。因此，为规避此类风险，公司特意引进了专业的有经验的财务人员，在公司建立公司资金流预险机制，对闲置资金进行科学规划并进行合理投放，让钱生钱也是为公司增加利润的渠道，以上述措施来规避公司可能遇到的财务风险。

（三）信息风险及规避措施

例如，某客户打电话到公司咨询业务，并要求我公司安排技术人员上门做3D扫描演示，但最终由于上门演示的技术人员携带的演示设备不恰当，无法达到客户要求扫描效果，导致演示失败。

分析原因：一方面，由于业务人员在与客户进行电话沟通时，客户以自己所在单位为保密单位，不方便透露太多关于被扫描物的细节为由，只简单向业务人员描述了被扫描物的基本几何特征和想要达到的扫描效果；另一方面，业务人员在未清晰、充分地了解客户需求和扫描对象的形状、材质、大小、状态等特点的情况下，便根据个人经验判断向公司作出汇报，并提出到客户处做演示的要求。

受夸大的广告宣传效果影响，在为客户做 3D 扫描演示前，大多客户想当然地认为，3D 扫描设备会像摄像机一样，在扫描被扫对象的同时，即可实时生成可直接使用的数据结果。然而事实却是：3D 扫描设备对物体进行扫描后得到的数据并不是光滑完整曲面，而是由无数个离散的点组成的 3D 点云。这些点不能直接使用，需由技术人员使用专用数据处理软件对 3D 点云进行一系列复杂的后期处埋，将所有的点云数据连在一起，形成光滑曲面，从而得到清晰完整的 3D 效果，至此 3D 数据才能使用。而且不同型号的 3D 扫描设备，所能达到的扫描精度不同；根据被扫描对象形状、材质、大小、状态(静止或移动)的不同，所选用的 3D 扫描设备也不同，自然，后期处理方法也不尽相同。至于色彩和光影，完全是出于商业宣传的需要而进行的图片渲染后的结果，是广告效果。而当时业务人员也没有向客户进行说明，因此，客户对实际情况并不了解。

因此，在与客户进行业务沟通时，自身设备特点、客户要求及被扫描对象特征是业务人员在安排扫描演示前必须要清晰了解的，如果企业与客户双方掌握信息不对称，或双方互相隐瞒一些重要信息，那么对企业与客户来说是对人力、物力的双重浪费。此类失误发生后，失掉业务，失掉了有一次创造经济利益的机会，不是公司最大的损失，给客户留下了公司业务不专业的形象，造成不佳的口碑才是公司最不愿面对的。

为规避此类风险，杜绝此类问题的再次发生，公司在市场开发阶段，改进了团队开发的运作模式，即由市场业务人员、技术工程师和商务人员组成的项目小组对接客户，同时公司在规范客户开发流程各里程碑建立控制点，建立技术档案的电子文档，形成数据分析库，细分和规范商务报价，针对大客户还专门成立了包括设备供应商的技术支持人员在内的支持团队，旨在为客户提供最合理科学的解决方案。

(四)管理风险及规避措施

作为新兴产业中逐渐发展起来的新公司,管理体系的各个组成环节并不完善,只能从以前的管理经验中总结、摸索,逐渐完善。对一家新成立的公司来讲,公司的正常运营对团队建设、各机能的稳定性建设、员工需求的满足、市场竞争应对机制等都提出了较高的要求。

管理者能力、公司组织结构、企业文化、管理过程都是一家企业稳定发展的关键方面,任何一项的落后,都会成为公司发展的掣肘。

故针对公司管理体系的特点,从四个方面对公司的管理风险进行规避:在管理者方面,我公司要求每一位管理者都应注重个人品德的修养,同时企业管理知识也要不断提高,公司领导者本人更是参加了对外经贸大学工商企业管理在职研究生的课程。通过阅读专业技术书刊及现代网络了解当今3D打印技术发展状况,经常与技术人员进行沟通,对3D打印技术涉及的专业知识方法等有一定程度的理解,从而对公司的前进方向把握更为准确和科学;公司每年制订培训计划,对公司各层管理人员进行素质和技能的培训,管理人员协作沟通能力、管理创新意识和创新能力是培训的重点。

在组织结构方面:我公司注重充分发挥自身作为小公司效率灵活的优势,利用各种渠道和网络平台与外界进行内外信息沟通和交流;注重公司在管理过程中各类知识和经验的识别和积累,使公司的知识储备库日益丰盈;扩大企业交流面,与北京多所高校、科研院所建立密切关系,可以对创新方向把握得更加准确。

在企业文化方面:因公司员工基本上都是年轻人,年轻人在工作当中不仅需要金钱,而且更需要成就感、满足感,公司领导者把创新作为企业生存和发展的重要保障,"开心工作、愉悦生活、确立目标、努力拼搏"是公司创新团队的团队口号也是公司的一直对员工灌输的企业文化,为员工树立朝气蓬勃、积极向上的工作氛围,为一切创新活动创造良好的环境是公司努力的方向。

在管理过程方面:我公司在管理过程方面一直主张技术创新科

学管理的理念。首先，公司制定了创新目标，在现有条件的基础上合理规划，其中包括建立风险预案防范公司各项风险的发生；其次，公司组织管理过程都是提前制定科学合理的计划，各项指令均依照计划执行，但在执行过程中也不失灵活，使企业各项资源可以得到充分的发挥；再次，公司目标是领导过程的前提，为保持创新团队的积极性，公司一直注重对参与创新人员保持适当的激励；最后，在管理控制中建立一般的信息准确及时更新汇总、关键环节专人控制、特殊环节特殊处理等环节点外，经济效益、行动的效率和效果也是公司领导者关注的重点。

（五）违约风险及规避措施

公司曾于2014年与一家医疗设备制造公司通过电子邮件初步确定了一台3D打印设备的采购意向，应此客户要求，在未与我公司签订正式的设备采购合同的情况下，提供了一次工程服务，未收取服务费用。然而，此客户突然转向另外一家公司采购了与我公司约定的3D打印设备。由于此公司的单方面违约行为，不仅造成了公司本应收取的服务费用无法收取，而且造成了公司流单的经济损失。

为避免此类违约事件再次发生，公司吸取经验教训，重新调整业务规范，除必要的设备演示外，在未与客户签订合同的情况下，不再为客户超前提供工程服务，以此来规避违约风险给公司带来的经济损失。

以上，是天丰科技公司在经营过程中已经发生的和经识别有可能发生的一系列风险问题，经过专人汇总整理，建立了《天丰科技风险预案》管理体系，风险的发生不可避免，我们能做的是将风险转移、分散、控制，尽力将风险带给公司的损失降到最低，为公司的不断发展壮大保驾护航。

随着我国经济的发展前进，科技的力量在我国经济发展中开始扮演越来越重要的角色，3D打印技术产业的迅猛发展，如今当3D技术产业中的企业看到美好前景的同时，也承担着这个产业带来的各种风险。大多数企业在日常的经营管理过程中，对企业风险的进行识别并进行管理的意识较薄弱，因此，一旦风险发生，都会给公司造成不可估量的损失。

本章从 3D 打印产业和企业经营过程两方面进行风险分析，同时结合天丰科技经营过程实例，进行整理、总结，最终形成符合天丰科技自身经营特征的风险管理系列。既提高了公司全体上下的风险管理意识，也降低了风险发生的概率，使公司能更加长久的发展下去。

总体来说，3D 技术公司的风险管理工作刚刚起步，风险管理手段还不成熟，仍然有很多风险还没有被识别出来，但公司管理人员已经从风险管理的角度，意识到对风险的管理也是公司能否生存的关键。我们相信通过对公司风险管理持续不断的改进，公司在 3D 技术产业核心竞争力势必能逐日增强，在 3D 技术产业市场追风逐浪，取得更大的成就。

第五章　3D 打印中的结构优化问题研究

　　传统的产品开发过程一般可分为两个阶段——产品设计和制造。它们由设计工程师和制造工程师来分别负责，于是逐步形成了"我负责设计，你负责制造"的相对独立模式。这种独立模式下，设计与制造两阶段之间缺乏一些沟通与联系，导致了最终开发产品存在修改多、成本高、周期长、质量低等问题。为了避免这些问题，面向制造的设计(Design Form Manufacturing, DFM)模式应运而生。DFM 指在产品设计阶段就从制造对产品的要求来考虑设计，使所设计的产品具有良好的制造性能，从而避免在产品制造中可能会出现的一些成本、制造和质量等问题。

　　3D 打印在面向制造的设计领域能很好地发挥其优势，它被认为是第三次工业革命的重要标志之一。它以 3D 数字模型为输入，利用可粘合、可固化等材料，通过分层打印、堆积成形的方式来生成所需产品，因此，它虽称"打印"，实质是以 3D 模型为基础的"制造"。它有效地打通了数字化模型设计与真实产品制造之间的界限，将产品设计与制造两阶段更紧密地关联在一起。因此，如何发挥 3D 打印的技术优势，实现面向制造的设计，将对促进我国产品开发模式转型、制造业升级有重要意义。

　　本章首先将从 3D 打印的工艺分类、技术优势和原理与流程三个方面对其作一简单介绍，再对 3D 打印中的几何计算问题分类进行介绍。然后简单阐述 3D 打印中的结构优化问题。

第一节　3D 打印中的结构优化研究背景及相关概念概述

一、3D 打印中的结构优化研究背景

3D 打印，也称为增材制造（Additive Manufacturing，AM）或快速成型技术（Rapid Prototyping，RP）。它是一种以三维数字模型文件为输入，以可粘合、可固化等材料为原材料，采用分层打印、逐层堆积方式来构建物体的制造技术。对传统制造工艺来说，通常都是采用切、削、钻孔等去除多余材料得到最终产品，是一种"减材"制造方式。而 3D 打印则相反，它是在打印软硬件系统控制下，将材料一层一层打印出来，再将打印出的所有层堆积成形，类似于"九层之台，起于垒土"，因而称为增材制造。

传统的产品设计与制造阶段通常是独立的，分别由设计人员和制造工程师来负责，因此慢慢形成了"我设计，你制造"的产品开发模式。这种相对独立模式下，设计人员和制造人员之间缺乏沟通，导致了产品开发过程周期长、成本高和质量低等问题。为了避免并解决这些问题，面向制造的设计模式 DFM 出现了。DFM 指在产品设计阶段就从制造对产品的要求出发，来考虑设计，缩短产品开发周期，降低开发成本，减少制造问题，使所设计的产品具有良好的可制造性能，提升产品质量。

3D 打印技术非常契合 DFM（Design Form Manufacturing）的理念，也能很好实现 DFM 的理念。因为它无须太多制造约束条件，可以快速地将设计者的产品设计付诸打印；另外，它也无须设计者具备太多制造技能，即可让设计者将其设计的模型打印出来。它很好地打破了设计和制造、设计者和制造者之间的界限，将两者紧密地联系起来，快速方便地形成设计与制造之间的一个回路，从而可以很好地实现 DFM。因此，如果能发挥 3D 打印的这一技术优势，提升 DFM 实现水平，将会有力促进我国传统制造业的变革，加速推动我国制造业的转型、升级。

下面通过对 3D 打印的工艺分类、技术优势、打印原理与流程三个方面来对其作一个简单介绍：

（一）工艺分类

并不是所有的 3D 打印都采用同样的技术。事实上，3D 打印中存在不同技术来实现打印，其主要区别在于将分层对象整合成一个整体的方式不同。有些采用融化沉积方式来成型，有些则采用粘合方式。因此，胡迪和梅尔芭在其书中将 3D 打印按材料结合方式分为两大类：（1）选择性沉积方式；（2）选择性结合方式。

中国机械工程学会则按采用材料形式和工艺实现方法，将其细分为如下五大类：

（1）粉末或丝状材料通过激光烧结、熔化成型，如激光选区烧结 SLS（Selective Laser Sintering）、激光选区熔化 SLM（Selective Laser Melting）、激光近净成型 LENS（Laser Engineering Net Shaping）等。

（2）丝状材料通过高温挤出，再热熔成型，如熔融沉积成型 FDM（Fused Deposition Modeling）等。

（3）液态树脂材料通过特殊光照后，固化成型，如光固化成型、数字光处理成型 DLP（Digital Light Processing）等。

（4）某些粉末材料在粘接剂作用下结合成型，立体喷印 3DP 等。

（5）片/板/块等材料采用粘接方式成型，如分层实体制造 LOM 等。

其中，SLS，FDM，SLA 这三种技术比较常见，应用较广。下面对上述分类中的代表性工艺技术简单介绍一下：

1. 激光选区烧结 SLS

SLS 技术使用一个高功率激光器，以塑料、金属、陶瓷或玻璃粉末为材料来成型。在打印过程中，激光通过按预定义的横截面形状选择性地扫描粉末床表面上的粉末材料将其烧结融合，形成一层截面。之后，粉末床降低一个层厚高度，再次，铺输、扫描烧结，形成新层并与旧层融合，重复读过程，直到对象构建完成。

在成型过程中，未烧结粉末可保持不动，可自然成为成型对象的支撑结构。因此，SLS 无须支撑结构，同时，打印中所有来烧结的粉末可被再次利用。

2. 熔融沉积成 FDM

FDM 技术的工作原理是使用从一个线圈所缠绕的塑料丝或金属线索供给丝状材料给喷头，喷头被加热用来熔化并挤出这些丝状材料。同时，喷头由软硬件系统控制，可以在水平方向上精确移动。这样，在让喷头挤出打印材料的同时精确控制其移动路线，使其按照指定的截面形状来移动挤丝。这些材料从喷头挤出后立即冷却硬化，形成一层截面。之后，打印平台再下降一层，喷头继续移动吐丝形成新层截面，重复这一过程直至整个物体成型。FDM 技术中，最常用的是两类塑料材料，即 ABS（Acrylonitrile Butadiene Styrene，丙烯腈丁二烯苯乙烯）和 PLA（Poly Lactic Acid，聚乳酸）。

在 FDM 成型过程中，当前层截面都是在位于其下面的前一层截面上堆积而成，同时，前一层截面对当前层提供定位和支撑的作用。当模型上存在高悬空部位时，当前层截面可能因为没有有效支撑而导致打印失败，因此 FDM 技术对一些模型需要支撑才能正常打印。

FDM 一词由 S. Scott Crump 在 20 世纪 80 年代末提出，他申请这一技术的专利后，于 1988 年创建 Strasys 公司，并将这一技术商用化。因此，熔融沉积成型及其缩写 FDM，受 Strasys 公司注册保护。鉴于此，熔融长丝制造（Fused Filament Fabrication，FFF）常被用来替换 FDM 术语，它是由 RepRap 项目 3 的成员提出，可以被合法自由使用。

3. 光固化成型 SLA

采用 SLA 技术的设备最早是由 3D Systems 公司生产的。1984 年的专利是这样描述这项技术，在盛有光敏树脂的容器中浸入一个平台，在这个平台上每固化一层树脂，平台就下降一层的高度，直到完成整个制品。

在打印最开始的时候，平台位于恰好低于光敏树脂液面的地方，用 UV 紫外线激光对着平台上面的树脂进行照射，使这一层树脂固化。然后，平台下移，继续重复之前的步骤，对第二层上需要固化的部分照射紫外线激光，不断重复这一过程，直到整个制品打印完成。然后平台提升到起始的位置，就可以移走打印好的物品了。光固化技术在打印物品的时候需要同时打印出支撑物，以便于物品的成型，防止在打印过程中物品局部坍塌或变形。整个物品打印完成之后再把支撑物切除掉，就得到了需要的制品了。

SLA 是最常用的一种 3D 打印技术，它采用液体的光敏树脂和紫外激光来构建对象的每一层。首先，紫外激光束按一定截面形状照射液态树脂后使其固化形成一个横截面层。之后，工作平台下降一层，其表面重新覆盖一层液态树脂，再次，用紫外激光使其固化形成新层并与前一层结合，重复这一过程，直到完整物体构建成功。

SLA 技术同 FOM 一样需要支撑，因为对象是在充满液态树脂的容器内，这些液态树脂并不能为每层截面提供足够支撑。当物体构建完成后，支撑可被手动移除。SLA 技术由 Charles Hull 于 1986 年发明，之后他创建了 3D Systems 公司。

4. 立体喷印 3DP

3DP 技术采用两种材料即粉末材料和液体粘合剂来成型。在构建过程中，粉末首先在平台上铺好，然后粘合剂通过喷头按预设的截面路径喷出将粉末材料粘合形成一层截面。之后，工作平台下降，再重新铺粉，新铺的粉末材料再次被粘合形成新层。重复上述铺粉、粘合的过程，直到整个打印对象完成。打印结束后，未被粘合的粉末可重复利用。这一项技术最早是在 1993 年由麻省理工学院开发，并于 1995 年被 Z Corporation 公司获得独家授权。该公司已于 2011 年被 3D Systems 公司收购。

5. 分层实体制造 LOM

LOM 技术采用片状材料来成型。片状材料可以是金属，纸或聚合物等质质。在成型过程中，片状材料首先被激光切割系统切割成预定义的截面形状形成一层截面，之后，工作平台降低一层再送进新的一层片材，再次，对新层激光切割，再通过热压机构将新旧层截面紧压并粘合起来。这样重复以上过程，直至完成。

（二）技术优势

与传统制造技术相比，3D 打印具有以下技术特点：

（1）产品复杂度、多样化与成本无关：传统制造方式下，产品的形状越复杂，其制造成本就越高。同时，传统制造设备功能较少或单一，可加工的产品形状有限。而对一台 3D 打印机来说，它可以打印各种各样形状的产品，无论复杂还是简单形状的物体，并不对其制造成本产生太大影响。同时，在打印过程中，也不需要模具，大大降低了制造的约束条件。

（2）零技能制造：传统制造方式要求制造人员掌握一定的制造技能，如生产流水线的工人需要培训学习一定时间才能上岗工作，传统工匠要经过几年学徒期才能学到所需的技艺。而在 3D 打印中，产品的复杂制造过程被模块分解为切片、路径规划、分层打印和层层叠加等自动化过程，最终通过 3D 打印机来实现，而无须太多人工干预与操作。因此，3D 打印大大降低了产品制造对制造人员的技能要求。

（3）便于个性化定和：传统制造方式的优势在于批量生产制造，制作一个产品模具后可以重复利用来生产同样产品。随着社会的发展和技术的进步，人们的个性化需求也随之提高。传统制造方式在这方面力有不逮，而 3D 打印因为它无须模具，同时制造过程与产品形状相关性并不大，因此，很适合个性化定制产品。

上述优势使得 3D 打印非常适合以下几类产品的快速制造：

（1）具有复杂结构与形状的产品，如传统方法难以加工的自由曲面叶片、复杂内流道等，结构拓扑优化后的产品，传统方式无法加工的如复杂内部镂空结构等。

（2）具有高附加值的个性化定制产品，如航空航天、生物医疗、珠宝、文化创意礼品等个性化定制产品。

（3）原型产品，即一些产品在大规模量产前，要不断地进行研发与验证性制造，这时可以用 3D 打印来打印这些产品原型，以提高研发效率，降低测试成本。

这里需指出的是，从目前 3D 打印的技术来看，与传统制造技术相比，它在以下三个方面还有待提高：（1）大多数 3D 打印产品的表面质量还较低，产品的结构性能与高端工业产品之间还有一定距离；(2)大部分 3D 打印技术的速度与效率尚需提高，构建的产品有时还需后处理，较为烦琐，这些更增加了打印产品的制造时间；(3)目前 3D 打印的产品成本还较高。同样大小的产品，3D 打印所需的成本要明显高于传统技术，尤其是金属材料的打印产品。

从上述 3D 打印技术的优劣势分析来看，3D 打印技术与传统制造技术之间并不是一种你死我活的恶性竞争关系，应该是一种友好共存、优势互补的良好合作关系。

(三)原理与流程

3D 打印工作原理和传统打印机工作原理有些相似之处。传统打印机在打印时，只要轻点应用程序上的"打印"按钮，打印文件就被输送到打印机的内存中，再通过软硬件控制系统将内存中的文件输出打印为二维图像。而 3D 打印首先将对物体的 3D 数据进行逐层切片，再针对每一层切片构建，运层打印。在打印时，对象会被分层地打印出来，层与层之间通过不同方式进行粘合，最后再一层一层叠加形成完整对象。简单地说，3D 打印的工作原理就是通过分层打印、逐层粘合堆积的方式来构建物体。

从广义上说，3D 打印完整流程主要包括五个步骤：

(1)JD 模型生成：利用三维计算机辅助设计(CAD)或建模软件建模，或通过三维扫描设备，如激光扫描仪、结构光扫描仪等来获取生成 3D 模型数据。这时所得到的 3D 模型数据格式可能会因不同方法而有所不同，有些可能是扫描所获得的点云数据，有些可能是建模生成的 NURBS 曲面信息等。

(2)数据格式转换：将上述所得到的 3D 模型转化为 3D 打印的 STL 格式文件。STL 是 3D 打印业内所应用的标准文件类型，它是以小三角面片为基本单位即三角网格离散地近似描述三维实体模型的表面。

(3)切片计算：通过计算机辅助设计技术(CAD)对三角网格格式的 3D 模型进行数字"切片"(Slice)，将其切为一片片的薄层，每一层对应着将来 3D 打印的物理薄层。

(4)打印路径规划：切片所得到的每个虚拟薄层都反映着最终

打印物体的一个横截面，在将来 3D 打印中打印机需要进行类似光栅扫描式填满内部轮廓，因此，需要规划出具体的打印路径，并对其进行合理的优化，以得到更快更好的切片打印效果。

（5）JD 打印：3D 打印机根据上述切片及切片路径信息来控制打印过程，打印出每一个薄层并层层叠加，直到最终打印物体成型。

从上述 3D 打印流程可知，3D 模型是 3D 打印的基础，JD 打印使 3D 模型由"虚"变"实"。但是，在大多数情况下，现有方法直接得到的 3D 模型并不能直接输出给 3D 打印机。因为大部分设计模型都是由建筑师、工程师或设计人员所提供，他们都倾向于使用专业设计软件，如 Maya、3ds Max 和 Sketch Up 等。还有一些三维模型数据来自于三维扫描设备，如激光扫描仪、结构光扫描仪等。这些模型数据信息并未考虑到 3D 打印的具体需求与约束，如果直接输出到 3D 打印机，那么通常会导致各种各样的问题，如可能模型尺寸过大，超过打印机能打印的尺寸限制或没有考虑稳定性导致打印出物体无法正常放置等。

正如胡迪和梅尔芭所说，在 3D 打印中，不是输入糟糕的设计文件就能打印出糟糕的物体，而是你输入糟糕的设计文件，什么都打印不出来，或是比什么也得不到更糟糕的情况就是浪费了昂贵的原材料。

因此，大多数设计模型，尤其是那些复杂物体的三维模型，都需要经过一些几何方法进行修正、调整和优化，使其能更好地满足3D 打印的需求，避免打印出的物体无法正常发挥功能。这一过程，就是几何计算问题，将 3D 模型经过一些几何方法处理为 3D 打印机可接受、可打印，甚至要求打印出的模型可正常使用或具有指定效果的处理过程。下面将就几何计算问题根据问题特点进行分类详细介绍：

二、3D 打印中的几何计算简介

3D 打印的本质在于分层制造，其中切片计算非常重要。起初，切片计算采用分层厚度相等，由此会产生模型精度与打印时间之间的矛盾：分层厚度小，模型精度有保证，但打印时间长；反之，打印时间缩短，但易导致模型阶梯误差大。这使得自适应厚度方法逐渐流行。在机械快速成型领域中，许多学者对切片计算已作过深入研究。从这些研究成果来看，切片计算方法若按研究对象来分，可分为：(1)网格切片计算：由于 STL 格式的网格模型是 3D 打印业内所用的标准文件类型，因此很多切片计算对象主要以 STL 格式的网格类型模型为主。(2)直接切片计算：由于原始 3D 模型在转化为 STL 格式模型数据时，会产生转换误差，因此还有不少研究考虑直接在原始的 3D 模型数据上执行切片计算。

切片计算的下一步是打印路径规划，也称为扫描路径生成。它的主要任务是规划打印机喷头或激光发射器位置的路径，使其能让打印材料由点连线，由线组合成截面，由面累积成体。它是 3D 打印中最基本的工作，同时也是最巨大的工作。因此，合理的打印路径非常重要。打印路径的规划应着眼于减少空行程，减少扫描路径在不同区域的跳转次数，缩小每一层截面之间的扫描间隔等要求。

目前，按照打印路径类型的不同，打印路径生成方法主要可分为如下 5 种。(1)平行扫描：该方法所生成的路径大多相互平行，两条平行线间首尾相接，形成一个 Z 字形状的来回路径，因此也常被称为 Z 字路径(Zigzagging)；(2)轮廓平行扫描：所生成的路径由截面轮廓的一系列等距线(Offsetting curve)所组成；(3)分形扫描：扫描路径由一些短小的分形折线组成。(4)星形发散扫描：将切片从中心分为两部分，先后从中心向外填充两个部分，填充线为平行 X 或 Y 轴扫描线，或 45 度斜线。(5)基于 Voronoi 图的扫描路径：根据切片轮廓的 Voronoi 图，由一定的偏移量在各边界元素的 Voronoi 区域内生成该元素的等距线，连接不同元素的等距线，得到一条完整的扫描路径，再逐步改变偏移量就可得到整个扫描区域的所有规划路径。

欲深入了解上述有关切片计算、打印路径规划研究的学者，可参考上述快速成型领域相关文献，这里不再赘述。接下来，本章针对近年来相关研究成果为对象，侧重于从计算机图形学领域来介绍 3D 打印中的几何计算问题，主要分结构优化、物体分割、机构设计、材料表面效果定制四类。这里先简单介绍后三类，结构优化部分由于和本书工作联系紧密，将放在下面来分别介绍：

（一）物体分割

一台 3D 打印机可打印对象的最大尺寸却仍因为 3D 打印机本身空间有限而受限，因此，打印一些大体积的物体，对现有的 3D 打印技术而言，仍困难重重。对一个越过可打印尺寸的大物体对象，如果要将其 3D 打印，那么一个可行的解决方案就是将其分割为一块块可打印的小对象，然后再将其组装成一个整体大物体。针对这一问题，Luo 等人给出了一个名为 Chopper 的分割处理方案。该方案采用平面分割，自上而下，每次分割均将处理对象一分为二，逐步细化，最终整个模型可形成一个 BSP 树的层次分割结果。这种方法对大多数模型都能生成良好的分割结果，但是它的局限也在于只采用平面分割与 BSP 树的层次分割方式，从而使得模型的其他更好分割可能性丧失。

针对大物体打印问题，Chen 等人则给出了另一种表面近似表示的方案：将所给 3D 模型通过表面分割、简化、变形方法转化为一个由少量多边形组成的网格分片近似表示，再将所得到的网格分解为平面片的组合，并生成平面片之间的连接头用来拼装各个平面片。在此基础上，通过激光切割机或 3D 打印制作出每一个多边形平面片，最后将这些面片拼装成一个与原 3D 模型外形相近似的实物对象。这种方法目前尚未考虑内部支撑结构处理，同时该方法对细长特征的模型处理结果不好。

针对分割问题，中国矿业大学的 Hao 等人给出了一个基于曲率的模型分割方法。该方法首先对模型表面进行曲率分析，提取出模型的特征边，并据其构建特征环。以此为基础，在其中选择合适的特征环来将原模型分解为小而简单的子模型组合。这种分割方法的前提是模型表面具有明确的特征信息，因此该方法适用范围有限。

在日常生活中，人们很喜欢盒子形状的物体，因为这类形状既规则，又可方便地被装箱运输，同时，还可以作为构成其他形状的基本元素。但是，如何将一个物体分解并使其可折叠成一个盒子状的对象，是一个很有挑战性的任务。最近，Zhou 等人就给出一种通过一系列折叠变换过程将一个三维物体变成一个盒子形状对象的方法。该方法会生成一个单一的、互相连接的对象，这种对象可以实际地通过不断地折叠从一种形状变为另一种形状，直到最终变为一个类似盒子形状的物体。该方法首先将三维物体分割成一些体素，再在这些体素中通过三步来生成一颗可以从所给输入的形状折叠成为目标形状的体素树，文中通过 3D 打印成功地展示与验证了若干实验结果。

注意到锥形物体在打印时既具有良好的稳定性，又无须支撑的良好特性，Hu 等人提出一种可以将 3D 打印模型自动分解成一个个近似锥形结构的塔式分割算法。在此基础上，Chen 等人给出了一个 Dapper 算法来解决 3D 打印中的 DAP（Decompose-and-Pack）问题，其算法的核心仍是将 3D 模型分解为锥形结构的构件。Yao 等人则基于水平集方法研究了 3D 打印模型的分割与装箱问题。

Wang 等人从优化打印方向来提高各个分块部分的表面打印质量角度，考虑了分割问题。该方法首先从大量候选打印方向中通过支持向量机（Support Vector Machine，SVM）方法找出能反映模型主要方向的若干打印方向，并以这些主要打印方向来初始化分割模型。之后，再根据一些约束条件对其调整优化，得到最终分割结果。最后，其中还给出分割后物体的装配次序。

Li 等人则以家具模型为对象，研究通过分割将其变为可折叠模型，从而达到节省空间的目的。而 Vanek 等人则观察到打印物体的外壳比打印整个物体要省时省材料，结合装箱体积考虑，他们提出了一个面向装箱体积优化的外壳分割方法。该方法先将模型的外壳抽取出来，再对外壳进行分割。在分割时，该方法会考虑连接区域的大小、分片体积等因素。在此基础上，将所有分片紧密地排列装箱，并对装箱布置结果进行优化，使得装箱体积最小的同时所需支撑材料最小。该方法可使模型的打印时间节省 5%～30%，同时支撑材料节省约 15%～65%。

（二）机构设计

3D 打印不仅可以输出复杂模型，而且还能为以往能设计但很难制作实现的机构提供实现的机会。因此，最近两年各种机构设计的研究越来越多。这方面的研究主要可分为两大类：一类是静态机构设计，如积块式机构设计，这类机构的构件按一定方式组装起来，形成一个稳定的形状；另一类是动态机构设计，如动态玩具机构、关节机构和免组装机构等，这类机构可以活动或运动起来。

1. 积块式机构

积块式机构指由一些块状、片状或板状构件按一定要求组装在一起，构件间互相咬合锁定，最终形成一个稳定的结构，如鲁班锁、联锁积木、Sun 和 Zheng 的魔方设计、Schwartzburg 和 Pauly 的交错式片块机构、Umetani 等的飞机模型设计。

鲁班锁，也称为"六子联芳"、"六道木"和"孔明锁"。通常是由六根插在一起的条棍组成一个立体十字结构。鲁班锁的条棍相互穿插在一起，成为一个稳定的结构，不会散开。鲁班锁的一些条棍中有凹下的空间，因此当它们穿插在一起时，它们的整体结构的中间是实心的。通常会有一根完整的条棍，最后一个插进结构，使其稳定，因而"锁"住结构，这个条棍也叫"锁棍"。将一个鲁班锁打开比较容易，但是要将它们组装起来则需要一定的空间思维能力和足够的耐心。如上所述，传统的鲁班锁构件或为条棍状，或为半圆状，总体形状较为单一。如果能生成形状各异的鲁班锁，则将会大大提高游戏的吸引力与趣味程度，但这一问题具有一定的复杂性与挑战性。因为鲁班锁结构虽然只有六个部件，但需要考虑部件之间的组合关系来保证部件间能互相锁定。Xin 等人就研究了这样一个有趣的问题：如何根据一个给定的 3D 模型来自动设计生成相应的鲁班锁结构。为了便于阐述，作者将一个具有六个部件的鲁班锁基本结构，称为节点。在此基础上，作者从给定的 3D 模型内生成一个单节点的鲁班锁结构，再拓展到多节点的鲁班锁结构，从而完美解决所给问题。

联锁积木(Interlocking Puzzles)游戏是另一种类型的益智游戏，类似于拼图游戏。它给定一组形状各异的积木块，要求玩家能按一定顺序将其组装成一个有意义的 3D 形状。它能有效锻炼人们的空间想象力、创造力和提高人们的逻辑思维能力。这类游戏的解决一

般都具有一定的难度，而如何能设计出很好这类游戏就更好具有挑
战性，Song 等人就研究了这样一个有趣的问题：如何将一个给定
的 3D 模型分解为一组合适的分块，使其能变成一个联锁积木
游戏。

　　本章首先给出一个联锁积木的定义：一个联锁积木指的是多个
积木块互锁在一起，其中只有一个积木块可以移动，而剩下的其他
块都不能互相分离拆开。根据上述定义，一个生成联锁积木块的原
始方法是对各种可能解进行不断测试，直到满足上述要求即可，但
是这种方案的搜索与测试计算量太大。因此，作者深入探讨了联锁
积木游戏的原理，提出了形成联锁积木的一套方案，并在此基础
上，给出了一个构建联锁枳木的构造性方法，有效避免了传统方法
的穷举测试问题。

　　类似于通常的联锁积木结构，该方法以体素形状的积木模型为
处理对象，记为 S。依次从 S 身上边归抽取部分积木块，将其分解
为一个积木块序列 P_1，P_2，$\cdots$，P_n，和 S 中剩下的最后积木块 R_n：

$$S \rightarrow [P_1, R_1] \rightarrow [P_1, P_2, R_2] \rightarrow \cdots \rightarrow \cdots [P_1, \cdots, P_n, R_n]$$

于是，问题的求解就变为一个递归的分解过程：

$$R_i \rightarrow [P_i+1, R_i+1]$$

　　如果每一次分解中，都能保证只有一个积木块组件能取走解
锁，而剩下的部分都不能互相解锁，则问题就可递归解决。其中，
P_i+1 称为解锁块，按照这一策略，文中构造性方法主要可分为两
步：(1)提取初始解锁积木块。(2)递归依次提取其他解锁积木块。
具体提取方法可参见原文。

　　魔方，也称鲁比克方块（Rubiks Cube），它于 1974 年由匈牙利
的厄尔诺·鲁比克教授发明。虽然它只有一些方块组成，但是其中
却奥妙无穷，它一被发明后就在全世界范围内迅速流行起来。常见
的魔方主要是三阶魔方，除此之外，还有二阶，四阶魔方，并有不
同形状的魔方如球形魔方等。这些尽管阶数和形状不同，但同样都
令人着迷，爱不释手。

　　受三阶魔方设计机制的启发，Sun 和 Zheng 给出了一个允许普
通用户来设计制作复杂魔方模型的方法。该方法以用户提供的 3D

模型与有关旋转轴为输入，在 3D 模型内部自动生成并调整旋转轴来得到无干涉的可旋转节点。在此基础上输出可打印的模型分块，这些模型分块可直接装配形成对应的魔方。

交错式片块机构主要是指一些平面片状构件互相交错咬合在一起的机构对象。平面片状构件可由木材、金属、塑料、玻璃等多种材料方便简单地制作出来，因此，由这些构件形成的对象也能非常容易地制作与组装起来。另外，平面片状构件也容易制作出较大尺寸，因此，用它来构建较大的对象也很方便容易。所以，这种由平面片状构件组装而成的物体在日常生活中也很受人欢迎，被广泛地用在拼装式玩具、家具或建筑内部结构等上面。

如何便捷地设计生成这种由平面片状构件交错形成的机构对象，这是一个有趣也有一定难度的问题。Schwartzburg 和 Pauly 在文网中对此问题作了一些研究，给出了一种方便实时的交互式设计方法。文中为方便设计，它提供了一种抽象模型，用来表示平面片状构件间约束，在此基础上，给出了构件设计的设计目标与优化目标，如机构的稳固性、可组装性等。并对平面片状构件的位量、朝向、碰撞等问题进行优化。Umetani 等人则针对自由滑翔式飞机模型设计给出了一种交互式设计方法。

2. 动态玩具机构

目前的 3D 打印技术，打印静态的模型已是十分容易。如果打印的模型可以动起来，就会非常吸引人。这方面的研究主要有机械玩具设计、机械角色设计和机械人设计等。

这些文章都研究了动态玩具机构设计，其主要方法和流程基本相似，可以总结如下：给定一个运动的输入，可以是一组动画曲线，也可以是一段动画视频，系统会从预定义的部件库中选取合适的部件将其组合，然后再优化这些部件的参数，使整个机构的运动输出与所给运动输入保持一致。

有些专家的输入以玩具角色的指定运动为主，同时加上玩具角色的几何信息，与玩具下方的方盒尺寸；以一个带有关节的机械角色，并给定其若干部位的一组动画曲线为输入；专家的输入则为一个关节链式角色的动画视频序列；直接以一个已知的连锁机构运动为输入；提供了一个高级抽象的用户界面来让用户输入所要实现的运动。

专家给出了以凸轮为主的七种部件，通过这些部件的组合产生机构所需要的直线、摇摆与螺旋运动；其部件主要以齿轮与连杆为主，其组合方式有多种；部件库中有四种部件，分别为四连杆机构、皮带轮、摇摆部件和锥齿轮部件；主要以连杆为主；主要以 CAD 模型为主，这些模型通过螺丝和钢钉来连接。

上述这些均是运动机构设计应用在不同的场景上，方法上并没有体现太多新颖的地方。所以，它们均强调有趣的应用场景。它们都采用了一些连接件如螺丝等，这些连接件从外观上破坏了模型本身几何结构的整体性，而连杆结构本身就是一种四边形和三角形构成的几何单元。所以在 3D 打印时都要分别打印这些部件，然后重新组合安装，十分麻烦，并未能体现 3D 打印一体成型的特点。

3. 关节机构

角色对象无论是在电影还是在游戏中都无一例外是故事的主要对象。对一个角色来说，关节是其身上的重要元素。在角色动画中，关节的重要性不言而喻。如何利用 3D 打印技术来制作出有活动关节的角色，将是一件有挑战性与吸引人的工作。因为它能使打印出的模型变化不同姿势，具有生命力。但同时，它需要考虑关节位置设定关节与其他部位拼接、关节运动等问题，具有一定的难度。

Jacques 等人和 Moritz 等人就此问题分别作了一些探讨研究。从总体过程来看，两人的方法大体相似，可简要总结如下：首先，将所给模型按一些要求分割为不同组成部分；然后，将分割后的模型用合适的关节拼接起来。

在有关方法细节上，两篇文章略有不同，试简单对比如下。

（1）分割方法：Jacques 等人将模型导入 Maya 中，通过给模型交互式添加骨髓和关节点来完成模型分割点设置；而 Moritz 等人则通过所给输入蒙皮权重和连接关系，将原始模型面片分割成不同部位，后面还根据碰撞检测、截面大小等因素，结合中轴变换，优化确定关节中心位置与分割结果。

（2）关节处理：Jacques 等人给出了一些通用关节模板。这些模板在考虑关节缝隙公差、摩擦力、关节大小、厚度等因素之后，形成系列化。在此基础上，在连接部位插入通用关节模板，对其变换使其与周边匹配，得到最终关节模型；Moritz 等人将文中的关节主要分为两种类型：铰链式关节（Hinge）和球状关节（Ball-and-Socket）。根据关节的约束与几何信息，利用 CSG 方法得到关节造型，并与周围面片拼接，最终得到完整模型。

Jacques 和 Moritz 这两位均是针对有关节的角色模型对象，虽然实现细节略有差异，但都实现了角色关节机构的免组合安装（Non-Assembly），很好地体现了 3D 打印一体成型的特点和优势，因此，具有很好的应用前景。

4. 免组装机构

在传统机械设计时，对机械机构来说，一般都需要两步完成模型构建。首先，创建机构的每一个组成构件；其次，再将所布的组成构件装配起来。在 3D 打印的情况下，这一过程可以省去第二步，得到免组装机构。

这里，免组装机构是指在零件设计阶段将组成机构的各个零件组装好；然后，一次性直接制造出，免去后续组装工序的机构。这种机构不仅仅是机构设计概念的创新，而且在更深的意义上，这种理念的存在极大地解放了机构设计的自由度，因为这样设计者无须考虑装配方式与装配空间，同时也能提升三维机构模型创新能力，为现代机械及一体化设备设计、创新和发明提供系统的基础理论和有效方法。

在快速成型领域中，已有研究者对这方面作了一些研究，如 Chen，Chen 和 Su 等人。Su 等人就基于这择性激光融化工艺研究了免组装机构设计有关问题。其中，作者讨论了免组装机构中数字模型的外形、连接节点的重新设计及构件打印的支撑问题等。同时，给出了一些打印实验结果。

（三）材料表面效果定制

随着可供 3D 打印材料类型的增多，人们希望能打印出更复杂外观、表面光学特征及力学特性的物体。这一需求催生了 3D 打印中一类重要但尚未很好解决的问题 z 如何确定出一个物体对象的材料组成，使其能满足一个给定的表面外观效果或变形功能要求。这一问题可称为材料表面效果定制问题（Specification to Fabrication Translation，Spec2Fab）。近年来，很多学者对此问题做了一些深入研究，其工作大致主要可分为三类：（1）次表面散射效果定制（Subsurface Scattering），如 Hasan 等人、Dong 等人和 PapaS 等人研究了通过双向表面散射反射分布函数（Bidirectional Surface Scattering Reflectance Distribution Function，简称 BSSRDF）来实现打印材料次表面散射效果。（2）空间变化反射效果（Spatially Varying Reflectance），如文等通过双向反射分布函数（Bi-direction Reflectance Distribution Function，即 BRDF）来实现。（3）变形及其他效果定制，如 Bickel 等研究了给定打印材料变形效果的实现方案。针对多材料打印问题，Vidimce 等人则给出了一个 Open Fab 可编程流水线来解决多材料打印的合成问题。

下面对其中具代表性的工作作一些概略介绍：

1. 次表面做射效果定制（Subsurface Scattering）

为了使 3D 打印结果具有指定的次表面散射效果，Hasan 等人给出了一个的完整流程。该流程首先测量一组给定基本材料的次表面散射特性，根据上述基本材料的散射特性曲线，可计算出不同材料、不同厚度组合后的次表面散射特性曲线。然后，给定一个材料的期望散射曲线，通过非线性离散优化算法来确定出各层材料及其厚度，使它们组合出尽可能接近所要达到的目标效果。再将上述计算结果优化扩展到 3D 模型表面各点，通过调整包裹在模型表面不同厚度的各层材料，来实现目标效果。最后，利用 3D 打印机输出物体的最终真实效果。

针对上述同样的次表面散射问题，Dong 等人也同时给出了一套类似的方案。该方案在给定的材料次表面散射特性要求下，可以有效地计算出所打印物体的每层材料分布及其厚度。其中，所给定的材料次表面散射要求也是由 BSSRDF 函数来描述。同时，还需要考虑一些材料分布约束条件（Layout Constraints）：打印硬件需要使用一定的打印材料种类，因此材料种类是一个固定的集合；为避免模型材料分布太细太繁，同时也为节约打印时间与成本，模型材料层数也不能过多。

Dong 等人将上述问题称为材料映射问题（Material Mapping），即给定一组基本材料及分布约束条件，计算出物体材料组合使其 BSS RDF 符合所给曲线要求。虽然 Dong 等人与 Hasan 等人都是采用 BSS RDF 函数来确定材料的次表面散射特性，但是两者方案上还是有一些不同之处：首先，对均匀层厚情况，Hasan 等人采用启发搜索式方法来剔除一些不合适的分层布局结果，而 Dong 等人采用基于分簇的方法来计算有效布局；其次，对不均匀层厚情况，专家对每一个模型表面点先将所给的 BSS RDF 分解为局部散射曲线，再据此来确定材料分层布局，而 Dong 等人则仅用局部散射曲线来初始化分层布局，其后给出了一个优化算法用以更好地计算布局结果，来近似所给 BSS RDF 特性。

Papas 等人研究了通过不同的颜料与基本原料相混合来实现给定材料次表面散射效果，这里不再详述。

2. 空间变化反射效果定制（Spatially Varying Reflectance）

真实世界物体表面因其材料不同，展现了各种各样的表面效果，如光滑的、塑料感的、金属质感的等。同时，在多数情况下，同一种表面反射效果还会随视角空间方向变化而变化。在计算机图形学中，常用 BRDF 函数来表示这种空间变化反射效果。自然，在 JD 打印中也会考虑如何打印出具有指定空间变化反射效果。为了定制出期望的表面外观反射效果，Weyrich 等人给出了一个基于微平面（Microfacet）理论的系统方案。该方案根据一个给定的物体表面 BRDF 分布，寻求得到物体微表面倾斜分布的一个可能结果，再对此分布采用点状方法采样，并以做平面为单元来构建物体表面，然后运用模拟退火方法优化微平面间倾斜连续性及其凹陷深度，得到最后表面高度分布场，实现所要达到的表面反射效果。Microfacet 理论基本假设是，表面是由很多微平面组成，这些微平面都很小，无法单独看到；并假设每个微平面都是光学平滑的。每个微平面把一个入射方向的光反射到单独的一个反射方向，这取决于微平面的法向。当计算 BRDF 的时候，光源方向 l 和视线方向 u

都得给定，h 为半角矢量。这意味着在表面上的所有微平面中，只有刚好把光源方向反射到视线方向的那部分对 BRDF 有贡献。

在上述假设下，Weyrich 等人的方案假定一个物体表面的最终反射效果由构成物体材料的基本 BRDF 特性与物体表面的高度场分布所决定。其中，物体由单一材料构成，且不考虑透明情况；对表面高度场分布，限制微平面的倾斜角在 65 度内，这样可以忽略微平面间的互相遮挡与反射情况。同时，微平面间的边界连接应尽可能连续，减少边界处的错位高度。该方案对所给高亮形状进行反卷积运算，得到反卷积后的微平面分布，再对微平面分布采样，将其转换为不同朝向的微平面离散集合。最后，沿着高度方向移动每一个微平面使其分布尽可能连续，得到最终的高度场分布，实现所需的表面外观反射效果。

3. 变形效果定制

对于弥合数字世界与物理世界之间的差距，其中一个重要挑战就是将原材料变成设计者想要的结果。无数个点、边、面及相应的材质信息构成了数字世界中的原材料，而在真实世界中却不是如此简单和容易掌控的。上述介绍的一个常见办法是组合多种材料。事实上，不同材料组合的联合打印可以消除传统单一材料打印的不足与局限，使我们能够制造更加复杂的物体，甚至能使这些多元材料转化为复杂的、新的功能材料，如同时兼具轻质和高强度性能的材料，或同时具备良好柔韧性和透明效果的材料等。组合材料的性能给人直观感觉可能会介于组成的基础材料之间，如将相等的硬质材料和软质材料组合在一起，可能你会得到一个半硬半软的材料。事实证明并不完全如此，最终组合材料的性能取决于组合材料的方式。

Bickel 等人就研究了上述这一很有实用价值的材料混合问题：如何在微尺寸的尺度(也即 3D 打印的尺度)上，根据基础材料的力学性能，打印出指定力学性能的基础材料组合体。问题的实质：给定的一组基本材料及其力学性能曲线，如何将基本材料混合，以便得到指定力学性能的多元混合材料。为了解决上述问题，Bickel 等人采用按层方式来混合不同材料，并引入一个优化过程来得到最接近指定材料性能的混合结果。最后，其中的方法通过一台 Object Connex 500 多材料打印机打印了一些模型进行验证。

同样，针对多材料打印，Sitthi-Amom 等人则给出了一种具有良好扩展性的低成本、高分辨率多材料打印平台。该平台集成了一个机器视觉系统，同时最多支持 10 种不同的打印材料。

针对变形性能定制要求，Schumacher 等人则根据单一的、具有一定刚度的打印材料通过设计微尺度的 Tiled microstrue 来达到所要求的空间弹性变化，实现给定变形效果。Panetta 等则根据单一打印材料，给出了一种 3D 弹性纹理设计方法，该方法能将杆状构件组合为一定 3D 结构型式来达到指定力学弹性变化要求。根据该方法所设计的 3D 纹理，其弹性可达到原材料刚度的 1/1000，泊松比取值范围可在[0，0.5]之间变化，具有良好的可定制效果。

综合以上的定制处理方法，Chen 等人发现上述处理过程存在一些类似的流程与相同的处理单元，如它们都依赖于在给定几何与材料要求下精确模拟所给对象物理特征的能力。因此，其中提出了一个更具普适性的定制框架来处理上述问题，该框架具有模块化、可扩展性、打印设备无关性与模型几何无关性的特点。

为了评估系统的打印效果定制能力，其中最后给出了一些现有转换过程的实现，如 Hasan 等人的表面散射效果，Papas 等人的焦散效果，Bickel 等人的变形效果等。

针对 3D 打印很难生产出具有全影色复杂图案与个性化特征三维物体的问题，浙江美国赛迪研究院专家胡迪和梅尔芭教授等人给出了一种计算机"水转印"技术。这种技术可"点对点"瞄准三维物体实现精确上色，为三维物体穿上任意设计的影色"外衣"，较好地解决 3D 彩色打印问题。

平面的纹理合成是一个常见且很有用的问题，这一问题如何应用到 3D 打印中呢？即给定一个纹理，如何在 3D 模型表面生成相应纹理对应的颜色和结构呢？针对此问题，Dumas 等人给出了一种基于实例（By-Example）的结构纹理合成方法，该方法可以根据给定的纹理，在模型外壳上生成对应纹理结构模式的表面结构。

三、3D 打印中的结构优化简介

人类一直都在追求材料的有效与最大利用。因此，科学、合理、经济的结构一直是工程和设计人员的设计目标。正因为这样，在设计领域，结构优化始终是一个重要研究课题。随着优化技术、计算机技术和有限元计算方法的不断完善与成熟，结构优化技术在近几十年有了巨大的发展。

传统的结构优化是在给定的材料和设计域等设计约束下，通过优化技术与方法，得到既能满足设计约束又能使结构的某方面性能目标达到最优的结构分布形式。在传统生产过程中，优化设计与最后制造的产品之间还存在一定的距离，也即结构优化后的设计结果并不一定能被传统制造技术生产出来。这是因为优化结果受优化技术影响，没有考虑制造技术上的一些约束或要求。

与传统制造技术相比，3D 打印对制造的约束条件大大降低，因此，3D 打印为结构优化技术提供了良好的用武之地。反过来，结构优化对 3D 打印的意义与作用也非比寻常。一方面，3D 模型是 3D 打印的基础，通过结构优化可以消除 3D 模型上的缺陷，使其具有更好的强度、变形性能和稳定性，满足打印或正常使用中的性能要求；另一方面，3D 模型通过结构优化既能满足强度和其他性能要求，又能减少打印材料消耗，缩短打印时间。因此，结构优化能有效降低 3D 打印的打印成本，节约打印资源和能源，这对于 3D 打印的更好普及与应用有重要作用。

3D 打印中的结构优化与传统结构优化问题在本质上相同，都需要考虑材料的最优分布来满足受力与使用要求。但两者在一些具体问题上还有些区别，如优化对象、优化目标和 3D 打印的特殊要求等方面。

优化对象：传统结构优化的优化对象是整个设计域，而设计域一般而言，无须区分内外表面。与此不同的是，3D 打印模型的结构优化要求在优化过程中保持外表面不变，而主要针对内部空间进行优化，从而实现优化后模型在外观不变的条件下还能很好地节约打印材料的目的。同时，对 3D 打印来说，外表面还有一个最小打印厚度要求，也必须在优化时予以考虑。

优化目标：传统结构优化的目标一般是在给定材料体积约束下使结构的刚度最大，刚度最大在数学上常表达为柔度最小。这里的体积约束常以优化前后模型的体积比给出。对 3D 打印来说，人们总是希望在给定材料与荷载条件下，模型在满足刚度、强度要求的同时，能达到模型打印所用材料最少，也即体积最小。因此，3D 打印结构优化的目标首选为体积最小。

3D 打印的特殊要求：传统结构优化一般是在给定荷载与边界条件下对设计对象进行优化即可，无须考虑对象的稳定性。而对 3D 打印模型来说，由于模型最终优化结果必须能按照使用要求，以某种指定的摆放状态稳定地放置或悬挂，因此，良好的稳定性也是 3D 打印结构优化中需要考虑的一个重要约束条件。另外，由于打印材料都有一个最小打印厚度要求，因此对优化产生的内部结构也要求能满足最小厚度要求。

本书将在下面对现有结构优化工作从节省材料、强度、稳定性和支撑优化四个方面进行分类介绍。

第二节　3D 打印的结构优化研究进展

为了对 3D 打印中的结构优化研究作一个全面深入的了解，下面根据近年来这方面的研究成果，在归纳分类的基础上，从节省材料、强度、稳定性、支撑结构四个方面来分别介绍。

一、面向节省材料的结构优化

随着 3D 打印技术的迅猛发展，目前 3D 打印的成本也在不断下降。即使如此，相比传统制造业的产品，3D 打印产品的成本还是比较高的。目前，其成本常通过单位体积所消耗材料的费用（元/cm^3）来表示。由此可见，3D 打印的成本与所消耗的材料体积成正比。因此，如果想降低打印成本，那么在不影响物体表面质量的前提下，通过优化模型来减少模型实体体积，将是一个很好的方法。

在机械和 CAD 领域，很早就有研究者开展了这方面的研究。由于注意到动物组织、骨酶等对象所具有既轻便又结实的结构特征，Schroeder 等人认为这些对象需要有新的模型表示方法。他们在随机几何（Stochastic Geometry）的基础上，利用随机函数来表示这类多孔性结构，如图 5-1 所示。

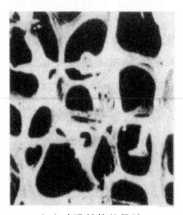 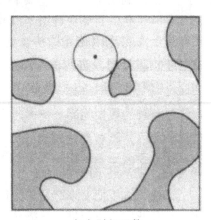

（a）多孔结构的骨髓　　　　　　　　（b）随机函数

图 5-1　多孔结构与随机函数

自然界存在很多介观结构（Mesostructure），如桁架结构、蜂窝结构、泡沫结构等，这些介观结构同样既有很好的强度，又有很轻的质量。受它们的启示，Rosen 等人提出了一种网架结构形式（Lattice Structure）的轻质结构设计方法，并给出了相应的力学分析方法。

为节省打印材料，受建筑工程中的桁架结构的启发，Wang 等人提出的一种基于"蒙皮刚架"（Skin-Frame）的轻质结构来解决材料优化问题，这里的刚架结构（Frame）由一些杆件通过节点连接起来，形成一个空间结构。

需要说明的是，这种刚架结构与建筑中常见的脑架（Truss）结构略有不同，因为前者的杆件之间是固定连接，而后者是铰接的，这使得前者较后者有更高的结构稳定性能。它具有如下的优点：

（1）良好的受力特性。当刚架某个节点受到外力时，该点的受力能很好地通过被结构分散传播到相邻的杆件上。（2）节省材料。刚架结构是由稀疏的杆件构成，结构轻便省材。

从上述刚架结构出发，作者考虑将给定的三维模型表示一个由外表面构成的蒙皮及其内部的刚架结构，从而使这个蒙皮刚架结构具有较小的实体体积，同时它还具有良好的力学强度、稳定性及可打印性等。在此考虑下，问题的目标主要有两个：首先，要使整个物体的实体体积最小，也即蒙皮及刚架结构的体积和达到最小。考虑到增加蒙皮厚度会导致总体积的迅速增加，这里将蒙皮厚度作为一个常量，固定某大小为最小可打印精度。因此，需要优化的是刚架结构信息即杆件的半径、节点的位置与数量。其次，应尽可能使刚架结构中杆件与节点个数较少，避免多余的杆件及节点。

据此，作者给出一种迭代优化的算法来优化这两个目标函数。该算法首先从一个随机生成的刚架结构出发，先通过拓扑优化去掉多余的杆件和节点，再通过几何优化来优化杆件和节点几何信息，最终实现刚架结构体积最小的目标。

山东大学教授基于蜂窝状结构（Honeycomb-cells）提出一种内部结构掏空优化方法。众所周知，蜂窝状结构既具有最优的结构布局，又能提供足够的强度支撑。因此，其中作者采用蜂窝状结构作为 3D 模型对象内部结构型式来优化模型内部空间。

该方法的整体流程。首先，根据 3D 模型的边界条件对模型进行有限元计算，得到模型的应力分布图；将应力分布图视为一种连续变化的体密度分布来反映模型不同部位的密度分布。其次，在此基础上，根据体密度分布对模型空间进行自适应 Voronoi 分割，得到不同大小的 Voronoi 单元。最后，在每一个 Voronoi 单元中构建一个调和距离场函数来掏空该单元，从而实现整个模型类似于蜂窝结构的内部掏空效果。

受物体的中轴（Media axis）和骨架结构启发，山东大学的林路教授提出一种中轴树结构作为物体内部结构型式来达到节省材料并提高物体力学强度的目的。这种结构形式主要由三个组成部分：（1）中轴结构，它是整个结构的核心。（2）边界框架，它位于物体边界表面之下,由六边形组成。(3)一组组的连接杆件,将边界框架与中轴结构连接起来,形成一个完整的整体结构。

南京航空航天大学李教授则采用多孔结构(Porous Structure)来解决这一问题。他们首先根据力学分析的应力计算结果得到相应的密度分布情况,再按照这一密度分布结果通过 3D 打印方法来生成相应的多孔结构。

在自然界中一些生物结构的启示下,巴西的 Sa 等人提出的胞格结构(Cellular Structures)来保证结构的足够强度同时追求材料的节约。其中,面向 3D 打印需求,作者根据给定的模型信息,给出一种自适应生成胞格单元的算法来掏空模型内部空间,达到节省材料的目的,这种算法具有良好的参数化功能,可以根据需要来设定不同的参数满足不同的填充率要求。其中给出了 Bunny 模型用该算法所得到的结果。

二、面向强度的结构优化

3D 打印技术促进了产品个性化定制的普及与推广,使得每个人都可以设计 3D 几何模型,成为自己产品的设计师。他们由于缺乏一些设计经验与力学知识,会导致其设计结果因为结构问题不能正常打印或在 3D 打印后会存在一些结构强度问题。强度不足可能会使 3D 模型在打印、运输或日常使用过程中受到破坏。这种问题我们称其为强度分析问题。它的主要任务是识别 3D 模型中存在的强度或变形问题,并给出适当合理的弥补方案。

针对一些模型可能因为结构缺陷而不能打印的问题,Telea 和 Jalba 根据观察并从一些 3D 打印服务商处了解到这一问题的关键在于模型中的细长区域,基于这一分析,他们采用体素表示(Voxel-based Representation)方法来检测细长区域,给出了一个可自动分析模型可打印性的方案,但是他们没有给出修正这些细长区域的方法。

针对强度问题,Stava 等给出了一个自动检测并修正结构强度问题的系统方案,来创建一个新的 3D 模型,使其与原有模型保持尽可能相近的外形,同时提高其结构强度与整体性。该方案中,模型的结构强度问题通过一个轻量级的结构分析解算器来计算识别出。随后，根据所检测出的强度问题，其中给出三种方法对原模型进行修正：内部挖洞、局部加厚与加支撑。

Stava 等人的方案虽然有效地提高了模型的结构性能，避免了高强度应力区域的出现，但是该方案的最大局限在于：在结构强度检测时，系统需要先预设模型可能承受的外部荷载情况，并据此对模型显式地指定一种或几种捏握式外部荷载来进行结构强度计算。当然，同时还需考虑模型的重力荷载。显然，对很多模型来说，这种预设的荷载并不能很好地反映模型的真实荷载分布，因此其结构分析结果的真实性与可靠性也就不能很好保证了。

针对上面的问题，有专家给出了一个更好的方案，该方案在预测或检测模型结构强度问题时，与上述明确指定或设定模型的荷载情况方法不同的是，它去寻找一种最不利荷载情况（Worst-Case），并据此识别出模型上最易破坏之处或最大变形区域。

该方案的核心方法是模态分析（Modal Analysis）。在结构分析研究领域，当一个物体以不同频率振动时，这种振动会导致物体的一些脆弱部位产生高应力或大变形。模态分析就是用来预测结构在振动状态下可能发生的破坏或变形的一种经典方法。该方案的主要步骤如下：（1）计算输入模型的各阶模态。（2）对模型的每一阶模态，计算提取出相应的薄弱区域。（3）对每一个薄弱区域，通过求解一系列的优化问题，计算出其相应的最不利荷载分布；利用有限元方法计算在上述荷载分布作用下模型的应力，从而得到该薄弱区域的最大应力分布情况；综合以上每一阶模态下模型的最不利荷载分布与最大应力分布情况，确定最终结果。

同样针对强度问题，Umetani 和 Schmidt 则基于欧拉—伯努利假设，根据弯短平衡方程，给出了一种基于横截面的力学分析方法。这种方法认为 3D 模型的强度问题大多出现在细长特征区域，这类区域可近似看做欧拉—伯努利梁结构，因此，可采用欧拉-伯努利假设与相关梁结构应力计算方法来计算该区域的应力。与有限元力学计算不同的是，它无须网格削分，按照梁结构理论来计算梁表面的最大应力，既能保证一定的计算精度，同时还具有良好的计算效率。其中利用这种方法来优化 3D 打印模型的打印方向，从而提高打印模型的结构强度。

随着 3D 打印的普及，越来越多的个人用户会自己设计或修改 3D 模型。由于缺乏设计经验，最终设计的模型可能会存在结构缺陷。如何检测并修正这些结构缺陷，对于这些个人用户具高很大价值。Xie 等人就研究了这一问题，并给出了一个面向 3D 打印的模型编辑与分析系统。

该系统引入骨架工具来辅助模型形状编辑，同时结合骨架来对模型进行分区，通过模型分区来有效提高模型的有限元计算效率，使得系统有限元分析具有快速的反馈。之后，根据有限元计算结果检测出模型上的脆弱区域，以骨架为工具对这些脆弱区域进行优化加固，使其强度满足使用要求。

变形问题也常会导致 3D 打印模型不能正常工作，尤其是当 3D 打印材料采用具有弹性变形的材料时。这时因为这些对象的外形会在外力作用下发生弹性变形，这使得其最终外形总是与所设计的形状有一定差距。为避免这种形状差距的产生，传统的解决方法是采用迭代法如牛顿-拉普森法，即通过不断的设计，再对比实际结果与目标结果找出差距，最后根据实际与目标结果间的差距再修正设计，这样反复迭代最终完成设计。这样的设计过程既繁琐，效率又低。

针对上述问题，Chen 等人提出一种逆向弹性形状设计（Inverse Elastic Shape Design）的渐远数值方法。该方法在设计一开始时就考虑物体在受力后的弹性变形，并将这一变形结果再反作用于物体的初始形状，得到期望的设计形状。它根据材料特性得到材料的力学变形模型，在此基础上将对象的受力变形作为一个设计参数来考虑，进行弹性对象外形设计。其中，作者给出了一些计算实例，并与实际打印结果进行对比。

三、面向稳定性的结构优化

在生活中，物体平衡是指一种稳定的状态，当一个物体受到两个或两个以上的力作用时，各个力互相抵消，使物体成相对的静止状态。在 3D 虚拟环境下，3D 模型可以任意摆放位置与姿势，包括可摆出违反重力原则的造型，因为在虚拟世界中，3D 模型无须遵循真实世界中的物理规律。但是，如果把 3D 模型打印输出为实物时，那么这时物理规律就要发挥作用了；如果它在各种受力情况下，不能保持稳定状态，那么它就不能很好地摆放到所需的状态。

在这种情况下，你可能就需要把物体粘在很重的基座上，或对它进行反复修改，以便使模型能够很好地放置到所需姿势。这两种方法都比较麻烦，更好地方法是 Romain 等人给出的重心优化方法，即通过几何方法来优化模型的重心位置使其在给定姿势下达到平衡状态。

首先，其中给出两种平衡模式：稳定立在一个平面上的站立模式和悬挂在一根细绳上保持平衡的悬挂模式。对站立模式，模型与地面接触的所有接触点可构成一个支撑多边形，要使模型保持平衡必须使其重心投影落在支撑多边形内；对悬挂模式，保持平衡的关键在于使其重心通过细绳与物体相连的吊接点方可。

在此基础上，作者将 3D 输入模型视为一个实体模型，上述问题就可转化为通过一定方式改变这个体模型的重心使其达到合适的平衡状态。其中给出两种调整重心位置的方式：(1)掏空模型内部区域，使其产生内部空洞。(2)在尽可能保持模型外部形状特征的条件下使模型外表面变形。经过以上重心优化处理后模型，3D 打印为实物后，无须额外的支架或底座，模型也能很好地保持站立模型。

针对同样的平衡性问题，Christiansen 等人给出了一套相近的方法，他们通过两种方式来提高模型的平衡性；内部掏空和部件旋转。首先，他们通过内部掏空来使模型保持较好的平衡状态。当内部掏空方法不能使物体达到较好平衡时，他们再通过旋转部分对象来实现平衡。

陀螺、悠悠球等旋转玩具因为其在旋转时能保持一种漂亮的动态平衡，因此，它们在世界各地都非常受人欢迎。一般来说，陀螺都需要一个绕着其旋转轴完全对称的造型才能够稳定地长时间旋转。如果质量分布均匀的不对称物体，那么即使在其旋转轴上装上柄状轴让它旋转，它也会在极短的时间内失去平衡，停止旋转。这是由于质量均匀但造型不对称的物体无法保持稳定的惯性力矩。

针对此问题，Moritz 等人给出一种算法，能够让外形不是完全对称的玩具也能够像陀螺一样旋转。算法的核心思想是，稳定旋转的物体需要有稳定的惯性力矩，而惯性力矩取决于物体的整体体积，而不是物件表面的几何形状，可以通过改变物体的内部设计和质量分布来改变。

基于以上思想，Moritz 等人通过算法来分析对象的旋转情况，采用物体内部挖空、笼状变形（Cage-based Deformation）等方法修正内部质量分布以达到稳定的惯性力矩。同时，使质心也尽量保持在旋转轴的低位。另外，他们还使用了双密度优化的技术，通过多种密度材质的填充，达到不改变外形就能产生稳定旋转的效果。应用该算法，可以通过 3D 打印机生产独特造型的玩具陀螺或溜溜球，并维持稳定的旋转。

针对上述稳定性问题，Musialski 等人从偏置曲面（Offset Surfaces）角度出发，给出了一个更好、更通用的方法。其基本思想是将 3D 模型视为模型外表面曲面与内表面曲面之间的一个实体对象，内表面曲面是外表面根据不同厚度距离所产生的一个偏置曲面。

其中用 Manifold Harmonics 来计算，在给定模型外表面曲面条件下，根据一定的约束和目标函数来优化产生内表面，从而得到符合应用需求的模型结果。这一方法成功地将上述静态与动态稳定性问题纳入一个统一问题框架下，具有很好的推广应用价值。

四、支撑结构优化

由于 3D 打印采用截面逐层堆叠方式来构建物体，因此对于模型中的一些悬空部位来说，常见的熔融沉积型 FDM、光固化成型 SLA、数字光处理成型 DLP 和激光选区熔化 SLM 等类型 3D 打印机需要在这些部位下面添加支撑结构才能完成正常打印，等打印完毕后再去除支撑。由于支撑材料在去除后仍可能会在模型上留下一些印记，而且去除的过程也非常耗时，因此一般应通过模型修正、分割或优化打印方向等方法尽量避免使用支撑结构。

关于支撑生成问题，快速成型领域早已有学者对此进行研究。常见的方法根据处理对象可分为两种：一种方法是以 STL（Stereo Lithography）文件为输入，根据 STL 文件中 3D 模型面片的朝向和大小来生成支撑。也即，先找到 3D 模型中所有悬空的且与水平面夹角较小的面片，再对这些面片添加支撑。

这种支撑生成方法基于 STL 文件，因此它具有良好的通用性。但是，在生成支撑时它没有考虑各个快速成型系统之间的差异，也没有考虑所用材料性能的不同，同时所生成的支撑在后期切片时也可能增加多余的数据。针对这些问题，另一常见方法是直接以 3D 模型的切片数据（Slice Data）为输入，对两个相邻切片层作布尔差分运算，再根据所得的结果来确定所需要添加支撑的点。

一般而言，在设计模型的支撑结构时，首先，所设计的支撑要求有足够的强度，这样才能确保它自身及其所支撑的上部结构能正常打印；其次，支撑结构还应尽可能地少，不必要的支撑不仅会增加打印时间，消耗更多材料，而且会带来后处理的问题。当前大多数 3D 打印机自带软件所生成的支撑结构通常是垂直连接悬空部分到其下最接近的实体部分，因此这类支撑结构远非最优结构，其材料消耗尚有很大优化空间。

为了优化支撑结构，Strano 等人采用胞格结构为支撑结构型式，在优化打印方向的基础上给出了一种设计和优化这类结构型式支撑的方法。这种方法利用 3D 隐式函数来设计产生胞格型的支撑结构，同时所产生的支撑结构具有疏密变化。由于隐式函数的方法可以通过纯数学表达式来设计产生几何形状，因此该方法非常适合用来构建与设计支撑结构。通过这种方法，各种不同的胞格结构都能容易地构建与优化起来，尤其是它可以根据不同的支撑要求来产生出不同疏密变化的胞格型支撑结构。

Wang 等人则通过一个评价函数来检测出物体表面的悬空点，再在物体表面上寻找合适的基点通过离散的支撑柱型式杆状结构来连接悬空点和最近支撑点，实现支撑结构的优化。

　　陈岩等人给出了一种能设计出具有良好可打印性支撑结构的方法。该方法根据一个支撑能量函数在物体表面来寻找支撑点，并根据支撑点信息自动添加杆状支撑结构。同时，该方法还对支撑杆的具体结构进行了优化，以增强其稳定性，同时便于支撑杆在打印后易于从物体表面剥除。

　　Vanek 等人则提出了自动生成树状支撑结构的算法。该方法首先优化模型的方向，使得模型表面所需的支撑面积最小；之后，在需要支撑的支撑面上检测确定出支撑点；在此基础上，对这些支撑点采用渐进方式来构建支撑结构，渐进的目标是使支撑结构总长度为最小。最终生成的支撑结构类似于 Autodesk Meshmixer 软件所生成的树状支撑结构，它在材料和打印时间节约上有着很好的表现。

　　Dumas 等人给出了一种类似于脚手架型的支撑结构。作者从脚手架结构较树状结构具有更好的支撑强度和稳定性出发，首先根据悬空结构和稳定性要求搜索出待支撑点，再以梁与柱构件来生成脚手架型式的支撑，并对其进行优化，使其既具有最小支撑材料消耗又具有很好的支撑强度和稳定性。

　　在本节中，我们对 3D 打印中的结构优化研究从节省材料、强度、稳定性和支撑结构等四方面分别作了一个简单介绍。从这些研究中可看出，3D 打印从各方面为结构优化提供了广阔的施展空间，同时结构优化也有效地解决了 3D 打印中的一些重要问题，有力地促进了 3D 打印的更好推广与发展。

　　当然，目前研究中仍存在一些问题值得深入研究。首先，在节省材料方面，目前研究大多采用某种指定结构类式如刚架、蜂窝等结构来实现，其结构优化结果会受到所采用结构型式限制。从这个角度来看，材料节省和优化还有很大的提升空间，所以我们在后面会来研究这方面的工作。

　　其次，在强度分析方面，目前多采用有限元计算方法，由于 3D 模型单元数量众多，导致计算效率较低，同时在操作与使用上具有一定的难度。因此，我们在后面也会对这一问题做一些探索。

第三节　面向 3D 打印体积极小的拓扑优化

本节我们在简单介绍传统结构拓扑优化方法的基础上，从节省材料角度出发，采用渐进结构优化方法来考虑 3D 打印的结构优化问题。首先，我们给出问题的明确描述；其次，给出相应的问题求解算法；最后，我们给出了若干实验结果。这些实验结果说明了本节方法的有效性。

一、拓扑背景介绍

在前面，我们将 3D 打印中的几何计算主要分为结构优化、物体分割、机构设计和材料表面效果定制四类。从实用性角度来看，结构优化与物体分割两类较好，其中又以结构优化为最好。主要原因有如下两点：

（1）目前，3D 打印成本仍较高。虽然随着 3D 打印技术的成熟与普及，3D 打印设备及原材料价格已经大大降低，不过与传统制造技术相比，3D 打印成本仍然很高，这使得普通用户对 3D 打印还是望而却步。

（2）结构优化可以在同等打印条件下降低 3D 打印成本。3D 打印成本的降低，要考虑两方面，一方面，打印器材和打印材料成本价格的下调；另一方面，是对需打印产品的结构优化，使其能省材省时。因为，从用户角度来看，3D 打印的成本主要通过打印产品所需消耗的材料体积来计算。

因此，如何在满足物体强度等要求的前提下，优化模型拓扑结构来减小打印模型的实心部分体积，减少打印材料消耗，从而降低打印成本，对于 3D 打印的更好推广与应用，具有重要研究意义和价值。

针对上述体积优化问题，Wang 等人提出的一种基于"蒙皮刚架"（Skin-Frame）的轻质结构，使得这种结构体积最小，且打印模型能满足强度、稳定性及可打印性等要求。Lu 等人则采用蜂窝结构作为模型的内部结构型式，来保证模型的强度要求，同时能有效减少物体内部材料消耗。其他的结构型式还奋 Zhang 等人的中轴树（Media Axis Tree），Li 等人的多孔结构，Sa 等的胞格结构等。这些方法都是用某种指定结构型式如刚架、蜂窝等结构来承受模型对象的荷载受力计算，其结构优化结果会受到所采用结构型式限制，尚不能很好地实现结构几何形状与对象受力传递路线保持一致。

在结构优化领域，传统结构拓扑优化方法虽然其策略思想很简单，但一直发挥着重要作用。简单地说，其核心思想是按照一定的优化准则，把没有起到作用或者贡献率较低的材料单元从结构中依次删除，重复这个删除过程，直到结构达到稳定或拓扑最优为止。因此，从一定角度来说，在对象结构优化计算中，传统结构拓扑优化方法既没有指定结构形式的限制，又能保持优化结果与对象受力传递路线相一致，因此具有一定的优点。鉴于此原因，本节针对 3D 打印的拓扑优化问题，借鉴传统结构拓扑优化方法，来作一些初步探索，使模型的体积达到极小，从而实现降低打印成本的最终目标。

二、传统结构拓扑优化方法简介

一般而言，结构优化指考虑在给定的约束条件下，通过改变结构的设计变量，使结构达到某种性能最优的问题。与所高优化问题一样，结构优化问题也包括三个要素，即目标函数、设计约束和设计变量。其中，目标函数用来表征结构某种性能的优劣；设计变量是结构上可以优化、调整的一些结构参数；设计约束是对设计变量附加的一些限制条件。结构优化的目标，就是针对某个结构，寻找设计变量的最优值，使它们在满足给定设计约束的前提下，让目标函数达到最优值。

按照设计参数改变的不同，结构优化主要可分为尺寸优化、形状优化和拓扑优化。这三类优化分别对应于产品设计的三个阶段，即概念设计、初步设计和详细设计。

尺寸优化主要指在保持结构的拓扑和形状不变的情况下，寻求结构的尺寸参数优化来改善结构的性能，如调节梁柱的横截面尺寸、板壳的厚度等。它的设计变量表示较容易，求解方法也较为成熟。

形状优化指在维持结构拓扑关系不变的条件下，改变设计区域的形状或边界，来寻求结构最优的形状和边界，如优化节点的位置，优化结构的边界等。由于改变了结构的形状和边界，因此，如何描述边界及在优化过程中如何调整结构形状是它的难点。

拓扑优化则是在一个确定的设计域内，寻求结构的布局、拓扑连接关系、孔洞数量和位置等的最佳配置，使结构的某种性能指标达到最优。相对尺寸和形状优化来说，它允许在优化过程中修改结构的拓扑关系，具有更大的自由度。它能最大限度地优化结构，提高性能指标，但因为拓扑形式难以定量描述，同时存在无穷多潜在的拓扑可能性，使其也最具挑战性。

目前，国内外诸多学者对结构拓扑优化问题已经进行了大量研究，提出了许多不同的优化方法。这些优化方法按其基本思路来分，可以大致将它们分为三类：

（1）变密度法，如密度惩罚法（Solid Isotropic Material with Penalization，SIMP）。

（2）边界演化方法，如水平集方法（Level Set Method，LSM）等。

（3）进化方法，如渐进结构优化法（Evolution Structural Optimization，ESO）。

下面对这三类方法中代表方法作一个简单介绍：

（一）密度惩罚法

密度惩罚法由 Martin bendsee 在 1989 年提出，它的核心思想是引入一种在现实世界中并不存在的可变密度材料单元。同时，将这种材料单元的密度视为一个连续变量，其变化范围为[0，1]之间。在此基础上，采用这种可变密度变量为拓扑设计变量，构建该假定材料单元的密度与材料物理属性之间的函数关系，从而将结构的拓扑优化问题转为寻求材料密度的最优分布问题，然后应用优化准则法或数学规划法来求解。

密度惩罚法是当前应用最广泛，也是最为成功的结构拓扑优化方法之一。在密度惩罚法思想下，其所采用的优化准则求解方法由于设计变量种类少与数量少，同时具有程序实现简单，求解计算效率高等优点。因此，该方法成为了理论研究和实际应用的热点。密度惩罚法引入了可变的密度，因此优化结果中可能会出现工程中不存在的中间密度材料问题，不过这可以通过滤波方法解决。

在密度惩罚法中，目前运用较多的密度插值模型有 SIMP(Solid Isotropic Material with Penalization)和 RAMP(Rational Approximation of Material Properties)插值模型两种。从对密度变量的惩罚效果来看，SIMP 插值模型的惩罚效果比 RAMP 插值模型要好。SIMP 插值模型采用密度变量的事指数 p 对密度变量进行惩罚，使得在优化过程中材料的密度变量取值能尽可能地趋向于两端，即"0"或"1"。这样，可以使采用连续密度为优化变量的拓扑优化模型能很好地逼近原来密度为 0-1 离散变量的优化问题。

(二)渐进结构优化法

渐进结构优化法是在 1993 年由 Xie 和 Steve 共同提出。这种方法的核心思想很简单，即将设计区域内贡献小或者低敏的材料单元逐步删除，类似生物进化一样实现结构的优化过程。该方法可以依据现有的有限元分析软件来进行力学计算，然后采用数值迭代来实现优化算法，具有良好的通用性。经过近几十年的发展，ESO 方法较最初已有了很大的改进，许多学者深入研究了它，并取得了很多成果。特别是自双向渐进结构优化(Bi-directional Evolutionary Structural Optimization，DESO)方法被提出后，新的成果不断出现。它的优化准则从最开始的应力准则拓广到频率约束，同时并从二维情形推广到三维形状，收敛准则也出现多样化。

ESO 方法属于一种"硬杀"型(Hard-kill Method)的拓扑优化技术，随着大量"死"单元被"杀"掉，结构特性参数分析与计算的方程求解数量大大减少，因此，ESO 与其他方法相比，其优化效率较高，可以保证大规模结构(如数以万计以上的三维单元结构模型)优化计算的实现。但这种方法的理论基础还不太完备，在收敛性方面还有待理论证明与完善。不过许多实际案例已验证了渐进结构优化法在解决实际问题时，具有收敛速度快、计算效率高等优点，是一种很实用有效的优化方法。最近，针对拓扑优化中单元数量众多、优化计算量巨大等问题，Wu Jun 等人给出了一个基于

GPU 计算的多重网格方法（Multigrid method）求解系统来解决上述问题，并对 3D 打印中的一些优化问题作了研究。

（三）水平集方法

众所周知，水平集方法在界面追踪问题上有着非常好的表现。而一般来说，结构拓扑优化问题也可视为一种界面追踪问题。这是由于，事实上拓扑优化的结果依赖于结构区楬的内外边界。只要能跟踪结构区域内外边界的演化，就可实现结构拓扑优化的目标。因此，在水平集方法中，结构拓扑优化问题可以通过一个嵌入更高维尺度函数的边界移动与演化来表示。

水平集方法在 2000 年被 Sethian 和 Wiegmann 首先引入到结构拓扑优化领域中，它被用来进行等应力结构的设计，同时发展出一种具有较高的边界分辨率的刚性结构拓扑优化方法。2001 年，Osher 和 Santosa 也随后将水平集方法应用到拓扑优化问题中，并给出了一个优化设计算例，该算例优化了一个由两种不同密度材料组成的鼓膜。香港中文大学的 Wang 等人和 Allaire 等人发展了灵敏度分析技术，以此为基础来获得水平集运动速度场，使拓扑优化中的水平集方法得到了新的发展。

相比其他拓扑优化方法，水平集方法的独特优势是能够很好地处理材料边界的分裂和融合等拓扑变化。当然，水平集方法也存在一些不足。因为水平集方法的核心是 Hamilto-Jacobi 偏微分方程的求解，因此该方法计算量大，计算效率有待提高，同时还需要保证偏微分方程求解的收敛问题。

在拓扑优化方法中，水平集方法已被证明是一种很有效也很有前景的方法。目前，它还在不断发展之中。虽然它在求解拓扑优化问题时计算量还比较大，但是相对于传统拓扑优化方法而言，它能很好地处理孔洞等拓扑变化。因此，越来越多的研究者被其吸引，很多旨在提高通用性和计算效率的新成果和改进方法还在不断涌现。

三、问题描述

传统结构拓扑优化中，较为常见的问题就是给定结构对象的体积约束，寻求设计区域的优化使其在给定边界条件下应变能达到最小。通常，这一问题可以通过如下表达式来描述：

$$\min C = \frac{1}{2} f^T u,$$

$$\text{s. t. } V^* - \sum_{i=1}^{N} V_i r_i = 0,$$

$$x_i = 0 \text{ or } 1.$$

其中，f 为荷载向量，u 为位移向量，C 表示结构应变能，v 为给定的体积约束。以上问题描述在拓扑优化中被广泛使用。

对 3D 打印来说，上述问题模型要根据 3D 打印问题的特点做一些修改。主要有以下三点：

(1)3D 打印对象在结构优化时，主要是针对其内部来优化。在优化时，对象外表面应保持不变或变形控制在一定要求范围内。

(2)3D 打印优化目标应为体积极小，而不是给定的一定体积约束。在 3D 打印中，人们总是期望尽可能地节省材料，同时也能节约打印时间。

(3)JD 打印优化时通常还需要考虑其稳定性约束。这是由 3D 打印模型的使用要求决定的，最终 3D 打印模型必须能按照使用要求以某种指定的摆放状态稳定地放置或悬挂。

考虑到 3D 打印对象优化主要是对其内部进行优化，其外表面基本保持不变。同时，在 3D 打印时材料都苟一个最小打印厚度要求，不妨设为 t。因此，为便于优化分析，这里可将 3D 优化对象 S 分为两个部分：M，M_0。其中，M_0 部分为具有固定厚度 h 的 3D 对象外壳，其中，$h>t$，这部分对象只作为参数，不作为变量参与优化；M 部分为 S 去掉外壳 M。后的内部空间，这部分对象作为优化对象来进行拓扑优化。

因此，问题的一个优化目标即为寻求 M 的体积最小化：

$$\min \text{Vol}(M)$$

与传统拓扑优化相类似，问题的另一个优化目标为在给定体积约束下，寻求 M 结构应变能最小化：

$$\min C = 1/2\, f u$$

从有限元分析角度来看，上述优化对象 M 在网格剖分后必须满足力学平衡方程：

$$Ku = f$$

其中，K 为整体刚度方程，u 为位移向量，f 为荷载向量。

同时，在通常情况下，3D 打印物体要求能够很好地按给定姿势摆肢，因此，它需要满足一定的重心平衡条件，使其重心的投影 Oproj 始终落在其支撑多边形 H 内部，即

$$G_{proj} \in H$$

因此，由以上分析，面向 3D 打印体积极小的拓扑优化问题实质是一个多目标优化问题。

四、问题求解

如前所述，传统结构拓扑优化问题一般都是给定一定体积，通过各种算法优化计算使得刚度达到最大或柔度与应变能达到最小。如果同时优化体积与应变能，则使得问题会变得非常复杂。因此，为了求解上述问题，求解算法主要可分为两步：

（1）给定体积下，优化结构，使其应变能最小，同时计算结构单元中最大应力；

（2）优化体积，使体积逐渐减小，结构所有单元应力都会增大，相应最大应力也会随着增大。当体积减小到某个值时，结构内部的最大应力达到材料的容许应力值。这时的体积即为所求的极小体积。

整个优化过程如算法 1 所示。

Algorithm1 体积极小优化算法。

输入：

一个给定的三维网格 M；

输出：

体积极小优化后的三维实体对象 R：

①对 M 体素化；

②对 M 进行有限元计算，得到结构对象单元中最大应力 σ_{max}；

③当 $\sigma_{max} < [\sigma]$（容许应力），这时 M 的体积 Vol(M) 可以减小，

重复执行以下三步，直至 $\sigma_{max} = [\sigma]$，这时 Vol(M) 不能减小，得到极小体积值及其对应的三维实体对象 R；

④减小 Vol(M)，得到一个体积值 V_i；

⑤按上一步所得的体积值 V_i 对 M 进行拓扑优化；

⑥对 M 进行有限元计算，得到结构对象单元中最大应力 σ_{max}。

这里，我们采用 TetGen 方法用四面体单元来对 M 进行体素化剖分。

(一)体积进化与极小体确定

对 3D 打印来说，人们总是希望在给定材料与荷载条件下，能达到使模型打印所用材料最少，也即体积最小。这个体积最小值，事实上只能是一个局部极小值，很难实现理论上的最小值，一方面，是由于结构拓扑优化方法中目标函数是高度非线性函数，理论上不能找到全局最小的解，对此何函也给出了若干实例；另一方面，也是因为 3D 打印还需考虑最小打印厚度所造成的外壳表面体积。

体积极小值的计算，基于以下满应力法的假设：在结构布局和材料已定的情况下，使结构的每一单元至少在一组荷载的作用下承受容许应力，则此时结构重量最轻，体积最小。一个理想体积极小的结构，其结构的重要特征是各单元受力的满应力状态，也即大部分内部单元的应力都达到最大容许应力。

这里每个单元的应力取值，通常可以用该单元所有应力分量的某种平均来度量。对于 3D 打印来说，一般其所用材料都属各向同性材料。对各向同性材料，Von Mises 应力一直是最常用的度量准则之一。因此，这里也采用 Von Mises 应力 σ_M 作为各单元的应力度量：

$$\sigma_M = \sqrt{\frac{1}{2}\left[(\sigma_1 - \sigma_2)^2 + (\sigma_2 - \sigma_3)^2 + (\sigma_3 - \sigma_1)^2\right]}$$

式中，σ_1，σ_2，σ_3 为主应力。

为了求出这个体积极小值，可以借鉴渐进优化方法中的体积进化率系数，类似地设定一个体积进化率系数 ER 来让体积逐渐减小。在体积逐渐减小过程中，各单元的 Von Mises 应力 σ_M 会逐渐增大，直到 σ_M 增大到材料的容许应力 $[\sigma]$ 为止，体积达到一个极小值，体积进化过程结束。

具体算法描述如算法 2 所示：

Algorithm2 体积进化算法。

输入：

V_k，体积进化率系数 ER；

输出：

V_{k+1}

①计算出所有单元 Von Mises 应力值，并从中找出最大值 σ；

②当 $\sigma_{max} < [\sigma]$，执行下一步，否则算法停止；

③按一定的体积进化率系数 ER 减小体积：$V_{k+1} = V_k(1-ER)$。

事实上，容许应力 $[\sigma]$ 可以乘上一个安全比例系数 k，一般情况下 k 可取 0.950 按之前算法，根据所得的体积值比 V_k+1 对结构拓扑优化。

(二)给定体和、下的结构拓扑优化

对于给定体积下的结构拓扑优化问题，可以采用基于最小应变能的双向渐进优化方法 BESO 来解决。下面对 BESO 方法中的一些具体问题简单介绍下：

1. SIMP 材料插值模型

在结构拓扑优化中，密度模型常采用 SIMP 插值方法，也即采用材料密度变量的事指数 p 对中间密度进行惩罚，这里幂指数 p 通常取为 3.0。基于这一思想，材料单元的密度可表示为：

$$\varphi(x_i) = x_i^p, \ x_i \in [x_{min}, 1], \ i = 1, 2, 3, \cdots, n,$$

其中，X_i 代表各单元的相对密度，i 是单元编号。

假设材料为各向同性，同时设材料的泊松比为常量，与材料密度无关。于是，可得到惩罚后的密度与材料弹性模量之间的关系如下：

$$E(x_i) = E_{min} + \varphi(x_i)(E - E_{min})$$

$$= E_{\min} + \Delta E x_i^p,$$

其中，$\Delta E = E - E_{\min}$，$i = 1, 2, 3, \cdots, n$.

为了保证数值计算稳定性，通常取 $E_{\min} = E/1000$，且 $0 < E_{\min} \leqslant E(x_i) \leqslant E$。这里，$E(x_i)$ 是结构中单元 t 的弹性模量，E 为密度为"1"的单元弹性模量，$E_{\min}$ 为低强度单元的弹性模量。

由于 $E_{\min} << E$，故由式（3.9）可得到：

$$E(x_i) = E_{\min} + x_i^p(E - E_{\min}) = x_i^p E$$

设 k_o 为密度为"1"材料的单元刚度矩阵，相应的弹性模量为 E，同时 k_i 是密度惩罚后材料的单元刚度矩阵，其对应的弹性模量为 $E(x_i)$。在对应的弹性模量被提出后，二者应相等，即

$$\frac{k_i}{E(x_i)} = \frac{k_0}{E}$$

2. 敏度分析

下面推导目标函数也即应变能 C 的敏度。当删除单元 i 时，结构应变能的变化量 Δc 为：

$$\Delta C = \frac{1}{2} f^T \Delta u$$

其中，Δu 为节点位移向量的变化量。一般而言，在删除单元 i 前后，荷载 F 不会发生变化，因此由平衡方程可得 $(K + \Delta K)(u + \Delta u) = F$（$\Delta K$ 为删除单元 i 引起整体刚度矩阵的变化量），略去高阶小量 $\Delta K \Delta u$，结合前式，可得节点位移向量变化量 Δu：

$$\Delta u = -k^{-1} \Delta K u$$

结合平衡方程，可得到删除 i 引起的结构应变能的变化量 ΔC：

$$\Delta C = \frac{1}{2} f^T \Delta u = -\frac{1}{2} f^T K^{-1} \Delta K u$$

$$= -\frac{1}{2}(Ku)^T K^{-1} \Delta K u = -\frac{1}{2} u^T K K^{-1} \Delta K u$$

$$= -\frac{1}{2} u^T \Delta K u = \frac{1}{2} u_i^T K_i u_i$$

其中，u_i 为单元 i 的节点位移向量。于是，由上式可知，结构应变能的变化量 ΔC 可由单元 t 的应变能得到。因此，当各单元的

体积大小相等时，结构应变能对单元 i 的灵敏度 α_i 为：

当各单元的体积大小不相等时，结构应变能对单元 t 的灵敏度向可归一化为：

$$\alpha_i = \frac{1}{2} u_i^T K_i u_i$$

设 $\alpha_{\max}$ 是结构灵敏度最大值，RR_j 是删除率（初始删除率一般可取 1%）。在优化过程，当单元 i 的灵敏度向 $\alpha_i/\alpha_{\max} \leq RR_j$，则认为该单元对结构应变能的贡献较小，为无效或低效单元，应该予以删除。这样，逐步删除一些低效单元，直到结构达到预期体积或达到稳定状态。

3. 敏度过滤

渐进结构拓扑优化方法在优化过程中，可能会遇到常见的棋盘格（Checkerboard Patterns）现象。这种现象产生的原因在于，设计变量总在 0~1 之间保持着高频变化的不连续现象，而不能准确取值为 0 或 1。它的出现会使模型在实际制造中产生困难，因为很难将 0~1 之间的密度很好地通过实际材料表现出来。

为了消除棋盘格这种高频变化现象，通常采用的方法是滤波。其基本思想为，在计算单元 i 的敏度时，根据单元 i 周围单元的敏度来取单元 i 敏度的加权平均值。文章给出的敏度过滤方法如下：

（1）找出每个节点的所有邻接单元。

（2）对该节点所有邻接单元的灵敏度计算其加权平均值，将结果作为该节点的灵敏度值。

（3）找出每个单元的所有邻接节点。

（4）对该单元所高邻接节点的灵敏度计算其加权平均值，将结果作为该单元的灵敏度值。

通过这种滤波方法，灵敏度在各单元间实现了平滑过渡，高频现象得到削弱，棋盘格得到较好抑制。

4. 优化算法

具体算法描述如算法 3 所示。

Algorithm 3 给定体积下 ESO 优化算法。

输入：

M，M_0 的目标体积比；

输出：

优化后的 M；

（1）对 M 进行有限元计算；

（2）根据有限元计算结果，计算 M 各单元的应变能敏度数；

（3）对 M 的各单元敏度数进行敏度过滤计算；

（4）根据各单元的应变能敏度值与目标体积比，增、删单元并计算 M 的体积 V；

（5）重复上述四步，直至 $V=V_0$。

由于 3D 打印结构优化问题均为 3D 结构优化问题，与 2D 结构优化相比，其单元数量更多，计算更为复杂，计算量明显增加。同时，传统 ESO 方法在材料单元的增加、删除过程中，有限元网格固定不变。因此，如果只是简单采用传统渐进优化方法来解决的话，那么优化求解所需时间就过长，求解效率有些过低。

（三）多分辨率技术加速求解

为了提高求解效率，加速优化计算，这里采用多分辨率技术来提高优化计算效率。也即准备对象模型的不同级别细分模型，如 1~3 级细分模型，为一个 Hanging ball 模型的 3 级细分模型示意。之后，先在粗级别模型如 1 级模型上计算，得到一些优化结果后再将结果传递到细级别模型继续优化计算。

具体方法如下：

（1）首先在 M 的初始 1 级网格上进行优化计算。在优化计算循环中，模型体积不断减小，单元最大应力 σ_{max} 不断增大，计算 $\sigma_{max}[\sigma]=\beta$，并将 β 称为应力比；

（2）当 β 达到一定值时，优化计算转至更细级别网格上计算。同时，将上一级计算结果传递至细级别网格。

β 取值为 0~1，太小会导致过早细分计算，影响计算效率；太大会导致细分计算太晚，影响优化结果精确性。根据我们的计算分析，β 在 1 级网格时取 0.7，在 2 级网格时取 0.9 较为合适。

上述第 2 步中的计算结果传递，指的是将低分辨率网格单元的

0 或 1 值传递给细分后的网格单元。也即，当细分前的四面体密度值 x 为 1 时，细分后的 8 个四面体也继承相应的 1 值；当 $x = 0$ 时，同样处理。

需要指出的是，这里没有考虑直接对优化后剩下的部分模型进行细分，再继续优化计算。主要原因是，这种方法来细分优化计算时设计空间会随着优化计算逐步缩小，因此存在一定缺陷，即如果在粗网格上有些单元一旦被删除将不能恢复，所以如果发生"过删"，则结果将无法弥补。而本书的细分方式则没有这一问题。当在细级别网格上计算时，由于设计区域仍为模型原奇区域，优化计算会在高敏度区域添加单元，因此优化计算中增、删操作具有双向性。

考虑到中点细分方法具有细分规则简单、细分后四面体拓扑形状保持较好等优点，因此这里就采用中点细分方法来对四面体单元进行细分。在中点细分方法中，1 个四面体单元在细分 1 次后就会分裂为 8 个四面体。

五、实验结果

本章节优化计算由一个三维网格模型开始，对其抽壳分解为一个外壳和一个内部模型，并分别用 TetGen 方法将其四面体化；之后，对模型内部对象采用上述优化算法进行计算，将计算结果与外亮部分进行合并，得到一个整体的以四面体为体素的体素化模型。最后，基于 Marching Tetrahedron 方法计算提取等值面将体素化模型转为三维网格模型，以用于 3D 打印。

我们已在 banging ball、bunny、buddha head 等模型上测试了上述算法。测试电脑为 Windows 操作系统，CPU 为 Intel Core i5-3210M@2.5GHz，内存 4G。在具体优化算法中，本文采用由粗网格到细网格、由低分辨率到高分辨率的加速算法，对于提升拓扑优化计算效率有明显效果。采用逐步细分的加速算法，计算时间合计为 4433.3s，与直接优化所花的时间 19421.4s 相比，减少约 77%。

上述 hanging ball、bunny、buddha head 等模型若高度取

150mm，外壳厚度取 2mm，施加外力荷载为 20N。同时，我们采用 MakeBot Replicator2 打印机打印了一些测试模型。

体积比＝优化总体积/实心体积，体积单位为 $10^4 mm^3$。从上述优化结果来看，本书算法优化结果的体积比范围为 10%～19%，而其中对应范围为 8%～34%，其中为 25%～65%，由此可见本书算法优化能更可靠地找出受力传递路径上的单元，避免了其他不必要的受力单元。

本章针对 3D 打印节省材料的技术需求，结合传统结构拓扑优化中渐进结构优化方法，给出了一种面向 3D 打印体积极小的拓扑优化算法。需指出的是，这里的体积极小，并非指积全局最小，而是一个局部极小值。在具体优化计算，引入不同分辨率模型，采用由粗到细、由低到高的顺序来加速计算，有效地提高了优化计算效率。

虽然本章在优化计算中采用了多分辨率技术来加速计算，但 3D 结构优化计算量较大，随着单元数量的增多，优化求解时间明显变长，因此，下一步可以考虑结合 GPU 技术来进一步加速计算。同时，可以考虑采用等几何分析来优化计算，这时就可以直接在粗网格上计算，删去部分单元后，再对剩下的单元进行加细加密，继续优化计算，反复上述过程直至结束，实现真正意义上的多分辨率技术来优化计算，也即对同一模型的不同部分采用不同的细分层次来计算。

另外，本章的优化计算需要显式给定荷载，这对有些 3D 打印模型合适，而对另一些 3D 打印模型却并不合适。因此，将来也可考虑结合文中所给的最不利荷载计算方法阳，对 3D 模型施加荷载，使其受力更符合真实情况，从而使优化结果更好。

第四节　面向 3D 打印的骨架-截面
结构分析与优化

随着 3D 打印在各个领域的广泛应用，越来越多的个人用户也乐于设计并打印自己的模型。然而，由于有些用户缺乏结构设计的相关知识，设计的模型在打印后可能存在一些结构或强度缺陷。

本节给出一种交互式的方法，来帮助用户在设计模型的同时进行结构分析，以保证模型的结构强度。考虑到传统有限元方法昂贵的计算代价，本节采用了基于截面的结构分析方法。通过引入模型的骨架来辅助模型编辑、截面求交、荷载分析、强度计算和网格修正。对分析所得的模型薄弱区域，系统以骨儒为中心放缩相应区域以增强其强度。实验结果表明，本节方法具有良好的实用性和易用性。

一、3D 打印的骨架-截面结构分析背景

随着 3D 打印技术的快速发展，它已被证明是快速原型技术中最重要的一类技术。3D 打印可以非常容易地将数字模型打印输出为真实物体，这一过程既简单，又无须技能要求。同时，伴随 3D 打印技术的成熟，它也逐渐变得更加便宜，越来越多的廉价 3D 打印机和各种软件包让普通用户可以很方便地实现自己的设计并将其打印输出。

由于很多 3D 模型是由这些普通用户自己设计而成，而这些用户大多缺乏一些设计或制造经验，因此所设计的模型容易产生一些结构缺陷。这些缺陷会导致这些 3D 模型可能不能成功打印输出或在打印后模型结构较脆弱而在日常使用遭到破坏。也就是说，结构缺陷可能会使很多普通用户打印的模型与其所设计的模型相去甚远。因此，大多数 3D 模型的设计，特别是那些复杂的模型对象，需要从结构角度进行一些评估、调整和修复，以避免不能正常打印或。幸运的是，人们一直在研究与设计方法，以帮助模型能更好地按照设计结果打印出来。许多计算工具已经被开发出来，如强度分析、静态和动态稳定性分析等。

传统上，大多数结构分析方法常采用计算准确性较高的有限元方法(Finite Element Method)。然而，有限元方法比较耗费计算时间，因为它涉及网格生成和求解大型线性系统的过程。因此，对普通的设计而言，一般是先进行模型的外形设计，再用有限元方法进行结构分析来验证设计结果。这里，模型外形设计与有限元结构分

析是完全分开的两个过程。最近，部分专家通过分区方法来提高有限元计算效率，并将有限元计算与几何设计集成在一起，有效地提高了设计与分析的效率。但该方法需要网格生成和分区处理，这些影响了系统的易用性。模型应力计算的另一种方法是截面结构分析，这种计算方法过去主要用

在材料力学中，考虑到该方法的计算特点与以下三个方面的原因，我们认为在 3D 打印中使用它来计算结构应力：首先，大多数 3D 模型脆弱部分的结构特征都有些像细管状结构。因此，我们可以假设，这些结构类似梁状结构。其次，3D 打印模型大多会承受弯曲外力，同时弯曲外力引起的应力比轴向外力大得多。这符合截面结构分析的荷载特征。最后，截面结构分析计算具有一定的精度，这一精度已满足 3D 打印的精度需求。同时，其实从本质上来看，无论是截面结构分析还是有限元方法，两者都是一种计算结构应力的近似方法。

在本节中，我们提出一个基于骨架的截面结构分析系统，来帮助用户设计形状同时检测结构缺陷。通过我们的系统，用户可以交互地轻松地编辑模型的形状，与此同时，还可以快速地检测出结构可能存在的缺陷问题。根据检测到的结构缺陷，系统可以自动修正该结构薄弱区域。系统引入骨架来进行形状编辑与结构分析，同时完成结构缺陷修正。与基于有限元的系统相比，我们的系统不需要网格生成或添加边界条件，使用更加简单。同时，我们的系统计算速度更快。因此，我们的系统具有更好的易用性和实时性。总结来说，系统具有如下特点：

（1）我们将骨架工具引入截面结构分析方法，通过骨架来驱动模型外形设计，同时，利用骨架来引导截面结构分析。因此，通过骨架将外形设计和结构分析很好地集成在一起。

（2）我们给出一种基于骨架的脆弱区域直接修正方法。该方法针对于每一个结构脆弱区域，根据应力计算结果来计算结构区域的放缩因子，然后通过缩放相应的结构区域来修正使其变为安全区域。

二、相关工作

(一)3D 打印中的结构分析

为了消除 3D 模型的结构缺陷,许多研究者都将目光投向了结构分析,来寻求解决方案。针对 3D 打印模型可能存在的结构问题,Telea 和 Jalba 提出一种方法来找到结构薄弱区域,然后给出一组几何规则来评估模型的可打印性能。Stava 等人给出了一个系统来检测结构问题,并通过掏空、加厚和增加支撑等三种方式来加固结构薄弱部位。Zhou 等人给出了一个快速的方法来检测出模型的最不利荷载分布,并据此找出模型的脆弱区域。Umetani 等人提出了一种截面结构分析方法,以优化 3D 模型的打印方向,以增强打印模型的结构强度。专家将骨架引入到模型编辑中,同时通过分区方法来加速有限元计算,并将模型编辑与有限元计算集成在一起。

本节与一些专家不同的是,本节没有采用有限元,而是采用骨架截面分析方法来计算结构应力。另外,我们从 3D 打印常用的应用场景出发,考虑了 3D 模型最可能的不利荷载。然后,根据应力计算结果,我们给出一个直接修正方法来加强模型脆弱部位。

(二)3D 打印中的机构设计

3D 打印不仅可以制作非常复杂的模型,而且还能制作出传统制造方式难以完成的复杂机构模型。因此最近几年,越来越多的机构设计出现在 3D 打印的工作中。由于本节工作引入了骨架工具,因此当前机构设计这一领域的研究,与本节工作紧密相关的主要是关节机构设计。

从动画角度出发,很多研究者考虑用 3D 打印来制作一些带活动关节的打印模型。这些模型因为带有活动关节,所以具有不同姿态,同时无须手工组装。这一问题既有一定的意义,同时又具有一定的难度。原因在于,它需要考虑关节位置的确定、模型不同部位的碰撞检测以及关节与其他部位的拼接等。

针对这一问题,Jacques 等人和 Moritz 等人作了一些尝试。两者的方法整体上比较相似,都是先根据一些约束条件将模型拆分为不同组成部分,再通过合适的关节将各个组成部分拼接形成一个整体关节机构。在具体分割方法上，Jacques 等人将模型导入 Maya 中，利用 Maya 强大的骨架工具为模型创建骨架，再通过骨架来完成模型的关节点设置，实现模型分割。Moritz 等人则在分析模型蒙皮权重和连接关系的基础上，将模型粗分为不同部分，再结合中轴变换优化物体的分割，确定关节点位直。

在他们两组的工作中，骨架主要是用来分割模型。而在我们的工作中，骨架主要是用来模型编辑和引导结构分析。

（三）骨架提取

骨架是 3D 对象的几何和拓扑信息简化表示的一个有力工具，同时，它也是形状分析和控制的重要工具，在如角色动画和变形等任务中发挥着重要作用。因此，如何提取一个模型的骨架吸引了很多研究者的关注，被视为是计算机图形学中的一个重要问题。然而，简单且可靠的骨架提取方法仍是一个极具挑战性的工作，目前还有待深入研究。

目前，骨架提取方法可以根据目标对象可分为两大类：网格或点云骨架提取。网格骨架提取方法需要考虑网格连接关系，典型方法有基于网格曲率流（Mesh Curvature Flow）的表面缩减法，基于连接图和表面聚类的方法（Coupled Graph Contraction and Surface Clustering），中心测地钱法（Medial Geodesic Function），Reeb 图构建法（Reeb Graph Construction）以及基于分割的方法（Mesh Decomposition）。

随着 3D 扫描技术的推广与点云模型的应用普及，基于点云模型的骨架提取工作也越来越多。代表性的方法有模型变形演化方法（Deformable Model Evolution），基于扩展拉普拉斯的方法（Extended Laplacian-based Contraction），树结构方法（Tree Data），旋转对称轴法（Generalized Rotational Sym-metry Axis）以及 Reeb 图构建法（Reeb Graph Construction）。

上面所提的骨架均为曲线骨架（Curve-skeleton）。与其紧密相关的另一类骨架是直线骨架（Bone-skeleton，简称骨架），它是由一段段骨骼通过节点连接而成。这种骨架很容易地通过粗采样（Down-sampling）从曲线骨架获得。在本节中，我们将使用直线骨架来实现我们的目标，它可以基于三维建模或动画软件如 Maya 等来手动构建，也可以从模型中提取曲线骨架，再对曲线骨架进行粗采样来生成。

三、系统流程

我们系统的目标：在骨架工具的辅助下，结合截面结构分析方法，实现在模型编辑的同时进行模型力学分析，检测出模型的强度问题并对其优化修正。系统以三维网格模型为输入。

（一）骨架构建与蒙皮绑定

如上所述，系统所用骨架可以从曲线骨架来获得，也可以通过 Maya 等三维软件来手动构建。在构建骨架时，我们应将骨架的根关节设置在模型的重心附近，同时每段骨骼的方向最好能尽可能地反映附近区域的中轴方向，因为我们将在后续过程以骨骼方向为参考来构建截面。

为了能为网格提供方便的编辑功能，我们直接采用 Maya 的直接绑定方法或 Pinocchio 系统来将网格绑走到所创建的骨架上。蒙皮绑定后，网格模型与骨架之间就建立了对应联系，骨架就成为了网格变形的工具。

（二）形状编辑

在蒙皮绑定后，网格就依附到骨架上了。修改骨架，就可以驱动网格变形，这样我们就可以通过调整骨架形状，来修改网格形状。也就是说，网格上所有区域都可以按照用户的设想来通过修改对应的骨架来实现变形和形状调整。

（三）截面结构分析

在网格编辑通过骨架驱动来完成后，我们采用截面结构分析方法来检测结构上可能存在强度不足问题。针对模型的每一个截面，我们的系统从最不利角度考虑了截面可能承受的荷载，并据此来计算模型截面的应力分布。根据分析结果，可以让用户能更好地编辑模型以避免模型上出现一些结构缺陷问题。

（四）模型局部修正

从 3D 打印材料出发，我们假定，如果模型上出现的应力大于打印材料的设计应力阈值，那么模型将会断裂破坏。因此，根据截面结构分析结果，如果结构上出现了过大的应力，那么系统将会对相应的部位进行修正，以降低应力值，使其回到材料应力的允许范围内。

四、骨架截面结构分析

(一)预备知识

我们采用各向同性线弹性材料模型和线弹性力学方法来对模型力学行为进行建模与应力分析。在这些模型下，应力大小与应变成正比。

其中，σ 和 ε 分别为模型上某点的应力和应变，E 是打印材料的弹性模量，是描述材料弹性的一个物理常数。

在 3D 打印中，对于大多数的薄弱结构对象来说，它们的外形均有些类似于细管状。因此，有理由假设这些细管状结构力学性能与梁状构件相近。在此基础上，我们采用欧拉伯努利梁假设为系统截面结构分析的理论基础。这一假设是在工程领域被广泛采用，基于它的力学计算精度随着结构和弯矩臂的变长而增加。根据这一假设，结构上的应变可以表示为：

$$\varepsilon = \frac{B'B}{AB} = \frac{y\mathrm{d}\theta}{AB} = \frac{y}{\rho}$$

这里，AB 表示观察单元的原始长度，B′B 是 AB 变形的增量长度，y 是结构上某点 A 到中性轴 O_1O_2 的距离，θ 是两个观察截面之间的夹角，ρ 是当前截面所在中性轴的曲率半径，如图 5-2 所示。

对 3D 打印对象来说，其所受的荷载可能是弯矩或轴力。一般而言，与轴力相比，弯矩会产生更大的应力。因此，我们可以把弯矩作为 3D 打印对象所受的主要荷载。基于这个假设，根据力矩平衡，可以得到平衡方程：

$$\int_A \sigma_x y \mathrm{d}A = M$$

这里 σ_x 是 x 方向的正应力，A 是截面面积，M 是弯矩。根据公式我们可得：

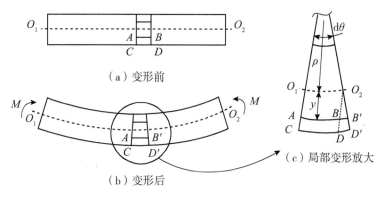

（a）变形前

（b）变形后

（c）局部变形放大

图 5-2　梁的变形

$$\sigma_x = E\,\frac{y}{\rho}$$

将公式中的 σ_x 代入公式，可得：

$$M = \int_A \sigma_x y\,\mathrm{d}A = \frac{E}{\rho}\int_A y^2\,\mathrm{d}A = \frac{EI_z}{\rho}$$

（二）截面抗弯模量

结构是否安全取决于结构截面上的最大应力是否在材料允许应力阈值内。在结构上给定一个 z 方向上的弯矩外力 M_z，我们可计算得到截面最大应力：

$$\sigma_{\max} = \frac{M_z y_{\max}}{I_z} = \frac{M_z}{W_z}$$

其中，$y_{\max}$ 表示截面上沿 y 方向距中性轴最远距离，w_z 称为截面抗弯模量，用来表示截面抵抗弯矩变形的能力。它与截面的几何形状有关，可按下式计算：

$$W_z = \frac{I_z}{y_{\max}}$$

对 3D 打印对象来说，弯矩外力可在所有可能的方向上施加。对同一截面而言，不同方向上的截面抗弯模量一般都会不一样，其中必定存在一个最小值。因此，对所有可能方向的弯矩，若考虑它们的弯矩值大小一样，则当截面抗弯模量为最小时，截面应力为最大。因此，我们就取这个最小的截面抗弯模量为该截面的抗弯模量。

需要指出的是，本方法也适用于扁平状细长结构的结构计算。根据公式可知，截面某个方向的抗弯模量和该方向的 Ymax 值成反比，和该方向上的惯性矩成正比。对扁平状物体而言，在扁平方向上，虽然 Ymax 值较其他方向要小，但是该方向上的截面惯性矩较其他方向要小，这样会使得最终在扁平方向上其截面抗弯模量也是最小。即在扁平方向上，截面应力会最大。在实际情形中也是这样，扁平状物体在扁平方向最为脆弱，而在其垂直方向的强度较好。

（三）截面生成

系统中的截面由模型的骨髓来引导生成。在具体生成时，可以在骨髓上选取一点为中心，以骨锵的方向为截面的法向，对模型网格作截平面，即可得到一个截面。然后沿着该段骨髓以固定距离或固定数量依次生成其他截面。这里我们采用固定数量 $h = 8$。一般而言，截面的截交线均为一段。在某些部位如腿部等作截平面时，可能会产生多段截交线，这时选取截交线的中心距该段骨醋中心点最近的那条截交线即可。

在骨架关节处时，截面生成情形需要注意，因为一个关节点可能会连接两段或更多段骨骼。这种情形可分为三种情况来处理：首先，如果关节是梢节点时，则其方向可与骨骼方向取为一致。其次，如果关节是两段骨骼的连接点，则该关节的方向可取为这两段骨髓方向的平均值。最后，如果关节是多段骨骼的连接点，则可从这多段骨骼中每次选出两段骨骼，以两段骨骼的平均方向为关节方向来构建截面，直至遍历所有骨骼。

（四）荷载添加

对一个 3D 打印物体来说，若想将其承受的所有可能荷载情形都能考虑完全而不遗漏，是很难的，也是不必要的。一般而言，我们只需要考虑最不利荷载情形即可，因此这里也只需对每一个截面考虑其最不利荷载就行了。

对大多数 3D 打印对象，从它们的几何尺度来说，人们常常习惯握住物体的主干部分而对物体的一些分支结构施加外力。从物体骨架角度来看，这种习惯方式相当于将物体骨架的根节点固定住，将外力施加在物体骨架分支上。在这样的条件设定下，每一个骨架分支的最不利荷载必定是施加在这一分支上距根节点最远的梢节点上。因为，同样大小的外，其力臂越长，产生的弯矩就越大。由此可知，对骨架上每一个截面的最不利荷载也是如此。也就是说，每一个截面的最不利荷载施力点必是其所在分支上的最远梢节点。如果对应有多条分支的话，那么我们就在这多条分支中进行比较，找出最远的梢节点，作为最不利荷载的施力点。

根据上述分析，对每一个截面我们都可以从其当前位置开始沿着从根节点到最远梢节点方向找到最不利荷载施力点，因此可以计算得到每一个截面的最不利弯矩荷载大小。同时，为了方便下一步计算，可以将所有截面的最不利弯矩荷载值排序，找到其中最大值，记为 $M_{g_{max}}$。

(五)安全截面及某抗弯截面模量

对 3D 打印材料来说，它一般都会布一个允许应力阈值。如果模型上产生的应力高于这个阈值间，那么材料就会发生破坏。因此，若一个截面上的最大应力 σ_{max} 大于 $[\sigma]$，那么我们就认为这个截面是危险截面；反之，它就是安全的。

根据公式，若要保证截面是安全的，须满足如下条件：

$$\sigma_{max} = \frac{M_z}{W_z} < |\sigma|$$

这意味着，如果截面的抗弯模量满足式，则该截面就是安全的。由上一节可知，对一个给定的 3D 模型来说，我们可以计算出所有截面最不利荷载中的最大值 $M_{g_{max}}$。因此，我们可按下式得到一个安全截面抗弯模量 W_k：

$$W_k = \frac{M_{g_{max}}}{[\sigma]}$$

对模型上的每一个截面，如果该截面的截面抗弯模量 W_z 大于上述 W_k 的话，则显然它是安全的。因为根据公式，可得截面应力必然小于应力阈值$[\sigma]$。因此，只要截面的截面抗弯模量W_z大于W_k时，该截面就可直接断定是安全的，而无须再行应力计算，这样会避免一些不必要的应力计算。据此，对具体某个3D模型，我们将所得的W_k称为该模型的安全截面抗弯模量。

由公式可知，W_k与$M_{g\max}$成正比，而后者常与具体模型与所施加外力大小有关。也就是说，模型所施加的外力越大，则W_k就越大。以舵鸟模型为例，当外力为20N时，蛇鸟背上有一些截面的截面抗弯模量大于W_k，我们用灰色表示出这些区域。当外力增至3SN时，原W_k也随之变大为W_k'，这时原有一些大于W_k的截面不再大于W_k'，因此灰色区域就消失了。

（六）算法

基于以上分析，我们可以得到截面应力计算的算法，如算法所示。

Algorithm 4 截面应力计算。

输入：

模型M，骨架，荷载F；

输出：

每个截面的最大应力$\sigma_{\max}$；

（1）根据荷载F与模型骨架，按方法计算$M_{g\max}$，再根据公式计算给定模型的安全抗弯截面模量W_k；

（2）以骨架为引导，沿骨架的每一条骨骼按一定间隔构建截面；

（3）对每一个截面S_i，按如下步骤计算其最大应力；

（4）计算该截面的抗弯截面模量W_i；

（5）if $W_i > W_k$　then

（6）该截面是安全的，无须应力计算，返回第（3）步转至下一条截面应力计算；

（7）end if

（8）按前面所述方法计算截面的最不利弯矩荷载W_i；

$$M_i = F \times d$$

其中，d是当前截面到其最不利荷载施力点的距离；

（9）按公式计算该截面的最大应力 σ_{max}。

根据截面应力计算结果，如果截面的应力 $\sigma_{max} > [\sigma]$，则该截面是脆弱截面，容易受到破坏。对这些脆弱截面，我们需要对其进行加固，以保证正常的打印与使用要求。

五、模型局部优化

在我们的系统中，评价一个网格模型安全与否，关键在于是否有脆弱截面存在。也就是说，如果一个网格中有脆弱截面，则这个网格的结构上就有缺陷，需要修正。而网格修正的目标则是将所有脆弱截面通过局部修正的方法变为安全截面。但是，这里我们不能以某个脆弱截面为对象来修正它。因为这样，一方面，会导致危险区域转移到附近其他截面；另一方面，也会使局部形状变化太大而不能与原有形状保持一定程度的一致。

考虑到本系统中骨髓都有对应绑定的区域，我们采用这些区域为修正对象。其实，每个截面都与某个区域相联系。一个区域都包含若干条截面，同时多个脆弱截面常位于同一个区域上。因此，采用区域为修正对象是一个很好的选择。这样，当修正一个区域时，既能较好地保持局部外形，又能修正多条脆弱截面，具有更好的修正效率。

在具体修正时，我们每次都挑出含有最脆弱截面的区域来进行修正，直到所有截面变为安全为止。在具体操作中，首先，我们根据应力计算结果搜索找出最脆弱的截面；其次，根据该截面确定出其相联系的区域；最后，我们按一定的修正系数放大这个区域增强其结构强度，从而使该截面转为安全。

（一）修正系数计算

系统修正脆弱区域的目的是为了消除脆弱截面。根据这一目的，我们可以确定脆弱区域的修正系数。设 t 为截面的长度，则对公式进行量纲分析可知，一个截面的惯性矩 I 与 t^4 相关，即：

$$I \propto t^4$$

因此，根据式（4.7）可以推出应力 σ 与截面长度 t 的关系：

$$\sigma = \frac{C_b}{t^3}$$

这里，C_b 是一个独立于 t 的常量。

根据公式，我们可以计算出当截面应力 σ 达到应力阈值 $[\sigma]$ 时，该截面长度 t_d：

$$t_d = \sqrt[3]{\frac{C_b}{[\sigma]}}$$

也即，当截面长度 $t = t_d$ 时，截面强度达到临界值。如果 $t < t_d$，则截面变为危险截面；反之，就是安全截面。

根据以上分析，我们可以得到脆弱截面的修正系数 s 如下：

$$s = \frac{t_d}{t_m} = \frac{\sqrt[3]{\dfrac{C_b}{[\sigma]}}}{\sqrt[3]{\dfrac{C_b}{\sigma_{max}}}} = \sqrt[3]{\frac{\sigma_{max}}{[\sigma]}}$$

这里，σ 和 t_m 分别为修正前当前截面的最大应力和长度。

(二)局部修正算法

为便于算法描述，我们用 S_w 来表示脆弱截面的集合．在模型的局部修正过程中，系统将动态地维护这个脆弱截面集合。在每一次修正过程中，如果 S_w 中的一个脆弱截面被变为安全截面，则该截面将从 S_w 中剔除出去。当算法结束时，S_w 应为空集，也即网格模型上所有脆弱截面均已转为安全截面了。

Algorithm 5 局部修正算法。

输入：

　　模型的截面应力 σ_{max}，打印材料的 $[\sigma]$；

输出：

　　修正后的模型；

(1)初始化 S_w，并将所有脆弱截面放入 S_w 中；

(2)当 S_w 不为空时，执行以下步骤，否则算法结束；

(3)对 S_w 的脆弱截面将它们按截面应力大小进行排序；

(4)从 S_w 弹出最脆弱截面即应力最大的截面，设为 S_o，其截面

最大应力为 σ_{max}；

　　(5)根据截面 S_o 位置，找到与其相关联的区域，设为 D_o；

　　(6)根据公式计算区域 D_o 的修正系数，并按此系数驱动骨骼对该区域进行放大修正；

　　(7)重新对模型进行应力计算，再根据应力计算结果更新 S_w。
具体修正算法如算法所示。

　　在上述算法中，算法第(7)步的应力计算中，一些区域如果没奋包含脆弱截面，则无须重新应力计算，我们可以称这些区域为安全区域。这些安全区域可以提前剔除掉从而可以加速应力计算过程，提高算法效率。这一加速操作可以通过构建并维护一个安全区域集合来实现。

六、实验结果

　　我们的系统在 Maya 中以插件形式(Plug-in)实现，这样可以充分利用 Maya 软件强大的骨架、变形和显示等功能。我们采用MayaC++应用程序接口(Applicati on Programmer Interface，API)来开发本插件，因为它与 Maya Embedded Language(MEL)和 Maya Python(MP) API 这两种 API 相比，能提供更好的运行效率。

　　我们在 CPU 为 Intel i5-3210M 2.5GHz、内存为 8GB 的 Windows 电脑上用我们的系统测试了一些 3D 模型，并将这些模型用 PLA(Polylactic Acid)材料在 FDM(Fused Deposition Modeling)类型的 3D 打印机上打印输出。这里的 FDM 打印机我们采用的是 MakerBot Replicator 2，它的最大可打印尺寸是 285mm×153mm×155mm。除弓箭模型外，所有测试模型的打印高度均为 120mm。弓箭模型因为形状原因，采用了打印长度为 l50mm。同时，在我们的系统中，材料的允许应力阈值 $[\sigma]$ 取 60MPa，杨氏模量 E 取 2300MPa。

　　系统在初始弓箭网格模型的两端施加同样大小的拉力 F($F =$ 4N)后，对其力学计算。力学计算结果显示，这时该弓箭模型的两端因为应力过大，超过了材料应力阈值而变为脆弱区域。我们的系统检测出这两端的脆弱区域后，根据系统的修正算法对脆弱区域进行修正，也即对这两部分区域放大了 1.248 倍。对修正后的弓箭模型再进行力学计算，结果显示所有区域均为安全。我们再将初始弓箭模型和修正后的模型分别打印，并对打印后的两个模型在两端施加拉力进行测试。对初始网格打印的弓箭对象，当外力 $F = 3.6$N 时，它已发生严重变形，不能正常工作了，而对由修正后网格打印的弓箭对象，当外力 $F = 4$N 时它的变形仍在正常范围内，工作状态良好。

另一个是驼鸟模型的实验，该模型的边界条件设为固定住驼鸟模型的一只腿，而在另一腿上加拉力。考虑到模型的对称性，这一边界条件等价于，将驼鸟模型骨架的根节点固定后在一只腿上加拉力。当拉力 F 为 20N 时，力学分析结果显示模型的腿部区域应力超过应力阈值，成为危险区域。根据这一结果，系统对原网格模型的腿部区域进行加固，得到修正后的网格模型。之后，同样的拉力下对修正后的网格进行力学计算，结果显示腿部区域工作正常。同样，我们将修正前后的驼鸟模型进行打印输出测试。当拉力 F 均为 20N 时，原网格打印的模型腿部区域受到破坏，而修正后网格打印的模型则能承受此拉力。这一实验较好地验证了分析结果。另两个实验，一个是恐龙模型，另一个是小狗模型，不再详述。其中，σ_{max} 是网格模型修正前的最大应力。从表中可看出，系统算法的运行时间与模型网格大小、骨架节点数有关。同时，系统可在数秒内完成力学计算和模型局部修正，具布良好的运行效率。

为了与文章对比，我们专门测试了该文中也用到的恐龙模型，我们可以总结得出我们系统的优势有如下三点：

(1)我们的系统运行速度快，效率高。除去网格生成和边界条件设置外，恐龙模型的分析和优化过程在文章中需要约 25 秒。而同样的工作，我们的系统只需要约 12 秒。

(2)我们的系统更加简单与容易。文章中系统的输入是四面体网格，它需要通过网格生成得到。同时，该系统还需要对四面体网格进行分区，这些分区根据其依赖骨骼的数量分为两类：一类区域只依赖于一个骨骼，另一类区域依赖于多个骨骼。再将分区后的所有区域绑定到模型骨架上。然后，该系统通过有限元计算检测出强度不足的区域，并对这区域进行修正。而我们的系统直接以网格模型为系统输入，同时，可直接利用现有的蒙皮绑定方法，因此可以避免了上述很多工作，使得我们的系统更易于使用。

（3）我们的系统通过 Maya 插件形式来实现，因此它具有良好的移植性，同时，还可以充分利用 Maya 强大的建模和编辑功能，为用户提供更多的方便。

在本节中，我们给出了一个能编辑模型形状、检测模型结构问题并对其修正的自动实用系统。我们的系统号入骨架来辅助模型编辑，同时骨架也可用来号导截面结构分析，从而检测出结构缺陷问题。之后，提出一个局部修正算法来以较小的变形代价解决结构缺陷问题。最后，本节给出了一些模型分析与打印实验，实验结果显示本系统具有较好的应用价值。

我们的系统目前也还存在一些不足。首先，系统的应力计算精确程度不够高。一方面，是由于采用了截面结构分析方法所导致；另一方面，是系统边界条件只考虑了最可能的不利荷载情况。因此，我们可以通过允许对系统设置不同边界条件来改善这一问题。其次，系统的截面是由骨架引导生成，因此不同的骨架对截面的生成有一些影响，从而导致分析结果的一些差别。这一问题可以引入文章中提到的虚拟截面方法，来减小所生成的截面受骨架的影响，提高结构分析结果的一致性。最后，本方法受骨架限制，对于有些类型的模型(如复杂箱体类零件模型)可能并不合适，这些模型可以通过有限元等方法来分析计算。

第五节　3D 打印结构优化展望

本章我们将对所研究的内容作一个简单总结，并结合所做的工作与相关领域的发展，对未来工作提出几点展望。

传统的产品设计和制造过程通常是独立分开的，一般是先设计再制造，而且由不同的人来掌控。产品设计通常由设计师来负责，而制造则由专门的制造技术专家或工人来负责。其中，产品设计一般通过计算机辅助设计软件在数字世界中完成，而制造则由一些具有一定制造技能的技术人员通过各种加工工具在物理世界中实现。

在这种情形下，数字世界与物理世界之间界限清晰，鸿沟明显。

3D 打印是"第三次工业革命"的前沿代表技术，它通过逐层打印、层层堆积的方式，将给定的数字化模型打印输出为物理世界中的产品。3D 打印有力地沟通了数字世界与物理世界之间的联系，同时，也使得设计师和制造技术人员之间的鸿沟不再不可逾越。它可以有效地将设计师从产品制造工艺的束缚中解放出来，更加专注于产品本身的设计。当前，我国正在大力推进"中国制造"向"中国智造"的转变，3D 打印的上述特点将给我国传统制造业带来变革性影响，会有力地推动我国制造业转型升级。

虽然 3D 打印能很方便地将虚拟的数字化模型变为真实的工业产品，但是它对材料的要求较高。因此，与传统制造技术相比，它的材料成本还较高。如何节省材料来降低 3D 打印的成本，对于促进 3D 打印的发展和应用，具有重要意义。我们在第二节对现有结构优化研究作了一些初步介绍，并着重分析了面向节省材料的结构优化方法。从中可看出，目前 3D 打印模型结构优化大多采用某种指定结构型式如刚架、蜂窝、中轴树、多孔和胞格等结构来实现，其结构优化结果会受到所采用结构型式限制，尚不能很好地实现几何形状与对象受力传递路径保持一致。从这个角度来看，材料节约和优化尚有很大的改进空间。

针对上述问题，我们借鉴传统渐进结构优化方法，在第三节给出一种面向 3D 打印体积极小的拓扑优化算法。该算法通过模型力学计算所得的最大 Von Mises 应力与材料允许应力之比来引导模型体积减小进化，直至最大应力达到允许应力值为止。同时，引入多分辨率技术，由粗网格再到细网格进行优化计算，有效地提高了计算效率。与现有其他给定结构模式的方法相比，该优化结果能更好地体现模型荷载受力的传递路径。

3D 打印虽然名为"打印"，实为"制造"，它在设计师的创意基础上，更能实现"创造"，因为它能自由成型，同时极大地降低了整个制造过程对人的制造技能要求。3D 打印时代，人人都能成为设计师，并能将自己的设计付诸打印成型。但这也会导致其中再很多人因为缺乏设计知识或经验而设计出很多有结构缺陷的产品。如何能检测出模型设计中所存在的结构问题，并对其进行修正，是"全民设计"下 3D 打印需要解决的另一个重要问题。针对此问题，我们在第四节给出一种基于骨架截面的结构分析方法，来帮助用户在设计模型的同时进行结构分析，以检测模型结构问题，保证模型的结构强度。该方法引入骨架工具，将模型蒙皮绑定到骨架上，通过修改骨架来编辑模型外形。通过骨架来引导生成截面，根据骨架分支信息为模型所有截面施加最不利荷载，从而实现所有截面的应力计算。在此基础上，根据应力计算结果，对应力超过阈值的脆弱部位通过骨骼驱动来修正网格。实验结果表明，这一方法既具有一定的精度，又具有良好的计算效率。

目前，3D 打印中的几何计算研究仍处于发展阶段，存在大量有待解决的问题，也是未来这方面的研究重点和可能的发展方向。在这样的背景下，本章则对 3D 打印中的结构优化工作作了一些探索，其中还有很多亟需深入解决的问题。因此，下面我们将分别从 3D 打印中的几何计算与结构优化两个方面对下一步工作作一些展望。

一、3D 打印中的几何计算

（一）高效便捷的 3D 建模方法

如前所述，3D 模型是 3D 打印的对象与内容。它是 3D 打印的信息来源，没有它，3D 打印就成了无源之水、无本之木。因此，对 3D 打印来说，如何能让普通用户高效、便捷地获取生成所需要的 3D 模型，就是一个需首要解决的任务。目前，3D 模型的生成方法主要可分为两种：（1）通过专业建模软件，如 Solid-works、Maya、3dsMax 和 SketchUp 等。（2）通过三维扫描设备，如激光扫描仪、结构光扫描仪等，扫描后，再后处理生成。第一种方法对普通用户来说，有相当的难度，需要一定的专业技能，尤其是结构复杂的物体。而第二种方法则需要一定的设备支撑，有些设备不是普通用户所能承受。

因此，如果能为普通用户提供一个简单、方便、快捷的建模工具，则将会有力地推动 3D 打印的普及与应用。这方面已经有一些基于草图或笔划的建模方法相关研究，效果还不错，如清华大学教授提出一种名为"3-Sweep"的技术，可以仅从一张普通照片中，加上用户简单草图交互，即可生成照片中主要对象的三维模型，让三维模型构建变得更加简单、方便、有趣。美国 Autodesk 公司是全球二维和三维设计、工程及娱乐软件的领导者，该公司也正在努力让 3D 建模技术变得越来越容易，让更多不懂设计的人通过该公司的软件成为"设计师"，来迎接即将到来的 3D 打印时代。

（二）快速打印研究

随着社会生产力的加速发展，企业越来越希望缩短它们从设计到产品交付的时间，这一时间也是企业效率的关键衡量指标。与传统制造技术相比，3D 打印技术已使产品从设计到制造整个流程所需时间大为减少。

但即使这样，3D 打印一个合适大小的物体仍需要一定的耗时，且一般动辄就是十几小时或几十小时，如通过 FDM 工艺采用普通精度打印一个 40cm×30cm×80cm 大小的人头模型约需 12 小时，如果采用更高精度，则时间还会更长。这无论是对于个人还是企业，时间成本都有些高，尤其是对企业来说，会大大削弱企业的产品竞争力。

因此，缩短 3D 打印的时间，实现产品对象的快速打印，亟需解决。当然，要想大幅度地缩短打印时间，必须要从硬件出发去考虑，改变打印工艺方法，优化打印流程，才能得到较好效果。但是这种方式可能需要付出的代价也非常高。

另一种可能的选择是可以从模型出发，通过几何计算方法来实现快速打印。由于对于 3D 打印来说，打印时间与打印精度成正比，即打印精度越高，所需打印时间越长。因此，如果想要缩短打印时间，那么，一种可行的方法是将模型上一些不重要的部分用低精度，而重要部位用高精度，这样既可缩短打印时间，又不致过于影响模型外观视觉效果。在这方面有些专家作了一些尝试，他们先根据重要性差别将模型分区，对重要性不同部位采用精度不同的切片方式，即重要性高区域切片更精细，重要性低区域降低切片精度。这样就能在保证模型重要性部位打印精度的同时，减少打印时间。这方面尚存在很多问题值得我们深入研究。

二、3D 打印中的结构优化

关于本文所涉及的工作，下一步可从以下几个方面继续开展研究：

目前的方法均没有考虑内部支撑问题，也即从这些方法所得到的优化模型来看，其模型中都存在悬空结构。因此，这些模型需要用立体喷印 3DP 或激光选区烧结 SLS 等无须支撑的打印技术才能正常打印，且模型上需预留一些孔洞来清除内部起支撑作用的未成形粉末。如果采用需要支撑的打印技术如熔融沉积型 FDM、光固化成型 SLA、数字光处理成型 DLP 和激光选区熔化 SLM 等，那么这些结构就可能因为支撑问题而导致打印失败。如何对 3D 打印模型进行拓扑优化，使得优化结果能在不影响模型外表面的条件下，既能很好地满足力学强度要求，又能较好地反映模型的受力传递路线。同时，所得到的优化结构内部无须支撑，值得深入研究。

目前所考虑的结构型式，如刚架、蜂窝、中轴树等类型，都只考虑了材料的节省，并没有考虑 3D 打印后续的切片和打印路径规划工作。是否能寻找一些更好的结构型式，使其既能节能材料，也能较好实现后续的切片和打印路径规划呢？

目前的截面结构分析方法优势是效率快，但是计算精度尚不够高。因此，可以考虑通过施加更合适的荷载、生成更多更准确的截面来提高精度，从而更好地发挥截面结构分析的作用。对 3D 模型来说，在采用有限元来进行结构分析计算时，会存在单元数量众多、计算量太大问题。可以考虑通过多重网格法、GPU 加速计算等方法来提高有限元计算效率，减少力学分析所需时间，提高分析的实时性。

第六章　3D 打印技术的跨学科融合

本章的主要研究目的是分析 3D 打印技术的跨学科交融创新机理。3D 打印是以数字化模型为基础，运用粉末状金属或塑料等可粘合材料，通过逐层打印的方式构造物体的一种快速成形技术，学科基础、技术群落较为复杂。3D 打印技术是现代社会重大复杂技术创新的一个典型代表，其显示出的跨学科交融式集成创新特征某种程度上表征了当今科学技术发展方式的一个基本趋向：技术创新需要在社会群体参与、跨学科交融、已有成熟技术支持、组织间合作、产业政策引导等多维度层面形成系统协同创新合力，才有可能实现其创新突破和技术群落有机演进，并有效缩短产业化的进程。本章的基本目标就是探究 3D 打印技术这一当代重大复杂技术的创新原理、演化机理和有效创新发展机制。

本章将围绕模式、原理、方法、机理、机制、对策的系统思考框架展开具体研究：提炼 3D 打印技术的跨学科交融式集成创新发展模式，梳理 3D 打印技术的跨学科融合创新原理，探讨 3D 打印技术集成方法，给出技术群落演进机理解析，构建 3D 打印技术创新发展的动力模型并探究其六力协同推动机制，试图揭示出 3D 打印技术这类新兴的重大复杂技术创新与发展内涵的基本规律性。在此基础上对国内外 3D 打印技术的产业化情况进行分析，从 3D 打印跨学科交融的特点出发、综合国内 3D 打印产业发展实际情况，就企业、科研与教育机构、金融机构、社会公众、媒体如何提高对 3D 打印技术价值认知、创新投入，以及形成研究合作和推进产业发展机制等提出系列对策建议。

第一节　3D 打印技术发展现状的系统分析

一、研究背景及意义

(一)3D 打印技术的内涵界定

当前世界上最大的标准发展机构之一——美国材料与试验协会(American Society for Testing and Materials，ASTM)于 2009 年成立了 3D 打印技术委员会，也被称为"F42 委员会"。这个委员会曾经给出过 3D 打印的定义：3D 打印(3D Printing)是基于计算机三维 CAD(Computer-Assisted Design)模型数据，通过增加材料逐层来制造实体的制造加工方式。

根据他们给出的定义，我们可以这样来理解 3D 打印技术：它以数字化的数据模型为基础，运用某种特定的可粘合材料，通过逐层打印、层层叠加的方式制造立体实物的一种快速成形制造技术。简而言之，3D 打印依据数字模型，直接制造与模型完全一样的三维物理实体。从它的技术特点来看，3D 打印技术最基本的成形原理就是离散分层，堆积成形。增材制造是其关键技术，因此 3D 打印技术也被称为增材制造打印技术。这种增材制造技术与传统的减材制造方法完全相反。

从 3D 打印技术构成来看，3D 打印技术包括 CAD 三维建模、数据测量、接口软件设计和操控、材料研发和选择、精密机械的设计和制造等多种不同知识、学科和技术在内，这些知识、学科和技术共同形成一个综合集成的技术体系。

3D 打印技术是一项新兴应用技术，具有工业革命的意义。在制造业领域中赢得了许多关注，被赋予了很多期望。在 2011 年，《经济学人》(*Economist*)杂志就曾经刊登两篇文章 "Printmea Stradivarius" 和 "Theprinted world"，专门介绍了 3D 打印技术的发展历程和实际应用，并设想了它的美好未来。

从目前的发展情况来看，3D 打印技术是一类具有学科基础、技术应用的综合性、复杂性特征的国际前沿重大集成新兴技术体系，它已在机械制造、汽车制造、工业设计、建筑工程、航空航天、医疗、教育、穿戴、食品等众多领域得到初步应用，展现出了巨大的产业发展潜力和广阔市场前景，其技术研发及应用拓展受到了专家学者、企业界、政府和社会的广泛重视。其实，3D 打印技术并不是最近才出现的全新技术，而是早在 20 世纪 90 年代中期就已出现雏形，现正处于向技术成熟化和产业化演进的阶段。

(二)3D 打印技术研究现状

通过观察 3D 打印制造过程可以发现，与传统加工制造方式相比，它是一种"增量"成形技术。3D 打印技术与从原料整块毛坯上一点点地去除多余材料的像雕刻一般的"减法"式加工方法不同，也与通过模具锻压、冲压、铸造和注射而强制材料成形的工艺迥然有异。3D 打印成形过程是，首先借助计算机和 CAD 设计软件建立 CAD 三维数据模型，根据 CAD 三维模型数据，经过计算机格式转换后，对所需打印的 3D 物体的数据模型进行分层切片，得到各层截面的二维轮廓形状。再根据这些轮廓形状，3D 打印机的喷嘴会喷射一层层适用于 3D 打印的特定材料，从而形成每一层截面的二维平面轮廓固体形状，最后再将二维平面形状一层层叠加最后形成 3D 立体物体，整个 3D 打印制造工作结束。

在 3D 打印技术的工作过程中，增量叠层制造方法是 3D 打印技术的重要基本技术原理。增量叠层制造方法最早的发明人是美国人 Chuck Hull。1983 年，他借助光敏树脂固化叠层制作实体的方法实现了增量叠层制造，后来把它付诸工业生产和实际应用，并在美国创建了第一家 3D 打印公司——3D Systems 公司，由此开启了直接数字制造的全新时代。

3D 打印材料是 3D 打印技术中的关键部分，打印工艺是重要步骤。3D 打印材料种类繁多，3D 打印工艺分类方法也很多，如果按照美国材料与试验协会(ASTM)3D 打印技术委员会(F42 委员会)所提出的标准来划分，那么，目前较为普遍和流行的 3D 打印工艺有七大类，分别为：光固化成型技术、材料喷射技术、粘接剂喷射技术、熔融沉积制造技术、选择性激光烧结技术、片层压技术和定向能量沉积技术，这七类打印工艺与其所对应的打印材料及应用市场如表 6-1 所示。

表 6-1　　　**七类 3D 打印工艺与所用材料及应用市场**

工艺	代表性公司	材料	市场
光固化成型	3DSystems（美国） Envisiontec（德国）	光敏聚合材料	成型制造
材料喷射	Objet（以色列） 3DSystems（美国） Solidscape（美国）	聚合材料、蜡	成型制造铸造模型
粘结剂喷射	3DSystems（美国） ExOne（美国） Voxeljet（德国）	聚合材料、金属、铸造砂	成型制造压铸模具直接零部件制造
熔融沉积制造	Stratasys（美国）	聚合材料	成型制造
选择性激光烧结	EOS（德国） 3D Systems（美国） Arcam（瑞典）	聚合材料、金属	成型制造直接零部件制造
片层压	Fabrisonic（美国） Mcor（爱尔兰）	纸、金属	成型制造直接零部件制造
定向能量沉积	Optomec（美国） POM（美国）	金属	修复直接零部件制造

从 3D 打印技术研究现状来看，目前，国内外文献大都是从 3D 打印技术的工作原理、发展历程、未来前景及技术应用现状等方面对 3D 打印技术进行研究，而其中技术方面的研究最多。国外也有学者对 3D 打印技术要素、3D 打印机关键部件、3D 打印材料研发及产业应用范畴等方面进行了研究。

3D 打印产业经历近 30 年的发展，取得了长足的进步，随着互联网的普及，计算机技术的飞速发展，可持续发展理念的深入人心，3D 打印越来越受到关注，国内外对于 3D 打印产业展开了广泛深入的研究。

　　3D 打印采用"增材制造"方式，即通过材料的累加完成制造过程，与传统车、铣、刨、磨等"减材制造"方式及铸、锻、焊等"等材制造"方式截然不同，结合全流程数字化的特点，会改变人类社会的生产生活方式，推进可持续发展进程，对人类社会的发展与进步产生重要影响。文献指出，3D 打印将引发第三次工业革命。有了 3D 打印机，加上开放的资源，便可以以非常低的成本打印出一个产品，边际成本接近于零。未来互联网技术与可再生能源即将融合，并为第三次工业革命奠定坚实基础。伴随能源民主化而来的是人际关系的根本性重组，标志着以合作、社会网络和行业专家、技术劳动力为特征的新时代的开始。第一次和第二次工业革命时期传统的、集中式的经营活动将逐渐被第三次工业革命的分散经营方式取代，这一新的生产方式所需要的原材料只有传统生产方式的10%，而且能源消耗也低于传统的工厂式生产，从而大大降低成本。3D 打印适应未来的发展趋势，蕴涵巨大潜力。第三次工业革命会对商业模式进行根本变革，未来中小企业会有很好的发展前景，因为它们可以把信息网、能源网和互联网结合，并且以合作社形式彼此合作，从而极大提高生产力。

　　对于 3D 打印的演变发展过程，文献作了详细阐述，首先追溯了历史，分析了 3D 打印与快速成形之间的联系，指出率先实现增材制造的是快速成形技术，但是，快速成形机存在适用成形材料非常有限和制造成本高的显著不足，为从根本上克服这些不足，有效办法是最大限度地淡化材料对增材制造装备的从属依存关系，以及最大限度地降低普及式增材制造装备的成本。提出在大力拓展快速成形机适用材料的同时，应大力研发可适用多种多样材料的先进增材制造装备，以及可大量推广的廉价普及式增材制造装备。3D 打印机是这些装备的佼佼者，是快速成形机的延续与发展，必将对第三次工业革命产生巨大的影响。

　　互联网的迅速普及，全球一体化进程加快，无论是国家还是企业，都不可避免的面临着新的挑战，需要新的思路、新的载体、新的模式。有研究指出由成熟的红海和富有创意的蓝海而融合形成的紫海战略将更具有普遍性，紫海是一种常态，而定制经济，体验经济等新趋势下的商业模式是这种战略的具体体现。3D 打印对于定制化制造的独特优势，也是实现新的经济和商业模式的重要载体。文献则给出了一种具体的新型制造模式，即云制造。对云制造的定义、体系架构、与现有制造模式的差别进行了阐述，并给出了典型应用案例。

3D 打印凭借一系列独有优势会产生出更为广泛的应用，国际上一些研究对 3D 打印的优势作了介绍，如制造复杂物品不增加成本，产品多样化不增加成本，设计空间广，对制造技能要求低等，并且对于在生物、教育、食品等领域的应用做了详细阐述，勾勒出来 3D 打印的美好未来。

每一种新事物的产生与发展过程都会面临众多挑战，产生一些负面问题。文献对 3D 打印所带来的知识产权，商标等问题进行了分析并提出了可供参考的解决方案。还对 3D 打印在医疗、汽车、航空、运动等领域的应用进行了阐述，对 3D 打印所带来的生产模式的变化作了详细介绍，未来的生产将呈现出"分布式"的特征，定制化、本地化成为趋势，同时，可以减少材料和能源消耗。

国内的 3D 打印产业近年来取得了长足的进步，但与发达国家相比仍存在巨大差距。国内一些研究阐述了 3D 打印产业现状，即增材制造产业不断壮大，新材料新器件不断出现，新市场产品不断涌现，新标准不断更新。指出了国内 3D 打印产业的不足，如国内增材制造市场发展不大，主要还在工业领域应用，没有在消费品领域形成快速发展的市场，研发方面投入不足，在产业化技术发展和应用方面落后于美国和欧洲。预测了未来发展趋势，包括向日常消费品制造方向发展，向功能零件制造发展，向智能化装备发展，向组织与结构一体化制造发展等。

综合来看，美国和欧洲在 3D 打印领域的研究处于世界领先地位，中国的 3D 打印产业，虽经历了多年发展，但目前仍处于初级阶段，在深度和广度上都需要进一步加强。

在国内，张桂兰对国外已形成的 3D 打印技术进行了归纳，认为目前有三种主流技术（如表 6-2 所示）：熔融沉积成型技术（Fused deposition modeling，FDM）、立体平板印刷（Stereo lithography，

SLA）、选择性激光烧结（Selective laser sintering，SLS）。

表6-2   **3D 打印三种主流技术**

类型	技术	材料
挤压	熔融沉积成型（FDM）	热塑性塑料（如 PLA，ABS）、共晶系统金属、可食用的材料
烧结/黏结	直接金属激光烧结（DMLS）	几乎任何金属合金
	电子束熔化（EBM）	钛合金
	选择性激光烧结（SLS）	热塑性塑料、金属粉末、陶瓷粉末
	选择性热烧结（SHS）	热塑性粉末
	粉末层和喷头 3D 打印（3DP）	石膏
层压	分层实体制造（LOM）	纸、金属箔、塑料薄膜
光刻	立体光刻（SLA）	光致聚合物
聚合	数字光处理（DLP）	液体树脂

刘红光等学者对 1993—2012 年的国内外所有公开专利进行了检索，检索结果显示相关专利为 2752 件。王莉、李予、孙柏林、卢秉恒、李涤尘等学者对目前国内外 3D 打印技术发展进展进行了梳理，普遍认为 3D 打印技术已初步形成在理论与方法基础，一些技术已达到应用和可产业化程度，但打印精度低、材料与设备成本高、打印速度慢等仍是目前的影响 3D 打印技术创新发展的关键问题。

1. 熔融沉积成型技术（FDM）

FDM 设备最早是由 Stratasys 公司生产的。目前，惠普、Makerbot，北京太尔时代，Bitsfrom Bytes 等公司都有生产这种机器。FDM 是应用最为广泛的 3D 打印技术，基于这种技术的 3D 打印机是当今市场上最便宜的，这其中一部分原因是这种技术的专利已经过期，一部分是因为 Rep Rap 这一开源项目，掀起了自制 3D

打印机的浪潮。对这一技术，Stratasys 公司 1992 年的专利是这样描述的：由加热喷头在平台上沉积一薄层熔融的塑料丝，然后平台在竖直的 Z 轴方向移动，喷头再沉积一层，这样一层一层直到物品打印完成。FDM 技术有些物品打印时不需要支撑物，当物品具有悬臂类的造型或结构的时候，往往需要打印支撑物，对于具有一个加热头的机器来说，支撑物也是通过这个喷头在打印物品的时候同时同步打印出来，对于具有两个或多个打印头的机器，可以使用不同的材料来打印支撑物，如可以用 PVA 等水溶性材料打印支撑物，这样，当这个打印过程结束后，把物品放入水中，支撑物溶于水，最后只剩下需要的物品。采用 FDM 技术的机器可以打印多种热塑性材料，比如，ABS，PLA，PC，等等。

价格昂贵的商业级 FDM 设备，如 Stratasys 和惠普出品的机器，更适合于在办公环境使用。而开源的低价打印机为硬件上的提升和创新提供了很大的空间。爱好者、发烧友，极客都可以基于这些开源设备进行改造。比如，可以把这些 FDM 设备的打印头换成自制的用压力驱动的针筒，从而使这类机器可以打印其他的材料，如黏土、陶瓷、巧克力之类。

2. 片材堆积制造技术（LOM）

这是最早的 3D 打印技术之一，1991 年就生产出了第一台使用这种技术的设备。早期的这类机器使用一卷纸来制造物品，根据每一层的截面形状，用激光对纸进行切割，然后把纸粘接起来，再切割下一层。在现今市场上，MCOR 是使用这种技术的公司。他们对技术作了改良，用普通的 A4 打印纸来进行物品的制造。每张纸就是一层，切割成指定形状，然后粘接起来，一层一层不断堆积，最后形成所要的物品。这种技术有两大优势，首先，纸既作为物品的材料也是支撑物的材料，当打印物品的时候，把每层按所需形状切割以后，余下的 A4 纸就作为支撑物了；其次，这种机器使用成本很低，因为建造物品所要的材料就是普通的 A4 纸，虽然设备昂贵，但是耗材便宜。MCOR 最近推出了彩色 3D 打印机，利用类似传统 2D 打印机的喷头，把每层的彩色截面图案喷在纸上，然后对纸进行切割，再粘接，最终形成彩色物品。提供出了低成本，彩色

3D 打印方案。

3. 粉末粘接成型技术(3DP)

粉末粘接打印机是由 Z Corp 和 Voxeljet 公司生产的。这种技术是 1990 年由麻省理工学院研发的,在容器中盛有粉末材料,容器的旁边布置一个平台,每次用滚轮把容器中的粉末铺设到平台上,然后装有粘接剂的喷头在平台上喷出指定的形状,之后平台下降一层的高度,容器上升一层的高度,用滚轮把容器中的粉末铺设到平台上,然后再喷射粘接剂,如此循环,最终形成所需物品。在制造过程中,每次粘接剂都会与粉末发生化学反应,使粉末硬化。从而形成坚实的物品。制造完成以后,平台提升,把物品从粉末堆里面取出。这种技术的优势是,不需要支撑材料,因为在成型过程中,物品四周没有喷射到粘接剂的粉末就会对物品起到支撑作用,而且这些没有参与化学反应的粉末可以被再次使用。

另一个优势是,这种技术可以打印彩色物品,把单色喷头换成彩色喷头,这样就可以喷出指定颜色的粘接剂,从而制造出彩色的物品。目前,ZCorp 公司采用这种技术生产出的设备,往往被认为制造出的物品精度不高,强度不够。而实际上,这种技术并不是用来打印精密的工业零件的,这种技术主要用来打印工业设计领域的概念原型,陶瓷制造领域的原型,以及鞋样。因为这种粉末的成分和传统陶瓷行业用来做原型的石膏很类似,用来做鞋样是因为可以更准确的验证即将生产的正式产品的颜色是否令人满意。

目前,动画行业也引入了这种 3D 打印机,美国的 LAIKA 公司使用 ZCorpZ650 全彩 3D 打印机用来制造定格动画。

Voxeljet 是另一个采用这种技术的公司,与 ZCorp 公司不同,使用的是基于溶剂的粘接剂和聚合物粉末或者铸造用材料。由于,溶剂型粘接剂以及庞大的打印平台,使得这种机器大多用在铸造工业。

4. 选择性激光烧结技术(SLS)

基于选择性激光烧结技术的机器诞生于 1992 年,德国的 EOS 公司是这类设备的主要制造商之一。在容器中装有粉末状热塑性塑料,用 CO_2 激光器按照所需的形状对粉末有选择性地进行烧蚀,这个一层都加工好以后，然后铺上一层新的粉末，继续烧蚀，最终形成所需物品。采用这种技术打印出的尼龙零件，性能非常好。一些公司利用这种技术直接生产出定制化的产品，不需要太多的后期处理就可以直接上市销售了。

5. 激光直接烧结金属技术(DMLS)

采用这种技术的机器主要由 EOS 和 MTT 公司生产。这种技术类似于 SLS 技术，所不同的是使用金属粉末而不是尼龙粉末。另外，在打印过程中，SLS 是不需要同时打印出支撑物的，而 DMLS 技术需要同时打印出支撑物，以利于模型的悬臂部分或薄壁部分的成型，使最终打印出的物品结构完整，没有塌陷。这种技术可以打印出不同金属材料的物品来，最常见的是钛和铁。近来，金和银也可以通过这种技术打印出来。如今，面对金价不断上涨的局面，采用 3D 打印技术来制造金饰品，可以制造出中空结构的戒指，使饰品从外观上看和传统饰品没有任何区别，但是重量减轻 70%，使用的金子不到传统实心戒指的 1/3，产品价格也同时大幅下降了。这种技术的主要问题是金属支撑结构一般都需要手工去除，由于金属十分坚硬，所以，清理支撑物的工作很耗时，而且清理后还需要打磨抛光等后续处理。

6. 数字光处理技术(DLP)

基于数字光处理技术的 3D 打印机主要由德国的 EnvisionTEC 公司生产。这种技术是通过每次向光敏树脂投射一个截面影像，然后一层一层地投射，形成物品。这种技术用来打印精密的微小型物品，同时，由于每层的厚度都可以很薄，从而能够打印出表面质量非常高的物品。助听器领域已经广泛使用这种设备，因为可以用肉色的材料，按照人耳的形状，定制化的打印出所需部件。另外，这种肉色材料也被定格动画行业所采用，Aardman 公司在拍摄《加勒比海盗》这个动画片的时候，利用 EnvisionTEC 打印机制造出了 50 多万个不同的零件。这种技术的优势是，每次投射物品截面影像时可以成型一整层，所以整个打印过程非常快而且十分精确。

7. 光敏树脂喷射沉积技术(Poly Jet)

采用紫外光固化光敏树脂沉积技术的打印机由 Objet 生产出

来。Objet 公司把喷墨打印技术和紫外光固化技术融合起来，喷头把光敏树脂喷射在打印平台上，然后用紫外光去照射这一层完成固化，一层一层打印出物品。Objet 生产的设备可以打印出非常精密的零件，同时拥有优秀的表面质量。目前，Objet 可以提供硬质或软质的材料。最近，他们发布了一种名为 Connex 的新材料技术，这种技术可以打印出同时含有硬质和软质材料的物品，并可以给用户提供出一系列的软硬度组合。在打印物品的过程中，围绕着物品打印出支撑物，打印完成后把支撑物冲掉，便得到了我们所需要的的非常精细的完成品。由于这种技术可以打印出细节丰富，表面质量优秀的物品，LAIKA 公司于 2009 年出品的《鬼妈妈》，这个首部借助 3D 打印技术制作的定格动画，就采用了 Objet 公司的 3D 打印设备。

（三）3D 打印技术的产业应用情况

早在 20 世纪 90 年代中期就已出现雏形的 3D 打印技术，经过数十年的发展和演进，现正处于向技术成熟化和产业化演进的阶段。3D 打印技术从用途看，主要有直接部件制造、模具与工具加工、功能性设计模型、成像辅助模型、展示模型等。具体涉及的应用领域已十分广泛，有汽车制造、航空航天/军工、医疗、建筑设计与工程、日常消费品、食品加工、其他工业制造、文化与艺术、教育教学、科研，其他应用。对这些用途进行归类，可以说 3D 打印技术主要应用于三大领域：工业制造、民众消费和医药生物行业。工业制造主要包含航空航天军事制造、电子、汽车和机械制造；民众消费主要有创意礼品、教育模具、建筑等领域。

工业制造：3D 打印在工业制造领域表现最抢眼的应属汽车制造和航天航空应用。目前，3D 打印技术在汽车行业的应用主要在三个方面：提高产品设计的速度和性能；在维修环节的零部件直接制造；个性化和概念汽车部件的直接制造。3D 打印技术在航天航空领域主要用于复杂形状、尺寸微细、特殊性能的零部件、机构的直接制造，此外，3D 打印技术在机械方面也发挥重要作用。

医药生物行业：因为可获得的 3D 打印克服了二维平面可视化的局限，3D 打印技术可以根据 CT 或者 MRI 医疗图像来制造 3D 打印物体。3D 打印技术能够根据病人的 CT 扫描图或 MRI 医疗图像制作出完全适合病人需要的、唯一的植入物。临床中病人和医生的互动、外壳培训、医学研究和教学都可能需要 3D 打印。另外，3D 生物器官打印、3D 制药技术也取得了关键性的技术突破。

民用消费：在民用消费方面，3D 打印技术可根据人们的天马行空制造出独一无二的物品，家庭装饰、首饰、玩具、教具等都可以创造出来。个人可以利用 3D 打印技术搭建房屋模型，甚至利用真实的建筑材料直接建造好实际大小的房屋。某些房地产企业早已发现这个新的房屋制造工艺并进行了试验，相信不久之后就会有许多 3D 打印出的高楼大厦出现。

图 6-1 和图 6-2 两张图来自 Wohlers Associates，它们将以数据图表的形式更加全面、精确展现 2012 年 3D 打印技术的技术分布和行业分布状况，从图中的技术应用的分布，可以直观地了解到近几年 3D 打印技术的具体应用情况。

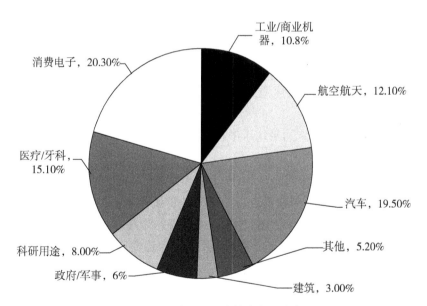

图 6-1　2012 年 3D 打印技术行业分布图

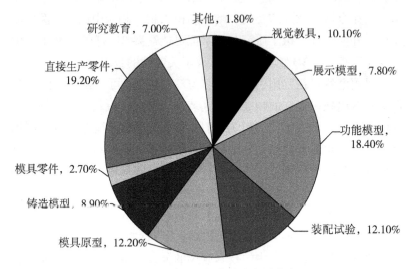

图 6-2　2012 年 3D 打印技术应用分布图

　　Wohlers Associates 是一家专门关注和跟踪 3D 打印产业发展的美国技术咨询服务公司，它在 2014 年 5 月发布了《2013 年全球 3D 打印行业发展年度报告》。这份报告中显示，2013 年全球 3D 打印产品和服务市场总额达到了 30.7 亿美元，同比涨幅接近 35%，这是 3D 打印行业截至 2013 年增长速度最高的一年。而据之前地统计数据，过去 26 年的平均年增长率为 27%，2010—2013 年的年复合增长率为 32.3%。由此可见，3D 打印行业一直处于高速增长状态且增速在变大。Wohlers Associates 认为未来几年该行业还将保持高速的增长，因为价格低、尺寸小、易于操作地小型 3D 打印机在市场上更加多见，同时，采用该技术来制作最终产品更加多样，尤其是新型材料制造地 3D 产品的应用也在加速发展。

　　3D 打印技术引起的制造技术新潮流已经席卷全球，并且已经从创新概念走向了现实、投入了生产和市场。国际快速制造行业的一份权威报告预计到 2016 年，包含 3D 打印设备制造和服务在内的 3D 打印产业总产值将达到 31 亿美元之多，2020 年该行业的总产值预计将超过 50 亿美元。美国《时代周刊》(*Times*) 对 3D 打印充满期望和信心，将列为"美国十大增长最快的工业之一"。西方发达经济国家历来就重视通过发展高新技术占领科技制高点从而获取经济发展的优先权并主导全球经济发展，3D 打印技术作为一种具有全新技术原理和禀赋并具有良好市场前景的制造技术自然会被西方政府给予关注和厚望。

从不同国家的发展情况来看，3D 打印产业发展情况基本可以总结为"美国主导、欧洲协同发展、日本追随、中国后发"。

传统的减材制造方式在很长一段时间内满足了市场和社会的需求，它的技术具有先进性和创新性。随着人们的需求的变化、随着科技的创新和发展，传统的减材制造方式已经不能满足实际需要。而此时 3D 打印技术出现并兴起，在科技领域、打印市场、工业制造行业掀起一次新的制造方式的革命：3D 打印突破平面的限制、可塑性更强、艺术感更强、可用材料多、应用领域广，这些新的技术特点相对于传统打印的特点是具有创新性和进步性的。因为 3D 打印与传统打印或制造方式的根本性区别，它呈现出一些全新特点，为工业生产、市场和社会所需要，因此大力发展 3D 打印技术、促进 3D 打印产业化发展是有必要、而且有前途的。

与传统的打印方式相比，3D 打印技术具有如下四个特点：

（1）操作简单、成本降低、生产线缩短。3D 打印无须机械加工或提前制作模具，凭借 3D 打印机、3D 打印材料，在计算机的控制下，就能直接从 CAD 图形数据中生成任何设想的形状的物体，呈现出成品而无须组装，操作简单，生产线缩短、人工减少，从而极大地缩短了产品的生产周期，提高了生产率，也加快了产品的更新换代的速度，这对于市场竞争十分有利。

（2）原材料的浪费减少。3D 打印是一种增材打印技术，它基于计算机三维 CAD（Computer-Assisted Design）模型数据，通过增加材料逐层制造的方式制造物品，与传统减材制造技术相比大大减少了原材料的浪费。

（3）能够制造出传统制造工艺无法实现的物品。3D 打印技术通过 CAD 三维设计可以将所要打印的物品以数字化的方式设计好，一些传统方法无法实现的雕塑细节可以得以实现，可以提升设计创意。

（4）单个物品生产效率高、性价比高。只要 CAD 三维设计完成，就可以又快捷又便宜地打印一个 3D 物品。而对设计稍加改进又可以生产另一款 3D 打印物品。

吉里米·里夫金（Jeremy Rifkin）在《第三次工业革命》（*The Third Industrial Revolution*）中写道：传统能源消耗殆尽、人口急剧增长和环境破坏预示着第二次工业革命正在走向衰亡，而网络、绿色电能和 3D 打印将开启一个可持续发展的新时代。作为第三次工业革命的重要标志，3D 打印技术因为其独特的优点得到了广泛的关注，有人说它"颠覆了传统的打印行业"，也有人说它"能够引起产业升级"。

《华尔街日报》也指出"大数据、智能制造和无线革命将在未来的几年引发大规模的技术变革，而实现智能制造的三个关键技术分别是智能机器人、人工智能和 3D 打印技术"。

克里斯·安德森（Chris Anderson）是著名的长尾理论的提出者，他在 2012 年就指出，下一次工业革命以新技术与制造业的深度融合以及商业化为特征，3D 打印技术将成为制造商革命运动的重要工具之一。

2012 年全球 3D 打印技术实现的总产值（含材料和服务）折合人民币大约为 100 亿元，而我国国内 3D 打印技术实现的总产值却只有 3 亿元人民币左右，只占全球总量的 3%，这与我国的制造大国的地位不相符合。

回顾我国 3D 打印技术和行业发展历程，我们可以发现，中国的 3D 打印产业发展目前正处于起步的阶段，虽然起步晚且目前技术水平和产业发展水平不高。但是，我们拥有别国没有的优势，那就是中国拥有巨大的市场，有望成为最大的 3D 打印制造业国家。《国家增材制造产业发展推进计划（2015—2016 年）》已于 2014 年正式推出。计划部署了未来几年我国 3D 打印行业的发展，这份计划表明了我国政府抢占科技变革、产业升级发展先机的决心，有望有力推动我国 3D 打印行业健康快速、规范有序地发展。

我国的 3D 打印产业市场需求大、后劲足，且 3D 打印产品应用市场均有一定发展，目前已有一部分技术达到了国际的先进水平，清华大学、北京航空航天大学、中国科学院等高校机构坚持研发，众多企业也纷纷进行 3D 打印的实验生产，相信我国的 3D 打印技术水平会有长足进步。2012 年，全球首个 3D 打印产业技术联盟在中国成立，它结合了高校科研机构与 3D 打印企业的综合力量，对我国 3D 打印技术提高和产业化发展将起到指导和推动作用。从市场的实际情况来看，业内人士曾经做过估算，国内的企业级别的 3D 打印机在 2013 年已达到 400 台，市场规模已超 1 亿元。面对国内未来三年百亿的市场空间，武汉、青岛、珠海等地陆续建立 3D 产业园区，以期分得市场的一杯羹。另外，从股市的表现来看，我国 3D 打印第一股先临三维从 2015 年 2 月至 4 月已经涨了一倍有余。

不同学者或者机构对 3D 打印技术的行业应用比例统计或者未来产值的预测稍有差异，但是他们对此都持有乐观的态度，相信 3D 打印技术将会在未来与各个行业联系更加紧密，在制造领域中起到越来越重要的作用，对于社会生活的影响也将加强。

(四)3D 打印技术的优点

3D 打印凭借特有的增材制造方式，具有一系列传统制造方式所无法比拟的优点。

1. 缩短产品生产周期

世界第一台 3D 打印机就是以快速原型机的身份出现在市场上的，用于在设计阶段，对产品进行验证，从而缩短产品开发周期。如今，3D 打印机的价格已经出现了大幅下降，这就使得更多的公司更容易接触这种技术，通过使用 3D 打印机，公司可以更加迅速地给客户呈现产品原型，使客户能够作出详细和快速的反馈。3D 打印机在原型制作和小量产品生产方面的使用将继续扩大，制作速度也将不断提升，帮助各类企业改进用户体验，加快响应速度。根据 Stratasys 公司提供的数据，我们研究发现传统的 CNC 数控加工方式和 3D 打印在对于宝马汽车滚臂夹具制造上的不同，可以看出，采用 3D 打印技术，不仅节省了制造成本，而且也大大缩短了生产周期，由传统的 18 天减少到 1.5 天，时间大幅减少了 92%。

2. 复杂零部件制造

3D 打印的成型方式决定了其可以制造出传统 CNC 数控加工等减材制造方式无法制造出的复杂形体，对于造型和结构复杂的零件和产品的制造具有很大的优势。传统制造方式在进行零件设计时，需要考虑刀具特征，如刀具角、退刀槽、立铣铣刀特征、卧铣铣刀特征等，对于斜孔、平底孔、内部孔、细长孔是不允许的，对于复杂表面的干涉情况，如复杂相贯线，刀具难以到达的表面，刀具与表面干涉的结构，复杂曲面等也是不允许或尽量避免的。而 3D 打印则没有这些限制，从而使 3D 打印可以制造出十分复杂的零件。

更为重要的是，3D 打印在制造复杂零件的时候，并不会因为零件的复杂度增加而提升成本，因为 3D 打印在制造复杂零件时，并不需要刀具、模具、工装夹具，随着零件复杂度提升，3D 打印的成本优势会越来越明显。

3. 不受产量限制

3D 打印的制造方式，不需要刀具、模具和工装夹具，对于单件小批量生产尤为适合，省去了刀具、模具、夹具等辅助设备的高昂费用，直接制造出所需要的零件或产品。虽然，无论生产某种零件数量是多还是少，单件的制造成本并不会随着产量的增加而减少，不具备规模经济的优势，但是，尤其对于复杂的、单件小批量零件或产品，3D 打印技术无疑比传统制造方式具有更强的优势。对于需要直接生产大量正式产品的情况，需要对所要生产的产品的复杂度做详细分析，以确定能否充分利用 3D 打印的优势，并且总成本是否比传统的大批量生产方式低。

4. 节能减排

可持续发展是当今社会普遍关注的课题，制造业对于可持续发展的影响十分重大，3D 打印在单件小批量制造方面优势明显，可以实现按需定制、本地化制造等新的制造方式，会节省库存、运输等方面的投入。同时，不需要刀具、模具，材料利用率高达 90%以上，在减少了制造流程、降低了成本的基础上，也实现了能源的高效利用，并减少了有害物质的排放。近年来，3D 打印领域越来越大地采用和降解或回收的绿色材料，也促进了制造业的可持续发展，如 FDM 打印机上普遍使用的 PLA 材料，就是从玉米等谷物中提取出来的，使用 PLA 材料打印制造出的物品，可以降解或回收，同时，对于没有打印成功的零件，也可以用破碎机将零件粉碎，重新加热挤出成料丝，再次用来打印制造零件或产品。

（五）我国 3D 打印技术产业发展中存在的问题

3D 行业的快速发展让研究者、企业家、政府都充满激情，然而行业中所存在的问题依然不能忽视。正如英国增材制造联盟的主席、中国 3D 打印技术产业联盟的顾问 Graham Tromans 所忧虑的"目前媒体对于 3D 打印的过度渲染让我有所担心"。

纵观国际 3D 打印行业、特别是国内 3D 打印行业发展现状，其中有四个问题值得深思：3D 打印技术涉及学科多、产业链长，资源整合较困难。3D 打印技术具有跨学科交融创新的特征，所包含的基础学科、应用学科众多，如化学、物理、数学、机械、数字控制等；技术群落关系复杂，包括增材制造技术、CAD 三维设计、打印机研制和打印材料等技术群落的开发和发展。因而 3D 打印技术原理复杂、涉及学科和技术群落众多、产业链长、所需资源较多。而研发团队和企业各自为政的情况多，产业规模化程度低，未能有效整合产业资源。

3D 打印技术要求高、研发成本高，目前无法代替规模经济。3D 打印是一项颠覆性的技术，研发和大规模制造的成本都很高，工艺精密，对人才的需求极大，暂时还没有实现大批量的 3D 打印生产。特别是 3D 打印材料的研发，3D 打印技术的重点和难点都在其材料上，材料是其不可或缺的物质基础，在很大程度上决定了最终制造出的成品的属性，因此，它是 3D 打印的技术核心也成为了制约。近几年，3D 打印技术得到快速发展，应用领域也更为广泛，适合 3D 打印的材料达到 200 余种，但在材料来源并不十分便捷、环保水平没有得到完全提高、材料的通用性很低等这些问题成为制约 3D 打印进一步发展的技术瓶颈。此外，3D 打印机的价格较高，也造成了 3D 打印的成本的高昂，目前在市场中的应用不是特别广泛。

政府对于 3D 打印的引导和规划不足。政府是推动产业发展的无形的有力大手，在美国，奥巴马总统针对美国制造业提出了一系列发展方案，在该方案中，他将 3D 打印列为美国 11 项重要技术之一，并联合科研机构、高校、企业，建立了国家增材制造研究所，专门对增材制造进行研发。然而，目前国内对 3D 打印的关注还不够，政府经费投入不足和政策支持较弱，相关的产业规划和技术标准不成熟。

关于 3D 打印的知识产权保护不完善。由于 3D 打印技术的特殊性，只需要具备数字化的 CAD 三维图纸，再配以 3D 打印机和打印材料就能制造出一个 3D 打印的成品，这使得知识产权极容易被有意识或无意识地侵犯。国内的知识产权保护体系本就不是十分完善，针对 3D 打印而设立的知识产权保护更是一片空白。

1. 材料限制

打印材料的种类目前还很有限，3D 打印设备可以采用的技术路线很多，每种路线都有主导的生产商，例如，3DSystems 公司以 SLA 技术起家，在该技术路线具有主导和掌控能力，设备制造商在生产设备的同时，往往针对设备来开发相应的材料，甚至将设备和材料"捆绑"，使相应的设备只能使用厂家指定的材料，这样虽然保证了设备和材料的最佳匹配，但是限制了材料种类的拓展。随着近年来采用 FDM 技术的开源 3D 打印机的迅速走红，在 FDM 领域，材料的选择性有了质的飞跃，很多厂家投身其中，开发出了尼龙、ABS、POM、木材等许多品种，为其他技术路线上材料的扩展提供了参考模式。

2. 精度不高

3D 打印之所以具有很多不同的技术路线，SLA，FDM，LOM，SLS 等，从一定意义上来说，也是为了适应不同应用场合的精度要求。比如，采用 DLP 技术的 3D 打印机，在水平方向上可以实现 0.02mm 左右大小的细节造型，在竖直方向上也就是层厚可以薄至 0.025mm，甚至更低，对于珠宝首饰等微小型需要极高细节表现力的制品的打印非常合适，但是这类设备和材料价格昂贵，难以大范围推广。就目前使用最为广泛的 FDM 打印机来说，这种打印机挤出头挤出熔融的料丝而成型，理论上，可以打印的制品的最小特征就主要取决于挤出头小孔的直径，目前直径 0.2mm 是最小的型号了，所以比这个尺寸更微小的特征就无法成型了，实际上，由于材料特性的不同、挤出速度的差异，模型的造型、温度等因素的综合影响，最终真正可以打印出的制品的最小特征往往远大于 0.2mm 直径的理论值，竖直方向上的层厚可以低至 0.05mm。所以，整体上看，目前的精度水平，更多的适合于爱好者去感受这项新技术，探索新设计，制作产品样件或原型，要进一步扩大用户群，还需要设备工艺精度的不断提升，价格更加亲民才行。

3. 速度慢

虽然世界第一台 3D 打印机就是以快速成型的身份亮相的，但是由于其层层堆积累加的成型原理，使得"快速"更多的体现在从设计到实物的流程环节短上，而并非打印速度的快。事实上，以普及程度最广的 FDM 打印机来说，纵观当今市场上的主流机型，打印头的移动速度能够达到每秒钟 300mm 已经是十分领先了，在打印过程中每条路径挤出的料丝宽度和挤出头小孔的直径差不多，只有零点几毫米宽，在打印每一层的时候，要由无数条这样的路径才能形成所需物品的尺寸，打印完一层之后，挤出头上移一层的高度继续打另一层。这样完成一件作品的打印工作，挤出头的总移动路径是非常长的，即便每秒钟 300mm 的移动速度，要完成一件作品通常也是以小时来算，如果需要对零件进行量产，则还需要 3D 打印与传统的制造方式结合使用才更为现实。例如，通过 3D 打印机完成产品原型的制造，然后引入传统消失模铸造工艺，在 3D 打印原型件上包覆硅酸盐或石膏材料，然后利用热量将 3D 打印件融化倒掉，得到空心的模具，再浇注最终零件的材料，完成零件的铸造。

4. 力学性能不足

3D 打印的不同技术路线造成层与层之间的结合方式有很大差别，FDM 依靠材料的熔融堆积使层与层粘接起来，LOM 技术利用在每层薄膜间涂刷粘结剂使层与层粘结在一起，3DP 技术通过喷头在粉末材料上喷洒粘结剂而使两层之间的粉末粘合起来。不同技术路线制作出的零件或原型，力学性能也千差万别。3DP 技术可以实现全彩色的打印，但制作的制品整体很脆，不能用于受力的功能测试，更适合于对外形、结构验证，或装饰件、礼品等方面的应用。SLA 或 DLP 等使用光敏树脂材料的成型方式，制品的耐候性不好，质地也比较脆，对于消失模铸造方面的应用更适合。北京航空航天大学采用 LENS 激光成型技术制作出的钛合金零件整体性能高于锻件，但是，属于高端应用领域，普及度还比较低。从各种3D 打印技术路线来看，SLS，LOM，SLS，3DP，DLP 等大多数工艺路线更多的适合于产品原型的制作，制品的强度、疲劳度等力学性能还难以和传统机加工件、锻件、铸件相媲美。

5. 稳定性欠缺

稳定性不单指设备、材料的稳定可靠，更多的是能否每次打印都能按照与计算机所设计出的三维模型一样，稳定地得到预想的实物，3D 打印工艺路线多样，每种路线的成型特性和所用材料都不同，打印速度、打印头的温度、材料的温度、打印环境的情况，都会对打印质量产生影响，造成打印失败。另外，要确保可以稳定得到所需制品，在进行产品和零件设计的时候，要充分考虑 3D 打印的特性，例如，使用 FDM 打印机来制造原型或零件，零件的壁厚不能小于挤出头小孔的直径，造型面的倾斜程度一般应小于 45°，避免在打印过程中的局部塌陷，底部尽量减少大面积平面的情况，避免零件在打印过程中由于受热不均，冷却速度不一致产生应力，造成翘曲而使打印失败。

6. 尺寸小

不同的 3D 打印设备可以打印物品的尺寸大小有很大的差别，3D 打印设备和所应用的场合以及技术路线的工艺特点密切相关，例如，DLP 技术基于投影仪原理而发展出来，成型的尺寸受到了投影像素的限制，目前主流的投影仪像素是 1024×768，要得到最小特征是 0.1mm 的制品，打印的幅面便是 102.4mm×76.8mm，这种工艺多用于微小精密的制品打印，很多情况为了得到更细致的最小特征，会进一步的缩小打印幅面。而 FDM 打印机，受限于 ABS 等材料易于翘曲的特性，打印幅面大多为 200mm×200mm，如果进一步增大幅面则需要对打印环境进行温度控制，避免温差造成应力的产生。虽然，不同技术路线的打印机可以找到相应的应用场合，但是可打印尺寸的扩大往往伴随着精度的降低，对于既要求高精度又要求大尺寸的情况，目前的技术水平仍有困难。

第二节　3D 打印技术文献研究综述

一、3D 打印技术历年研究成果

国外对于 3D 打印技术的研究相对开始得较早，约在 20 世纪 80 年代便出现了相关的研究和文献发表。我们在 Web of Science 中输入检索公式 TS = ((3D printing) OR (three-dimensional printing) OR (additive manufact) OR (digital manufact))，检索年限为所有年份，语言设定为"English"类型为"Alldocument types"。截至 2015 年 4 月，共检索出符合上述检索条件的文献 4560 余篇。而对文献发表年份分析后，我们可以发现 3D 打印技术相关研究文献的发表整体处于增加态势，尤其进入 21 世纪后，对于 3D 打印技术的研究呈现快速发展的态势（如图 6-3 所示）；值得注意的是，在 2014 年，相关文章的发表在一年内达到了 1 200 余篇，各方对 3D 打印的关注和研究达到了前所未有的高潮，3D 打印迎来一个新的阶段。

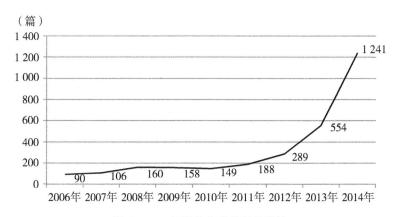

图 6-3　3D 打印外文成果年份统计

　　对国内 3D 打印技术相关文献的搜索则通过在"中国知网"中输入检索条件：（（题名＝中英文扩展（3D 打印）或者题名＝中英文扩展（3 维打印）））或者题名＝中英文扩展（三维打印）），检索时间不限，共得到 3D 打印相关文献约4 700篇。同样地，在对国内相关文献发表年份进行统计时可以发现，随着时间的推移，社会各界对3D 打印技术给予了越来越多的关注，发表的学术文章的数量增加速度在加大；特别是 2010 年后国内相关研究增长迅速。从两张图中可以发现，国内相关的研究与国外起步相对稍晚，研究前期热度不如国外（如图 6-4 所示）。

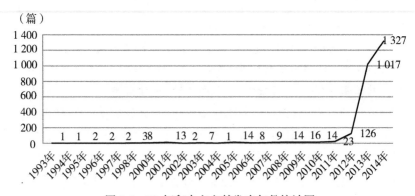

图 6-4　3D 打印中文文献发表年份统计图

二、国外 3D 打印技术研究学者关联性分析

　　Ucinet 是目前比较流行的社会网络分析软件，利用 Ucinet 软件对外文文献作者的所著文献数量进行排序，并对发表文献量在前100 名的作者进行合著关系分析、绘制合著关系图，如图 6-5 所示。在 3D 打印技术方面的国外作者所构成的研究团队中，双核型和网架型的研究团队占所有团队的比例较高。就整体而言，国外作者的合著网络关系相对松散；联系不强的合著关系网络，在一定程度上不利于知识的交流、成果的分享、研发的进步。从局部来看，双核型和网架型的合著关系在其网络内部的凝聚力较高。通过文献合著

分析方法可以得知，在国内对3D打印技术研究较多的学者中，他们的合著关系为桥梁型、合著关系较为复杂。这种桥梁型的合著关系可以涵括不同学科知识背景、多种思考视角和多种解决问题的知识、思路，取长补短、互相合作、发挥优势，促进研究。

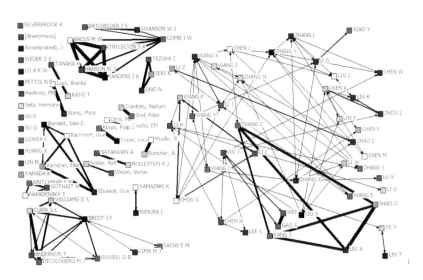

图6-5　3D打印外文文献作者合著关系图

三、国内3D打印技术文献关键词

而针对文献的关键词进行分析，可以发现，"3D打印技术"、"快速成型"、"第三次工业革命"、"发展趋势"、"工艺参数"、"应用"等关键词出现频率相对较高。虽然对文献关键词的统计和分析不尽全面和精确，但是也能在一定程度上反映出当前学者对3D打印的技术原理、打印工艺、生产应用和未来发展趋势十分关注，也预示着3D打印技术的广阔的发展前景，如图6-6所示。

四、3D打印技术文献分析小结

通过对国内外3D打印技术相关文献的分析，可以发现3D打印技备受关注且研究热度不减，所涉及学科、应用领域十分广泛。

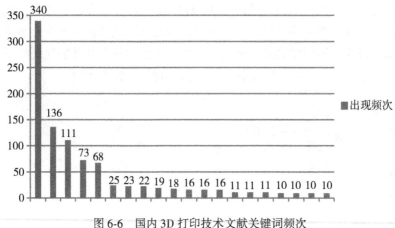

图 6-6　国内 3D 打印技术文献关键词频次

但目前 3D 打印技术研发和产业应用方面并非十分完善，这其中也存在薄弱环节，主要体现在研发更多样的新型 3D 打印材料研发、实现新的成型技术创新以提高 3D 打印制造的生产效率、精度和质量，产业化应用、市场推广等方面的不足。3D 打印技术的基本发展趋势是：提高精度、提升打印速度、降低成本、发展高性能材料以及设备小型化、智能化、自动化、一体化、集成化。

　　本章主要有如下六个方面，其之间具有递进关联关系：

　　(1)3D 打印技术发展现状的系统分析。对 3D 打印技术产生、演进、已形成的技术类型及技术构成体系进行分析，对 3D 打印技术的创新路径及创新特征进行归纳，对 3D 打印应用及产业发展状况予以总结。

　　(2)3D 打印技术的跨学科交融式集成创新发展模式构建，分别从学科层面、技术层面和产业化层面系统思考 3D 打印技术的跨学科交融式集成创新发展模式的内涵，探究基本模式的构成。

　　(3)3D 打印技术的跨学科融合创新原理研究。3D 打印技术的研究既需要集成应用已有成熟技术，又需要关键新技术的突破；其技术创新既需要得到包括数学、物理、生化等基础性学科的科学原理支持，又需要基于各种应用性学科的理论和方法去探究技术实现的机理和途径。这就需要以跨学科融合的思路解析 3D 打印技术的基本创新原理。

（4）3D 打印技术集成方法与技术群落演进机理研究。3D 打印技术从形成到不断成熟，是一个技术群落不断演进和优化的过程。因此，基于生态共生原理、优胜劣汰原理、演化博弈理论分析 3D 打印技术群落演进机理，可为进一步探讨 3D 打印技术创新及其产业发展措施奠定理性认知基础。

（5）3D 打印技术创新发展的六力系统推动机制研究。这以跨学科交融和系统思维去思考 3D 打印技术创新发展的推动力系统，即通过构建由政府引导力、科技创新力、产业集聚力、社会接纳力、金融投资力、企业经营力系统动力模型，全面而深刻地探讨 3D 打印技术创新发展的六力协同推动机制。

（6）3D 打印技术创新及产业发展的政策建议。在六力协同系统中，就企业、科研与教育机构、金融机构、社会公众、媒体如何提高对 3D 打印技术价值认知、创新投入，以及形成研究合作和推进产业发展机制等提出系列对策建议。

3D 打印技术显示了现代重大复杂技术新需要多学科联合研究与集成创新的基本特征，已有的研究主要聚焦于技术环节，对其创新的原理、机理、机制问题不够重视，这实际上也是许多技术发展初期研究中的普遍现象。因此，需要突破常规定式思维，提出要通过建立和完善 3D 打印技术创新发展协同机理推进 3D 打印技术创新和加快实现向成熟技术和产业化的转化。

第三节　3D 打印技术的跨学科交融式集成创新发展模式构建

一、3D 打印技术跨学科交融式集成创新探索

在日常的社会生活中，"创新"一词并不新鲜，对于"创新"的研究源头可以追溯到 1912 年奥地利政治经济学家、创新经济学之父约瑟夫·熊彼特（J. A. Shumpeter）的著作《经济发展理论》。他在《经济发展理论》中首次提出了关于"创新"的思想和概念，他从企

业生产的角度出发，认为"创新是指企业家对于生产要素的重新组合，以获取潜在的利润"。在他的经济学说体系中，企业生产就是生产要素的函数，因而他认为，"技术创新就是一种新的生产函数"，也就是说"将一种从来没有过的生产要素和生产条件的新组合引入生产体系"。它包括五种情况：引入新产品；采用新的生产方法；开辟新的市场；获得原料的新来源；实行一种新的企业组织形式。他所提出的"创新"概念并不能普遍适用于所有领域，只是针对企业生产而提出的。但是这样的概念对于今后学术研究、技术研发和实践生产产生了深远而巨大的影响。

"创新"，到目前为止也没有一个统一的定义，我们只能从以下几个角度来理解。第一，狭义的创新。狭义的创新主要是从发明与创新的联系和区别来定义和理解的，发明是提出某种新想法，而创新则需要整合各种资源以付诸实践。第二，广义的创新。广义的创新主要是从技术、市场、管理和组织体制等生产系统或经济系统的要素方面来理解的。

3D 打印技术作为一项制造技术，被认为具有工业革命意义，这与它的制造原理、技术特点有密切关系。它包含了 CAD 三维数据模型设计、3D 打印机和 3D 打印材料三个主要部分，因而 3D 打印技术的发展不是一个单独部分的独自进步，实际上是成型工艺、原材料和设计程序这三大要素创新发展的过程，这三大要素的发展并不是同步的，而是呈现螺旋式发展进程。3D 打印技术原理和生产过程涉及多个基础学科、多项制造技术，具有综合性和复杂性的特征。通过对关于 3D 打印技术的文献的分析可以窥见一斑，无论是最初的 CAD 三维图纸设计还是打印机、打印材料都涉及多种学科，是一项综合交叉的创新技术。它在多个行业已得到应用，现实影响不容小觑。

二、跨学科交融式集成创新发展模式的基本构架

任何技术创新，包括 3D 打印技术创新在内，都是非个人、单一学科、一个组织的能力所完全可胜任的，需要在社会群体参与、跨学科交融、已有成熟技术支持、组织间合作、产业政策引导等多

维度层面形成系统协同创新合力，才有可能实现其创新突破和技术群落有机演进，并有效缩短产业化的进程。因此，探究 3D 打印技术的跨学科交融式集成创新机制不仅可以获得对其内在创新机理的深刻认识，进而探索促进这一新兴重大科技创新发展的有效手段、探究和机制，还对揭示现代社会重大复杂技术创新原理有重要启迪价值。因此，分析 3D 打印技术的跨学科交融创新机理必须突破单一学科、单一技术和单一动力的局限，从学科交融、技术集成和多种力量协同的角度探索 3D 打印技术协同创新发展的基本架构并进行 3D 打印技术的跨学科交融创新机理研究。

　　而根据学科原理、技术集成和六种推力之间的逻辑关系对上述基本框架进行变形，可得到如下的更具层次的 3D 打印技术创新发展的基本架构，如图 6-7 所示。

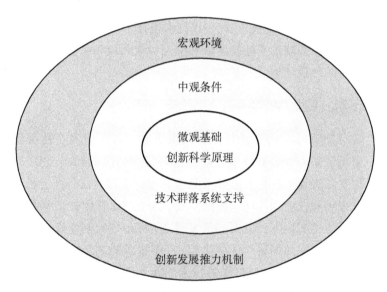

图 6-7　3D 打印技术创新发展的基本架构

三、3D 打印技术的技术群落演进机理探索

　　联系是普遍客观存在的，而技术之间也不是互相独立的，它们

之间互相联系组成技术群落。同其他事物普遍的生态周期相似，技术群落的演化进程也分为生长期、成熟期、衰退期、替代期。它们的稳定性依次为：不稳定、稳定、不稳定和新的稳定。

从动力的来源来看，推动技术群落演进的动力可分为内部动力和外部动力，3D 打印技术的演化进程就是技术群落内部动力和外部动力共同作用的结果。推进技术群落演进的内部动力是推动 3D 打印技术演化进程的根本动力，由技术群落内部的各要素相互作用而产生的，主要由技术与技术、技术群落与技术群落、技术与技术群落之间的关系引发而出现；而外部动力也是推动 3D 打印技术演化进程的重要力量，是由技术群落与其所在的外部环境相互作用而产生的推动力量。内部动力和外部动力的共同作用形成了技术群落演进的综合推动力。按照内部动力与外部动力的区分，将与 3D 打印技术相关的六个技术群落进行分类：核心技术群，即增材制造技术群和 CAD 三维设计技术群、3D 打印机技术群属于技术发展的内在动力，而相关制造支持技术群和应用对象领域相关技术群则属于技术发展的外在动力。

四、创新发展推力机制——六力协同

技术创新与产业发展上受到政策引导、合作研发、社会认可度、市场开拓、资金支持和企业经营等诸多因素的影响。3D 打印技术创新发展和产业化发展必须基于有现行市场需求、社会长期需求，以市场和社会为导向。因此，要在分析 3D 打印技术创新与实际应用价值的前提下，分析如何实现 3D 打印技术创新发展的动力形成机理，探究如何科学地构建 3D 打印技术的创新发展协同动力机制以最有效地推动 3D 打印的技术创新和产业发展。完成这些目标还需要基于基础学科、经济学、管理学、社会学对现代科技发展基本规律的理解，以跨学科交融和系统思维去思考 3D 打印技术创新发展的推动力系统，即通过构建由政府引导力、科技创新力、产业集聚力、社会接纳力、金融投资力、企业经营力系统动力模型，全面而深刻地探讨 3D 打印技术创新发展的六力协同推动机制。

第四节 3D 打印技术的创新科学
原理基础——学科交融

一、跨学科的定义与内涵

(一)"跨学科"的定义及研究发展

根据《现代汉语词典》，"学科"有三种解释，分别是"按照学问的性质来划分的学问门类"，"学校教学的科目"，"军事训练或体育训练中的各种知识性的科目"。

基于《现代汉语词典》中对于"学科"的定义和内涵，我们认为"跨学科研究"的内涵可从以下三个方面来理解和认识：

首先，广义上的跨学科是以某个特定问题作为其研究对象，然后研究主体内部或者不同研究主体之间进行多学科之间的合作研究。这种合作研究的目的就是解决同一问题，而理论基础必然是两种或者两种以上学科门类的理论知识。

其次，是狭义的跨学科研究，相比较而言，狭义的跨学科研究比广义的跨学科研究的学科融合的程度更深、层次更高。也就是说这种跨学科研究中不仅有不同学科之间的机械的、简单的合作或互补，还应包括它们相互之间的有机融合、渗透和影响，特别是研究方法上的借鉴和综合。

最后，是超学科研究，主要指已经形成了超越具体某个学科具体的方法和问题的更加规律性的理论范式，任何具体的学科只是这种一般范式的具体体现。

"跨学科"一词最早出现于 20 世纪 20 年代中期的美国纽约。然而"跨学科"一词首次出现后很长一段时期内并没有引起关注，跨学科研究与跨学科教育的相关理论探讨和实验研究的正式开始已是 40 年后。在跨学科研究发展的进程中，有一次会议意义非凡，那就是 1970 年 9 月在法国的尼斯大学召开的一个以"跨学科"为主题的学术研讨会，"跨学科"学术研究的新阶段也就从这次研讨会开始了。该会议的会议文集《跨学科学——大学中的教学和研究问题》也成为了研究跨学科的经典著作和必读书籍。随后，1976年，以跨学科研究为主要关注点的期刊——《交叉科学评论》在英国创刊；1979年，"跨学科学研究会"在德国成立，这也标志着致力于研究跨学科规律与方法的全新学科正式形成——跨学科学。1980年，以跨学科科研和管理的研究为主要研究内容和工作中心的"国际跨学科学协会"正式成立。

1985年4月，我国首届"交叉科学学术研讨会"在北京召开，这标志着我国的"跨学科研究"开始。当时各领域的150余名专家学者参加了这次研讨会，钱学森、钱三强和钱伟长还做了主题发言。从此以后，"交叉科学"这一说法在国内开始普及、慢慢为学术界所接受，对它的研究也逐渐增加，与之相关著作文章也陆续出版，让"跨学科"为更多的科研人员和普通读者所了解，所接受，对它的认识的加深也在不自觉地加强了人们对它的运用。

总体而言，我国的跨学科研究与国外相比，开始时间相对较晚。另外，由于国内教育体制和科研体制的限制，跨学科的研究和实践发展与国外仍然存在差距。

(二)跨学科研究的必要性

关于跨学科研究，地质学家李四光曾经说过"打破科学割据的旧习，作一种彻底联合的努力"。当代科学技术研究的专业化导致学科的细化，而技术的复杂性又要求跨越学科的界限进行研究。因为学科的关联性和多样性，表面看似不同或者毫无关联的学科其实在内部存在着统一。当代学科发展、学术研究和技术创新发展的突出特点之一，就是在专业和学科知识高度细化的基础上开展的跨学科交融研究，科学按照单一学科和跨学科的两种形式同时发展、并行不悖。因此，在认识上要进行一场跨学科的革命，跨学科研究的深度和广度在一定程度上影响着技术的创新。

首先，单一学科的研究为跨学科研究奠定基础。单一学科的发展为确立多种科学的跨学科之间区别、联系和相互作用提供了必要依据，在此基础上才能开始跨学科的研究。在研究深度上，随着单学科研究在纵度上的不断深入，研究就会触到一定的边界而无法进行下去，从而发现必须研究一些看似与本学科研究对象毫不相干的其他学科的知识、属性和现象以加深对本学科的理解，帮助研究继续进行。

其次，跨学科研究是当代科学技术研究的必然要求和趋势，跨学科发展也必然转变为单学科发展。一方面，多学科形成的研究项目将会逐渐转化为独立的研究学科；另一方面，跨学科研究的过程中也会发现新问题、产生新思维、创造新方法。因此，学科与跨学科在本质上是统一的，二者都是科学认识与科学研究的必要途径与方法，既是现代科学研究的目的，也是现代科学研究的方法。

尽管现在关于跨学科的研究和实践还不是十分成熟，但是没有人会否认它的发展潜力和未来前景，因为只有它能够帮助人们面对和适应交叉科学时代。

在跨学科研究中，有一项 21 世纪才出现的跨学科技术正在引起热议——"NBIC 会聚技术"。"会聚技术"（Converging Technologies）就是指"纳米科学与技术、生物技术（包括生物制药及基因工程）、信息技术（包括先进计算与通信）、认知科学（包括认知神经科学）四个迅速发展的科学技术领域的协同、交融和融合"，其简化的英文联式为（Nano-Bio-Info-Cogno），缩写为 NBIC。"NBIC 会聚技术"以促进可持续发展为根本目的，通过学科、技术融合与集成，实现综合型技术的创新和突破，提高人类的认知能力和实践能力，并提高国家创新水平，减少对环境破坏，改善人类生命和生活质量。它代表 21 世纪科技研究和创新的综合化发展趋势，也体现了大科学时代中以人为本、可持续发展的科学观念。

二、从文献中分析 3D 打印技术跨学科研究现状

（一）国外 3D 打印技术研究学科分布分析

对上文搜索并整理的 4 500 余篇 3D 打印英文文献进行分析，文献所属的研究领域主要为科学技术（Science Technology）、社会科学（Social Sciences）和艺术人文（Art Humanities）。

3D 打印英文文献在不同具体学科的分布如下，其中，Engineering（机械）、Materials Sciences（材料科学）和 Physics（物理）所占比重最高，分别为 26.55%、16.57% 和 10.34%。而 3D 打印英

文文献在 computer science（计算机科学）、science technology other topics（科学技术其他主题）、optics（光学）、chemistry（化学）、cell biology（细胞生物）、radiology nuclear medicine medical imaging（放射核医学成像）、imaging science photographic technology（影像科学）等学科中也有较高比重的分布。

（二）国内 3D 打印技术研究学科分布分析

对 4 700 篇相关中文研究文献所涉及的学科进行分组，其中包含工业经济、计算机、化学和机械等学科。对文献量大于 100 的学科进行统计。

而针对 3D 打印技术的三个重要环节：CAD 制图、3D 打印机和打印材料相关学科分别进行初步整理，可以发现 CAD 制图主要与机械工业、生物医学工程、计算机等学科相关；而打印机与打印材料主要与计算机、工业经济、化学等学科相关。表 6-3 可以更加清晰地看出 3D 打印技术是一项跨学科的集成创新技术。

表 6-3　　　　　　　**3D 打印技术设计学科统计表**

3D 打印技术的重要技术环节	涉及学科
计算机辅助制造（CAD）	机械工业、生物医药工程、计算机硬件技术、有机化工、金属学机金属工艺、口腔科学、计算机软件及计算机应用、自动化技术、冶金工业等
3D 打印材料	化学、有机化工、生物学、工业经济、计算机硬件技术、机械工业、材料科学等
3D 打印机	计算机硬件技术、工业经济、有机化学、轻工业、机械工业、自动化技术、无线电电子学等

从以上分析结果看，3D 打印技术的基本原理涉及工业经济、计算机、化学和机械等诸多学科，并且诸多学科以交融、融合的方式共同促进 3D 打印技术的发展。针对文献作者的合著关系进行研究也发现，学者的研究模式多为团队研究，这也与 3D 打印技术的

跨学科集成的特征是相符的。3D 打印技术属于一个跨学科交叉和交融发展的技术，它的技术研究不仅涉及机械工程、电子工程、信息工程、控制工程等技术领域，而且还与理论、装备、工艺方法等参数的研究紧密相关。3D 打印技术的创新要遵循事物发展的客观规律，从前述可知由于其技术及应用涉及领域广泛，需要从多学科及其学科交叉角度探究其技术创新的科学原理。

首先，3D 打印技术的三大要素各自都是多学科交叉的技术。

计算机辅助设计：CAD 技术是一种用计算机硬、软件系统辅助人们对产品或工程进行设计的方法和技术，国际著名的 CAD 杂志 *Computer-Aided Design* 在 1998 年中一期有关网络 CAD 的专刊上，称以网络为中心的 CAD 技术是"重要而又全新的多学科交叉研究中心领域"，它涉及"实物造型、数字模型、数据库、分布计算和远程通信"。

3D 打印材料：3D 打印材料种类十分复杂，主要包括工程塑料、光敏树脂、橡胶类材料、金属材料和陶瓷材料，此外，还有纸、生物细胞、食品材料等更多样化的原料，这些材料的研发和运用涉及化学、生物学、机械工业等多学科。

3D 打印机：同样地，3D 打印机的设计、制造和改进需要得到计算机技术、自动化技术、数字控制技术、机械工业等多学科的支持，多个学科领域的基础知识和技术的共同发展提高了 3D 打印机的工作性能。

其次，3D 打印技术的发展，实际上是计算机辅助设计程序（CAD）、原材料和打印技术这三大要素螺旋式创新的过程。这三个要素共同组成了 3D 打印技术，其中的一个要素的技术创新发展影响另外的两个要素的创新，在一定程度上也推动着 3D 打印技术的发展，形成螺旋式的创新过程。

三、科研实践中的跨学科研究

（一）3D 打印技术发展中的跨学科研究方法

3D 打印技术是现代社会重大复杂技术创新的一个典型代表，其显示出的跨学科交融式集成创新特征某种程度上反映和代表了当今科学技术创新和发展方式的一个基本趋势和潮流：跨学科研究与创新。美国阿波罗登月计划的总指挥韦伯就曾经说过，阿波罗所使用的都是现成的技术，而关键在于综合。

在 3D 打印技术研究团体内部和不同研究团体之间，不同背景、不同学科、不同专业的科研人员具备不同的知识，不同的学科知识在团体内部互动、交流、集聚、整合，这种双向互动的过程中，跨学科的创新知识逐渐构建，这种跨学科的创新知识对于 3D 打印技术这种综合型、复杂型的技术研究的推进、技术的发展起着推动作用。

同样的，3D 打印技术三大要素的研究团体之间，研究的主要方向和问题存在差异，研究团体通过多学科的融合，突破研究困境、解决问题，其中一个要素的研究成果也将影响另外两个要素的研究，三个要素彼此影响、相互促进，最终三者呈现螺旋式创新发展态势。利用跨学科的研究方法、特别是新兴的 NBIC 会聚技术，3D 打印技术的多学科融合的创新成果将会越来越多，3D 打印技术的发展将更具潜力。例如，3D 打印技术与生物细胞研究相结合，让打印出人体脏器的设想已成现实。据媒体报道，杭州电子科技大学等机构的研究人员研发了拥有自主知识产权的 3D 打印生物站，利用它可以打印出人体的肝单元，这不仅是 3D 打印人体组织器官的研究历程的里程碑式的重要突破和进展，也为今后医疗过程中新药的研发和筛选提供了全新的解决方法。

（二）当代科研中的跨学科研究

在跨学科研究领域，有一种"变化的三角形"理论，这种理论认为影响跨学科研究活动的不在于外部对其的关注和内部对跨学科的激励，更关键的在于体系的实施，以体系的实施保证跨学科研究的进行。

现存的大学分专业的教育方式在一定程度上限制了学科的交融创新，然而当代的科研项目往往是复杂而综合的，跨学科的研究方式正是对学科和专业的隔离和限制的突破、适应了当代科研项目和科技创新的要求，因而跨学科研究的方式必将成为学术研究和科技创新的主流方式和重要途径之一。跨学科研究的进一步开展，对科学整体化趋势的发展起着重要作用。另外，它将不断拓展甚至开辟出新的研究领域，引导、促进跨学科研究而产生的新兴学科特别是新兴交叉学科的出现和发展。跨学科研究在不同的学科之间建立起桥梁和枢纽，让不同学科的专业知识在学科之间流动起来，进行知识的转移和转化，重新构建新的知识、实现知识和技术的创新和应用。

就现实的社会意义而言，社会问题同科学研究一样，具有复杂性和综合性。不同社会问题之间存在差异，而问题之间又相互联系，这就需要跨越学科的界限，以跨学科的思维去全面地、联系地分析问题，综合考虑寻求有效解决方法。例如，近几年多次发生的雾霾现象，若要缓解和消除雾霾，不仅需要环境保护领域的专家和知识，而且也需要城市规划、工业设计等方面的专业知识的参与。当今社会竞争激烈，情况复杂，问题交错，这要求我们早日跳出学科的限制，开拓新的认识和实践空间，站在更高的层次，以跨学科的视角进行创造和创新，赢得主动权。

第五节　3D打印技术的技术群落系统支撑——技术集成

一、技术集成的定义和内涵

"集成创新理论"是约瑟夫·熊彼特的"创新理论"与他自己的经典管理思想中"系统原理"的相结合而产生的新理论成果。集成创新理论认为，从静态来看，创新是一个综合系统总体，它包括研发、实验、生产、经营、管理、组织等各方面内容在内；从动态来看，是对各种要素进行整合和集成的过程。在理论之外，集成创新也是近些年来企业在激烈竞争的市场环境中而实践产生的一种新的技术创新实践模式。

集成是当下十分流行的新潮概念，其实它的历史并不短，它在创新管理领域中出现得很早。这是由美国哈佛大学 Mareo Lansiti 教授在其代表作《技术集成》（*Technology Integration*）中提出的：他对

50 家在行业中处于领军地位的企业的技术管理和产品开发过程进行深入研究和分析，最终的研究结果显示影响技术创新和产品研发的关键因素之一就是"技术集成"。在理论上。针对技术集成，他建立了"概念探索—技术集成—实物开发"的模型，该模型的主要含义是，随着技术研发和产品开发过程的推进，依据实际市场变化情况，研发团队的组织架构也应发生相应的改变以匹配实际需要。在国内，中国科学院院长路雨祥院士针对现代国际国内竞争的状况和技术研发和创新的现状，提出"技术集成创新是一种应对战略需求而产生的创新行为。通过这种创新行为，集成时代中的新知识新技术，以满足科研发展和生产改进的需求，最终达到国家发展的目标"。此外，国内也有其他专家学者对"集成创新"提出不同的定义，虽具体定义不同，但都提到了要素组合、行为优化、有机匹配、搭配优选、优势互补、技术集成、组织集成、信息管理集成等关键词。

3D 打印技术属于当代社会里一种重大而复杂的前沿性综合技术，其涉及学科领域和应用领域广泛，是由众多具体技术构成的一个复杂技术群落：既含有高新尖端核心技术，也有基础性普遍技术；既包括亟待突破的关键技术，又需要已有成熟技术支撑。因此，需要从技术集成角度探讨 3D 打印的技术共生结构及其技术群落演进机理，优化 3D 打印技术的集成创新机制。

二、3D 打印技术的技术共生结构分析

"共生"这一概念最初是生物学领域的专有术语，是由德国的真菌学家德贝里（Antonde Bary）在 1879 年提出的。他将"共生"定义为"出于生存的需要，两种或多种生物之间必然按照某种特定的模式互相依存和相互作用地生活在一起，形成共同生存、协同进化的共生关系"。随着对生物领域中的共生现象研究的深入和人文社会科学的发展的研究需要，20 世纪 50 年代后，"共生"的思想和概念超越生物学研究领域，逐渐引起了人文社会科学领域内的专家和学者的关注，他们将"共生"概念移植到了人文社会领域并进行研究。在国内，2002 年，袁纯清出版了《共生理论——兼论小型经

济》，在这本书中，它首次将"共生"的概念引入到我国的社会科学研究领域。

目前应用共生理论在社会领域总应用已比较广泛，但最普遍最直接的应用领域是工业生态学。3D 打印技术作为一项涉及多学科、多技术的复杂的综合性制造技术，其创新发展靠单一的技术是绝对无法实现的。不同的技术群落之间发挥自身技术优势，并与相关技术群落合作形成共生结构进行集成创新。

3D 打印技术群落的核心技术群是增材制造成型（制造工艺）技术群，围绕该技术群的重要配套技术形成了 CAD 三维设计技术群、3D 打印机技术群、3D 打印材料技术群三大技术群落。同时，从先进制造技术支持和应用领域技术看，还有相关制造支持技术群、应用对象领域相关技术群两大支持技术群，这六大技术群落构成了3D 打印技术群落的整体。

增材制造（Additive Manufacturing，AM）成型技术群。美国材料与试验协会（ASTM）国际委员会对"增材制造"的概念定义十分明确简单：增材制造是依据三维 CAD 数据将材料粘结制作立体物体的过程，相对于减法制造它通常是逐层累加过程。在国内，中国工程院关桥院士分别从广义和狭义角度对增材制造概念作出了界定："广义"的增材制造是一个大范畴的技术集群，它以直接制造零件为其目标，以原材料的累加制造为其技术基本特征；"狭义"的增材制造是指不同的能量源与计算机数据模型设计技术相结合、分层累加材料的制造技术体系。

增材制造成型技术是 3D 打印技术的核心技术，就其工作过程来说，它首先将计算机中的 CAD 三维数据模型"切"成一系列二维的薄片状平面层，然后利用增材制造的专门设备和特定材料，根据材料特性以一定的固化方法完成薄片层的固化制造并逐层堆积叠加，循环往复，最终造出所需 3D 物体。目前主流的增材制造技术主要有以下几种类型：

（1）熔融沉积成型（Fused Deposition Modeling，FDM）是一种将各种热塑性丝状材料加热、熔化，根据 CAD 数据模型的二维截面轮廓信息涂覆在工作台上，经冷却后形成薄片轮廓，最后堆积成型的增材制造方法。成形材料主要是 ABS、PLA 材料，可打印材料还有 PC、尼龙、人造橡皮、石蜡、共晶系统金属、可食用材料等。该成型工艺维护起来比较简单，成本也较低；它选用的各种丝材清洁无污染，易于更换保存，打印完成后不会在打印设备中或附近形成粉末或液体污染；成型速度较快。

（2）烧结/粘结成型在 3D 打印过程中的技术具体应用为直接金属激光烧结技术、电子束熔化技术、选择性激光烧结技术、粉末层和喷头 3D 打印技术。

直接金属激光烧结技术（Direct Metal Laser-Sintering，DMLS），使用激光束作为能量来源，因为激光具有超高能量。在打印时，由 3D 模型数据的控制来局部熔化金属基体，同时烧结固化粉末金属材料并自动层层堆叠，以生成各种几何形状的实体零件。这种 3D 制造工艺就被称为"直接金属激光烧结技术"，主要材料为不锈钢、钴铬合金、钛合金等。直接金属激光烧结技术在制造比较复杂组件方面具有很多优势，它最大的应用之一是可设计异型冷却水路（Conformal Cooling Channel），从而达到最佳的冷却效果，减少金属原料注入成型时间、降低时间成本和人工成本。

电子束熔化技术（Electron Beam Melting，EBM）的工作需要在高真空的环境下，将高速电子束流的动能转换为热能以此作为热量来源来熔炼金属的一种方法，基本材料钛合金。因为电子束具有高能量密度、高吸附率、高扫描速度等特点和优点，因而电子束熔化成型整个制造过程速度很快、效率很高，此外，因为整个过程发生在真空的条件下，所以制造出来的零件性能优良，精度高。

选择性激光烧结（Selective Laser Sintering，SLS），又称选区激光烧结。选择性激光烧结技术也是以激光作为能源来源，利用已设定好程序控制来红外线激光束的运动，以一定的速度和密度按分层面的二维数据对非金属粉末、金属粉末或者复合物的粉末薄层材料，进行扫描、烧结形成平面形状，然后将平面形状层层堆积，最后形成立体成形件。选择性激光烧结方法技术原理和制造工艺简单，材料选择范围广、材料价格便宜，制造成本低、材料利用率高，成型速度快，成型产品柔性度高。选择性激光烧结技术目前应用广泛，最主要应用于铸造业，并且可以用来直接制作快速模具。

选择性热烧结(Selective Heat Sintering，SHS)技术与选择性激光烧结技术相类似，它们的主要区别在于打印头。后者使用的是激光打印头，而前者使用的则是热敏打印头。机械扫描头只需要提升温度稍高于粉末的熔融温度，以选择性地结合粉末床而逐层烧结成形。

使用材料主要为热塑性粉末以及金属粉末、陶瓷粉。

粉末层和喷头 3D 打印(3DPrinting，3DP)技术的工作原理是：以粉末-黏合剂为基本原理的三维打印技术，材料粉末不是通过烧结连接起来的，而是通过喷头用粘结剂(如硅胶)将零件的截面"印刷"在材料粉末上面。成型过程中没有被粘结的粉末起到支撑作用，能够形成内部有复杂形状的零件，而且还可以打印彩色零件。使用的成型材料比较多，包括石膏、塑料、陶瓷和金属等。当物体制作完成后，多余的粉末就会被自动清除而无须再去特别处理。

分层实体制造(Laminated Object Manufacturing，LOM)技术，又称层叠法成形技术，原理首先根据 CAD 数据来切割箔材和纸等材料，然后将所获得的材料薄层片粘结成三维实体。该工艺的特点是制造技术相对简单，模型支撑性好，成品牢固，成本较低。从其技术过程可以发现，缺点是制造前、后的处理工作费时费力，并且不能制造镂空结构的物体，应用有局限性。

立体光刻(Stereo Lithography Appearance，SLA)，在这种制造技术成型过程开始时，可升降的工作台被置于打印材料液面下一个截面层厚的高度。激光束按照二维截面轮廓要求沿着原材料液面进行扫描，使被扫描到的区域的树脂原材料完成固化，从而得到这个截面轮廓的塑料薄片。然后，工作台继续下降，而下降的高度就是刚才的一个薄层的厚度，重复刚才的过程再进行下一个层面的固化。这样层层叠加，最后构成一个三维实体。这种成型技术的原材料是液态的、无颗粒，因而打印成品可以做得很精细。不过正因为如此，立体光刻的原材料要比选择性激光烧结贵很多，所以它目前主要用于打印薄壁的、对精度有较高要求的零件。

数字光处理(Digital Light Processing，DLP)，它的技术原理与

数字光处理投影机的技术原理相同，其制造过程与上文中所介绍的立体光刻技术过程类似，但是由于其生产时对精度要求很高，因此造成制造成品价格也贵很多，目前应用并不是十分广泛。

随着研究的深入，新型的增材制造技术也在不断出现。例如，生物绘图技术（Bioplotter）用喷墨打印技术来做细胞打印，主要以细胞为原材料，复制一些简单的生命体组织。现在还有一种可以进行 3D 生物打印的打印机，它有两个打印头，其中一个放置人体细胞，最多可达 8 万个，被称为"生物墨"；另一个可打印"生物纸"。"生物纸"主要成分其实是水的凝胶，可作为细胞生长的支架。生物绘图技术是细胞生物学、材料科学和增材制造技术的最新交叉融合。

CAD 三维设计技术群。CAD，Computer-Assisted Design，即计算机辅助设计，是指利用计算机及其图形设备帮助设计人员进行设计工作，通常需要一些工具和软件。CAD 设计出现距今已有 50 余年，而现在它的三维设计的功能被应用得越来越多。通用的 CAD 三维设计软件主要有 Tinker CAD、Blender、Objet Studio、Autodesk123D、maya 等。针对 3D 打印还有一些专门的设计软件，如 Cura、Makerbo、Qubeware、Repetier-host、Printrun、slic3r、Rhino3DPRIN 等。此外，还有辅助软件和支撑基础软件。

3D 打印机技术群。3D 打印机诞生于 20 世纪 80 年代中期的美国，按照用途经常被分为工业级系统和办公室桌面系统两大类。3D 打印机通常由打印机体框架、机械控制系统、电路控制系统、热源与冷却系统、辅助装备系统组成。

机体框架的基本原则在于结构的刚性，故打印机大都采用三角形、矩形来作为机体结构的基本形状。机体框架制造必然涉及结构设计、材料运用（金属、塑料、木材等）、机械加工等。就具体结构而言，有三角形结构、矩形盒式结构、矩形杆式结构等。

机械控制系统是 3D 打印机的核心部件，主要组成部分有机械轴、驱动电机、喷嘴、挤出机和输料系统等。

电路控制系统由主控电路、驱动电路、数据处理电路、电源这几个部分构成。热源与冷却系统由热源、加热管、塑胶熔炼炉、热床和冷却装置组成。此外，3D 打印机还包括一些辅助装备系统。

3D 打印材料技术群。3D 打印材料是打印技术发展的重要物质基础和关键因素，然而目前也是制约 3D 打印技术发展的瓶颈。因为 3D 打印技术的制造特点要求打印材料具备有利于快速、精确地加工原型零件的特点，且需要达到快速成型制造的要求，另外，还要满足一定的强度、刚度、柔韧度、耐湿性和热稳定性要求，同时，也要有利于后续处理工艺。因此，一方面，3D 打印材料促进着 3D 打印技术的发展；另一方面，又制约着 3D 打印技术的进步。

据统计，目前已有 200 余种 3D 打印材料。但从应用角度看，这些材料还远远不能满足实际需求，新材料的开发仍在不断的探索中。打印材料种类繁多，因此需要按照不同的标准进行归类。依据不同分类标准，可将 3D 打印材料分为不同的类别。如果以形态来分类，可分为块体状材料、液态材料和粉末状材料等，按照 3D 打印材料的物理性质分，可将 3D 打印材料分为粉末状材料、丝状材料、层片状材料、液体状材料等。按化学性质分，可将 3D 打印材料分为工程塑料材料、光敏树脂材料、橡胶类材料、金属材料和陶瓷材料等。除此之外，一些新型 3D 打印材料如彩色石膏、人造骨粉、细胞生物原料、纸、木材、植物纤维以及食品级材料，如糖、巧克力等也在打印领域得到了应用，让人惊喜不已。

工程塑料：工程塑料一般可以用做金属替代物，虽是塑料但是它的综合性能较好。主要包含通用工程塑料、特种工程塑料、聚烯烃复合材料及合金等。工程塑料一般包括通用工程塑料和特种工程塑料两大类。工程塑料具有较强的耐热和耐寒性能和稳定性，受环境影响小，适宜作为结构材料使用；重量轻、耐磨，且生产简单、容易加工，生产效率高。光敏树脂：也叫 UV 树脂，当光敏树脂中的光引发剂被波长为 250~300 纳米紫外光光源照射时立刻发生聚合反应。聚合反映的结果就是产生自由基或阳离子，自由基或阳离子使单体和活性预聚物活化，从而发生交联反应而完成固化、生成固化物。光敏树脂一般状态下为液态，它可以用来制作高强度、耐高温、防水的物体，且光敏树脂制造出的物体精度高、造型精美。这种材料固化的速度快，仅用光源就可以完成打印因而节省能源、制造成本较低，较受欢迎。橡胶类材料：橡胶类的打印材料具有弹力高，易拉伸的优点，因此能够抗撕裂、防断裂、非常适合于要求防滑或柔软表面的应用领域。橡胶类材料主要用于制造电子产品、医疗设备及汽车相关配饰和轮胎等。

金属材料：目前可以应用于 3D 打印的金属材料越来越多，作为金属，它强度高还可以导电，但是能够作为 3D 打印材料的金属价格相对较高。价格低廉的 3D 打印金属材料需求量很大，相信市场前景十分广阔。

生物材料：目前生物 3D 打印材料主要分为无细胞的仿生材料和生物细胞。目前可以用 3D 打印机和仿生材料来制造一些硬的无细胞组织；而最新的 3D 生物打印技术可以利用生物细胞，直接打印出组织和器官，为医学发展和人类健康提供支持。

相关制造支持技术群。现代制造是集机械工程技术、电子技术、自动化技术、信息技术等多种技术为一体的相关技术、设备和系统的集合体，其制造模式、工艺、方法等都对 3D 打印技术的形成产生了重要影响，特别是对增材制造技术创新提供了基础性支持。

应用对象领域相关技术群。3D 打印技术从用途看，主要有直接部件制造、模具与工具加工、功能性设计模型、成像辅助模型、展示模型等。3D 打印技术作为一项具有综合性、复杂性特征的国际前沿重大新兴技术，它的应用领域包括工业制造、民用消费和医药生物等，例如，在机械制造、汽车制造、工业设计、建筑工程、航空航天、医疗、教育、穿戴、食品等众多领域得到初步应用，展现出了巨大的产业发展潜力，其技术及应用研究受到了学术界和企业界的广泛重视。

三、技术群落演进机理的理论分析

(一)基于生态共生理论分析技术群落演进机理

共生现象普遍存在于自然界和人类社会，它是共生单元之间的某种必然的本质的客观联系。上面已分析过，共生理论是由生物学领域进入人文社会科学研究领域的，无论是自然界，还是人类社会的共生，就其本质来看，共存共荣是共生的深刻本质和普遍规律，你中有我、我中有你，但共生并不是就完全没有竞争关系的共同存在；相反，它们实现共生单元之间的相互合作和相互促进的重要形式就是竞争关系，既有竞争又有共存，以实现个体单元的"双赢"和"多赢"，产生新能量，推动彼此的发展。

3D 打印中有很多相似性的同类技术，可以将它们整合以产生规模效应；同时，将具有互补性的不同 3D 打印技术，通过优势互补合作而形成共生、增强整体竞争力。这就是以共生理论来分析 3D 打印技术的技术群落，在 3D 打印技术这一大的课题下，具有联系和协同性的不同技术在一定的环境和状态下通过共生界面形成共生关系，突破学科的界限和技术的隔阂，相似或者互补的技术形成技术群落、相互促进、共同发展，实现技术的整合和一体化共生，推动 3D 打印技术的协同创新发展。在形成技术集成而形成技术群落后，彼此关联的研究部门和技术企业形成地理集聚体，它们在特定领域内既有合作又有竞争，形成较强的集体效应。

而从动态过程来看，技术共生是一个动态过程，一项技术为了自身的生存，在发展过程中会与其他相关技术不断调整进化，共同适应复杂多变的外部环境，它们的共生关系主要有关系的识别、适应、发展、共生解体及新的共生关系的形成等几个过程。在技术共生关系建立的初期，不同的技术之间、不同的技术群落之间需要经历一个技术个体间或群落间的相互识别，这个双向的进化过程对于以后共生关系形成不可或缺。在此之后才能互相适应，各自在结构和功能等方面进行调整，从而形成共生关系。在共生关系稳定发展之后，随着外部环境和技术的发展，技术之间的适应性又会逐渐减弱，直至共生关系的解体。在解体之后，它们各自又会去寻找新的共生关系，重新开始一个新的共生关系的动态过程并重复刚才的过程。3D 打印技术中的几大技术群落之间的演化过程同样遵循这样一个动态的共生过程。

3D 打印技术群落的共生发展具有互相依存、共同发展和开放交融的特征。技术群落之间的相互依存共同发展包括同一个技术群落内不同技术之间的依存与发展、技术群落之间的依存与发展和技术与环境、技术群落与环境的依存。在具有高度依存性的同时，技术与技术之间、技术群落之间、技术与环境之间并不是互相封闭的，而是开放联系的。技术、群落之间形成竞争、合作的共生关系，技术和技术群落处于环境之中，必然与环境有着开放性的联系。

（二）基于演化博弈理论分析群落演进机理

演化博弈论是 20 世纪 70 年代前后发展起来的博弈论的一个新的分支；传统博弈论的前提假设是完全理性人和完全信息，而演化博弈论的前提假设与之相反，是有限理性和有限信息，这是演化博弈论与传统博弈论的最大差别。顾名思义，演化博弈论是把博弈理论分析和动态演化过程结合起来分析的博弈理论和博弈分析方法。与生物学上的演化学说类似，演化博弈论认为任何非最优的行为都将在动态的过程中被淘汰掉。演化博弈论不仅可以用来解决生物进化的问题，还可以分析和解决社会规范以及制度演化等人类社会现实问题。

从 3D 打印技术雏形出现，几大技术群落持续发展，不断涌现出新的技术：新型的打印材料、精度更高的打印机、设计更加便捷的 CAD 制图软件，等等。在这个过程中，一些具有发展潜力的技术被保留下来并且被不断完善改进，与其他技术群落的技术一起继续发展，而一些不符合实际需求、没有发展前途的技术则慢慢被淘汰。不同的技术群落之间、技术群落与 3D 打印技术应用市场之间，不断调整磨合，在动态的过程中找到一个均衡。把一个 3D 打印技术生态环境中所有的种群看作一个大群体，而把每个种群都想象为一个个体。假定群体中每一个个体在任何时候只选择一个纯策略，比如，第 i 个个体在某时刻选择纯策略 S_i。$S_k = \{s_1, s_2\}$ 表示群体中各个体可供选择的纯策略集，s_1 为选择原策略，s_2 为选择新策略；N 表示群体中个体总数；$n_i(t)$ 表示在时刻 t 选择纯策略 s_i 的个体数。

$X = (x_1, x_2)$ 表示群体在时刻 t 所处的状态，其中，x_i 表示在该时刻选择纯策略 i 的人数在群体中所占的比例，即 $x_i = n_i(t)/N$。

$f(s_i, x)$ 表示群体中个体进行随机配对匿名博弈时，群体中选择纯策略 S_i 的个体所得的期望支付；$f(x, x) = \sum_i x_i f(s_i, x)$ 表示群体平均期望支付。

在对称博弈中每一个个体都认为其对手来自于状态为 x 的群体。事实上，每个个体所面对的对手是代表群体状态的虚拟个体。假定选择纯策略 s_1 的个体数的增长率等于 $f(s_i, x)$，那么可以得到如下的等式：

$$\frac{\mathrm{d}n_i}{\mathrm{d}t} = n_i(t) \cdot f(s_i, x)$$

因为 $n_i(t) = x_i \times N$，两边对 t 微分可得

$$N\left(\frac{\mathrm{d}x_i}{\mathrm{d}t}\right) = \frac{\mathrm{d}n_i(t)}{\mathrm{d}t} - x_i \sum_{i=1}^{k} \frac{\mathrm{d}n_i(t)}{\mathrm{d}t} = \frac{\mathrm{d}n_i(t)}{\mathrm{d}t} - x_i \sum_{i=1}^{k} f(s_i, x) n_i(t)$$

两边同时除以 N 得到如下公式，即动态系统的演化过程可以用微分方程来表示：

$$\frac{\mathrm{d}x_i}{\mathrm{d}t} = [f(s_i, x) - f(x, x)] x_i$$

可以看出，如果一个选择纯策略 s_i 的 3D 打印技术群体得到的支付少于总群体平均支付，那么选择纯策略 s_i 的 3D 打印技术群体在总群体中所占比例将会随着时间的演化而不断减少；如果一个选择策略 s_i 的 3D 打印技术群体得到的支付多于总群体平均支付，那么选择策略 s_i 的 3D 打印技术群体在总群体中所占比例将会随着时间的演化而不断地增加。

（三）基于优胜劣汰理论分析群落演进机理

优胜劣汰、物竞天择的规则是达尔文生物进化论的基本观点之一，也是他毕生的理论贡献中最突出的一点。他认为生物在自然界残酷的生存竞争中，适应能力强者生存下来，而适应能力弱者则被淘汰，这有利于生物种群的优化。而在技术创新和发展的过程中，优胜劣汰同样也是一个普遍的法则。符合技术发展趋势、适应市场需求的技术和创新能够被保留下来继续发展；反之，则会被淘汰；曾经具有发展优势的技术和创新如果慢慢失去适应能力，则也会自然地被遗忘。技术和创新在优胜劣汰的规律的作用下良性发展，推动着整个技术研究和社会生产的进步。

3D 打印技术群落演进同样遵循优胜劣汰原理，可以以其中的

一个技术种群为例分析 3D 打印技术群落演进机理。3D 打印技术群落中的某一技术种群甲，有三种演化路径，分别为：更新称为新的技术种群、保持原技术水准不变和因技术落后而被淘汰。而此时还有另一种具有创新性的技术种群乙存在，它与甲和更新后的甲种群形成竞争关系。乙的演化路径也同样为三种。

第六节 3D 打印技术创新发展推力机制——六力协同

一、3D 打印技术发展的六力协同系统探索

联系是普遍的客观的，创新行为离不开创新主体和其他支持部门的协同而独自为战，在某个复杂的大系统内，各个子系统的协同合作而产生了超越各要素自身的单独作用之和的效果，从而形成整个系统的统一作用和联合作用，这就是协同。简单来说，就是"1+1>2"。而在创新的过程中，政府、社会、行业、企业等都是协同系统中的子系统。市场和社会的需求是技术创新发展的外部动力和重要影响因素，技术的创新发展不能脱离市场需求、社会长期需求而独立存在；若是脱离，即使能暂时存活，长期下去也会被市场和社会抛弃。3D 打印技术创新发展也必须基于有现行市场需求、社会长期需求，与政府、社会、行业、企业密切相关。因此，需要结合 3D 打印技术跨学科交融发展的特点，基于技术学科、经济学、管理学、社会学对现代科技发展基本规律的理解，以跨学科交融和系统思维去思考 3D 打印技术创新发展的推动力系统。下面将试图通过构建由政府引导力、科技创新力、产业集聚力、社会接纳力、金融投资力、企业经营力系统动力模型，来探讨 3D 打印技术创新发展的六力协同推动机制。

二、政府引导力对 3D 打印技术发展影响

政府引导力是指政府在引领各种社会力量进行社会建设和社会管理时所拥有的资源和能量，它是政府的一种依靠软实力、软

资源。

在 3D 打印创新协同系统中，政府具有权威的推动力，在整个系统中发挥着引导的职能，能够提供方向上的引导、体制上的建设、政策上的支持、环境上的营造。在创新的时代洪流中，政府本身实际上也是创新协同系统中的一个参与者，积极参与到创新的协同系统中来。因此，政府对于 3D 打印的创新发展具有十分重要的作用，这一点可以从政府本身的定位和它的职能方面来分析。目前的政府改革以建设服务型政府为目标，公众的利益就是政府服务的起点和落脚点，这就要求政府更好地履行公共服务的职能、为社会提供更高效的公共服务，提高服务质量和公众满意度。党中央提出了"加快实施创新驱动发展战略，加快推动经济发展方式转变"的战略要求，政府也应以此为方向，鼓励创新、支持创新，为创新提供政策制度、环境平台、信息沟通等协同管理服务和支持。而在六力协同系统中，政府对于其他五项也具有一定的影响力，特别是在对金融投资力、产业集聚力和社会接纳力的影响上。

（一）政府为 3D 打印技术发展提供政策制度方面的服务

制定各项政策制度并保证实施贯彻是各级政府的主要职能之一，这里的政策制度必须符合社会发展趋势和国家发展战略。"创新驱动"、"大众创业，万众创新"既是党中央的发展战略要求，又是时代发展潮流。政府应当明确自身的职责、界定权力范围，清楚知道政府在创新系统中的地位和角色，并厘清影响创新的主要促进因素和制约因素，找准政策创新着力点、"对症下药"，充分发挥政府在构建创新体系中的作用。政府在制定政策制度时必须把握"创新"的时代主题，立足推动 3D 打印创新发展，为 3D 打印创新发展制定具有前瞻性和科学性的政策制度，为 3D 打印提供宽松的政策环境，并且保证政策制度具有执行力，以保证有效整合创新资源和合理配置资源。

政府还应当为 3D 打印协同创新提供相关政策制度的咨询服务，对其他创新主体的相关疑问咨询进行解释解答，从政策制度落实方面对 3D 打印协同创新进行引导和帮助，以协助创新者在创新道路上少走弯路和回头路。

（二）政府为 3D 打印技术发展提供环境平台方面的服务

创新发展的平台的建设是提升国家、社会、科研单位和高校的创新能力、完善创新体系的重要环节，是科技创新的基础支撑体系，是改善科技创新环境的必要条件。政府除了要制定科学合理的促进和引导 3D 创新发展的政策制度外，还需要加强科技基础设施建设，调动各方积极性，为 3D 打印协同创新搭建多种发展的平台，如资源共享平台、信息沟通平台、科研成果转化平台、行业技术合作研发平台等。

政府利用自身具备的总揽全局、统筹协调的独特优势，科学合理调配人力、物力、财力等宝贵资源，建立人才流动制度和工作制度，为不同的创新研究部门之间搭建沟通的桥梁，促进创新成果和科技资源合理流动、高效配置，让技术、资本和人才对技术发展、经济增长和社会进步的巨大推动作用尽可能地充分发挥，帮助减少3D 打印技术协同创新过程中所产生的交易成本，消除不必要的资源浪费，让宝贵资源产生尽可能大的效用。

（三）政府为 3D 打印技术发展提供信息方面的服务

知识经济时代的宝贵资源之一就是信息，有效、全面而及时的信息对科技创新有极为重要的价值。政府在信息收集、交流、发布方面有自身优势，可以及时发布有关 3D 打印技术的重要信息资源，为 3D 打印的协同创新提供有价值信息，同时广泛及时地搜集整理 3D 打印技术的科技信息需求和市场信息需求，建立通畅、连续的信息输入、输出、反馈的机制，并以政策和制度保证该机制的有效性和稳定性，从而实现信息的共享和增值的活动。政府应当保证信息时效性，提高不同创新主体之间的信息共享性，为 3D 打印协同创新提供信息基础。

在政府部门内部，也应打破不同部门之间的信息壁垒，通力合作，成立专门的 3D 打印技术协同创新管理的职能部门，并对 3D打印协同创新的程序、成果等进行有效管理，避免多头管理导致的管理漏洞。并充分运用信息化网络等现代技术手段，搭建协同创新管理平台。

三、科技创新力对 3D 打印技术发展影响

科技创新力是指科技研究与开发（Research and Develop）的投入与产出的活动能力。科学技术是第一生产力，创新是一个民族和国家的灵魂，在信息化时代，科技创新比任何时候都重要，技术创新是国家发展的核心驱动力、是企业发展的核心竞争力。据报道，虽然我国的综合国力、经济实力在不断上升，以达到世界较高水平，但是我国的科技竞争力的排名却依然很低，处于世界三流水平。而从微观来看，3D 打印行业的情况也并不乐观，起步晚、创新能力较弱、研究分散等问题存在。因此，提高科技创新力对于 3D 打印技术发展十分必要，甚至说至关重要。

提升科技创新力，首先要增强创新主体自身的原始创新能力。只有原始创新能力得到提高，才能独立自主地主动掌握核心技术和关键技术，具备自身的核心竞争力，拥有更多的主动权和话语权。虽然目前我国的 3D 打印技术发展迅猛，但是相对于国外，起步较晚、自主的核心技术掌握较少，发展受到一定程度的限制。因此，增强 3D 打印技术创新主体的原始创新能力，以企业为 3D 打印技术创新发展的主要力量，以市场为导向，建立产学研创新体系，在的关键时期抢占先机，为今后发展奠定坚实基础。

提升科技创新力，其次要增强各方集成创新能力。集成创新通过融合汇聚各种基础理论知识和相关技术成果形成强大合力，从而推出更具市场竞争力的产品，促进产业发展。有国外学者对 1900 年以来的影响世界的 480 项重大创造发明成果进行统计，结果发现 20 世纪 50 年代以前的重大成果大都属于独创性的，而 20 世纪 50 年代后通过集成创新而来的发明成果所占比例急剧上升，占全部重大创造发明成果的 70% 以上。3D 打印技术是一项综合性的复杂技术，所涉及的基础学科、应用学科众多，生产过程复杂，相关技术群落庞大，应用领域宽广，它的发展势必要求进行集成创新，科研过程中的技术的集成、高校、科研院所和企业之间的科技资源的集成，还有不同企业间的集成，以互惠互利，资源整合，在更大的平台和市场中获得发展空间。

提升科技创新力，还需要增强对国际先进科技的消化吸收和利用和再创新的能力。科技创新不是完全的闭门造车，拒绝一切外来的科技，而是以辩证的观点对待国外 3D 打印技术，承认并正视我国在 3D 打印技术科研及产业化方面的差距，在尊重知识产权的基础上对国外先进技术加以消化、吸收、利用并再创新，提高我国在 3D 打印的科研实力和技术水平，尽快与国际先进水平发展步调保持一致，参与到国际竞争中去。

在一个较大的区域范围内，生产某种产品的不同企业，以及与这些产品相关的上下游企业、关联服务业，以较高的密度聚集从而形成产业集聚。产业集聚会形成一种网络经济组织，也是当今世界产业组织的基本特征之一，这种产业组织的特征是从空间上来看的。英国经济学家阿尔弗雷德·马歇尔（Alfred Marshall）在其经济著作《经济学原理》中首先提出了"产业空间集聚"的概念。他认为产业集聚可以促进专业化的投资和服务的发展，为相关企业和人才提供交流合作的平台，为产品提供集中的市场。产业集聚的本质是区域经济发展不断更新的格局在空间上的实现形态，不仅是企业的集聚，更是资源的集聚和最有配置。产业集聚形成是企业寻求交易成本的降低，更多的资源的获取的结果，因而衡量一个区域产业集聚力的标准之一就是能否为企业实现上述目标。

与市场和等级组织比较会发现，相对而言，产业集聚所形成的网络系统比市场更稳定，但又比等级组织更灵活，它介于两者之间。因而，产业集聚网络被比喻为"有组织的市场"，在这个网络中，企业间以经济交流为基础，并可以进行包括文化、技术等各种资源和制度方面在内的交流和写作，实现交易费用大大降低、技术协同创新、企业共同发展、产业壮大变强。

从目前企业经营和产业发展实际情况来看，产业集聚逐渐开始成为经济发展的主流之一。产业集聚对于创新活动具有重要的促进和推动作用，尤其对于高新技术企业而言。世界上各具特色的产业聚集区实际上同时也是各具特色的产业创新区，如美国硅谷、我国的中关村创新园区等；3D 打印技术的创新也将从产业集聚中获益，我国国内多个地方也顺应产业集聚和 3D 打印的发展趋势，建立起

3D 打印创新产业园区。因为 3D 产业空间集聚为创新活动提供了更多的关于技术创新和市场开发的机遇，企业能够更方便地接近3D 打印的需求市场，更多地了解顾客的消费倾向，减少企业的研发和学习新技术的成本，发挥规模经济效应，强化企业间的技术溢出效应，促进企业自身技术进步，加速企业的产品创新和生产工艺的升级，抱团对抗外来的竞争压力。从另一方面看，3D 产业集聚有助于企业合作进行技术研究开发，在促进生产改进和市场开拓之外，丰富和升级 3D 打印技术的创新理论、3D 打印产业集聚理论。

从表面看来，虽然现在产业集聚区在空间范围上整体呈现出一种向外扩散的趋势；但是其实这只是产品生产和市场的向外拓展，并不意味着核心技术在空间上的向外扩散。相反，产业集聚的核心价值——创新网络的作用在现代经济发展和市场竞争中显得更加集中和突出，特别是在高新技术产业集聚区内尤其如此。各地政府、各产业区域可以顺应当前产业集聚的趋势，在各地形成具有一定规模的产业集聚区以及相对的城市群，不仅有利于企业发展，而且也将促进本地经济增长；而 3D 打印企业也应借产业集聚区域的东风，充分利用产业集聚力带来的好处，获取资源、降低成本、加强创新、提升技术，形成企业和产业集聚区域强大的核心竞争力，让我国的 3D 打印技术的整体实力增强并参与到国际竞争中去。

四、社会接纳力对 3D 打印技术发展影响

邓小平指出，科学技术是第一生产力。科学技术如何转化为生产力、促进经济增长、改善居民生活，这就需要科学技术从实验室进入社会，为社会所接纳。

社会接纳一项创新技术，就是这项技术的社会化过程，也就是技术从实验室向社会的转化过程，是技术与社会双方通过各自的努力，彼此相互适应、接受并消化对方带来的影响，同时尽量减少和消除相互之间的矛盾、对立和冲突，寻求一种相互融合、渗透的良好状态，达到和谐相处的目的，社会认可接受这项技术，技术给社会生活带来改变，社会和技术形成的密不可分的有机统一体。社会接纳力就是在对一项创新技术的接纳过程中的表现。

　　科技为社会所接纳，前提是这项科技的创新是顺应时代发展的趋势、符合社会生活的需要。3D 打印技术是一项综合的创新技术，具有多种应用领域，不仅可以应用在军事航空等领域，而且更主要地应用在于社会生活中。它可以帮助建筑公司打印房屋、帮助医生打印人体骨骼和器官、帮助工艺品公司打印精巧艺术品，等等，满足了人们不同的生产生活实际需求，形成市场的引致需求，只有这样社会才会需要 3D 打印技术、接纳 3D 打印技术，反过来推动 3D 打印技术的进一步发展和改进。

　　科技为社会所接纳，其次是科学技术和社会生产的各要素的有机结合，完成两者之间的渗透和转化。只有这样，科学技术的生产力特性、发挥变革作用才能得以完全发挥。解决社会与科技"两张皮"互相分离的状况，让二者有机结合，形成顺畅的科学技术渗透和转化的机制，这对于充分展示科技的巨大变革力量，促进社会经济发展，以及对于科学技术在社会生产中保持不断创新具有重要意义。

　　综上，科学技术为社会所接纳，不仅是科技本身加速发展和渗透转化为现实生产力，成为社会发展的内在动力的过程，而且是社会不断进行调整、改革和与之适应的机制建立过程，是二者的紧密结合。只有这两个方面的结合，才算是真正意义上的社会对科技创新的接纳，才是科技的社会化的完全实现。

五、金融投资力对 3D 打印技术发展影响

　　在市场经济的条件下，科技创新不是实验室里的设想和实验，而是真正的以社会化生产为目标的活动，它在各个环节都需要大量的资金投入来保证，特别是对于企业而言。但是大多数技术创新主体的并没有十分坚实的资本实力，因而它们的技术创新经常会受到资金问题的制约。从创新思想形成、研发、生产到投入市场，一旦期间出现资金链断裂的情况，则技术创新活动将会大受影响，甚至只能以失败而结束。据统计，在所有导致科技成果最后未能成功应用于实际的诸多重要因素中，资金问题大约占了 50%。因此，及时、持续和稳定的金融投资是影响技术创新活动成败的核心关键，

筹资能力也因此成为企业核心竞争力的重要组成部分。而随着全球经济一体化进程的加快和新兴高科技产业的迅猛发展，科技创新对于金融的资金需求，以及金融对科技的资金供给日益加大，金融市场和技术市场中科技与金融的结合日益紧密、市场空前巨大和繁荣，并且科技与金融不再是互无关联，而是相互依存，相互渗透。

从 3D 打印技术创新的过程来看，在其初期主要是 3D 打印的创新思想和创新想法的提出和形成时期，此时技术创新活动规模较小、主要活动存在于创新主体内部，无须投入大量的人力及设备，因此对资金的需求量较少，仅靠 3D 打印创新研究机构内的资本即可满足。在 3D 打印创新研究活动的研究、开发与试验阶段，研究主体需要投入大量的人力、财力和设备，继续资金的支持。但是此时创新研究项目尚未成型，研究主体的融资十分困难。而到了成长期，科研主体依靠前提的创新成果社会化可以获得一定的资本投入，但对于要进行市场扩张和后续研发，自身的资本还是不足以支撑。最后，当创新成果成熟，具有市场竞争力和品牌价值时，并不意味着一劳永逸、创新活动停止而再也无须资金投入；此时的产品仍旧需要通过新一轮的技术创新来巩固自身产品已建立起来的市场优势并谋求技术的新突破和市场的进一步扩张。在这一系列的过程中，政府可以给予财政支持投入，而社会的商业金融机构可以开展投资合作，在了解科研单位和企业的基本情况的基础上进行信用和风险评价，共担风险，为技术创新活动提供融资服务，以助力科技创新、市场繁荣、经济增长。

金融投资对于 3D 打印技术创新的影响具体表现为两种形式。在第一种形式中，3D 打印技术创新的主体与金融投资主体以独立身份进行市场合作。市场合作是 3D 打印技术创新与金融投资结合的最基本形式，金融机构与 3D 打印技术创新主体的边界比较清晰，是一种松散的结合。在第二种形式中，3D 打印技术创新主体与金融投资主体结合紧密结合，形成科技资本融合的新主体。科技资本融合是科技与金融深化合作的成果，是科技与金融以资本为纽带，深化合作和内化资本的深度结合，是金融与科技融为一体，相对于市场合作，它的结合更紧密、更深层次。

六、企业经营力对 3D 打印技术发展影响

企业经营力，通常来说，不是单指企业的某一种能力，而是基于系统的、综合的观点的一种综合的能力。企业经营力不仅仅包括一些维持企业自身运转所必须的基本能力，如企业学习能力、组织变革能力等，而且还包括一些企业在市场竞争中开拓市场的能力，如客户服务能力、积极应对市场竞争对手和行业变迁的战略应变能力等，从而保持企业的市场竞争优势、提高绩效。

企业的学习能力是一种动态的能力，它要求企业经营者接受新的研发知识、生产知识和经营管理知识并投入到实践。此外，还需要提高企业的学习能力，建立学习型组织以适应不断变化的技术升级状况和日益激烈的市场竞争。3D 打印技术目前正处于快速发展的时期，此时变化快、竞争压力大，而同时又是一个宝贵的战略机遇期，企业抓住机遇，增强学习能力，在企业内部开展学习、与其他 3D 打印企业进行交流学习、向其他科研单位学习，保持学习的状态、增强革新的能力、提高竞争力。

提高企业的变革能力就是要求企业持续地变革，在日新月异的市场环境中，尽可能地获得更多更有效的资源，在产品生命周期不断缩短的今天，对产品研发和生产、组织流程进行科学改革，提高企业产品更新换代的效率，在保持自身竞争优势的同时客观上促进整个 3D 打印行业的整体研发创新水平和生产工艺的提高。

尤其是在一个高速发展的 3D 打印的市场竞争环境下，速度对于企业发展至关重要，企业合理的组织结构支持系统对于提升企业在市场上快速反应和应变能力，进而提高竞争优势。因此，变革能力将成为企业战略实施的重要支撑。如果没有灵活的组织机构予以支持，企业缺乏强大的变革能力，则难以提高企业的灵活性、应变性，也很难与外界环境保持和谐。

而从市场的角度来看，企业的客户服务能力和战略应变能力，以客户为目标、以市场为导向，有助于持续地提升顾客对 3D 打印产品或服务满意度和认同感，帮助企业扩大市场占有率，协助企业在关键时刻作出战略性变革，并维持企业的持续成长。

第七节 3D 打印产业发展及创新活动的政策建议

一、3D 打印发展对于中国的巨大战略意义

3D 打印技术的愿景是未来可以在任何地方(Anywhere)制作任何构造(Any-composition)、任何材料(Any-material)和任何几何形状(Any-geometry)的实物。3D 打印产业发展前景十分广阔,据美国国家情报委员会预测,到 2030 年,3D 打印可能会改变发展中国家和发达国家的工作模式。而这对于正处于经济转型、产业结构调整的制造业大国——中国来说,具有十分重要的战略意义。在第三次工业革命背景之下,社会生产制造将会由大规模的制造转向为个性化的生产,社群协同制造的关系会改变制造流程,跨国代工产业链将会被打破。我国可以抓住第三次工业革命前的时机,调整产业发展模式,对传统制造业改造升级,提升工业制造的科技含量、设计水平,从"工业大国"向"工业强国"转变,改变"世界加工厂"地尴尬地位,在国际上推出"中国制造"的强大品牌。此外,3D 打印行业的发展还将会开辟新的产业和市场,带来新的经济增长点,提供更多的就业岗位。3D 打印的高技术要求还可以提升从业者的素质水平,培养一批高素质高水平的 3D 打印从业人员。

二、抓住 3D 打印技术发展机遇实现产业升级

3D 打印技术对于中国制造业的发展具有战略性的作用,特别是在经济转型、产业升级的关键历史时期。抓住 3D 打印技术发展机遇,必须遵循 3D 打印技术发展规律,基于 3D 打印技术的跨学科交融的创新机理,借助六力协同系统的重要力量,促进 3D 打印技术和产业的科学发展。

重视跨学科交叉研究在 3D 打印技术发展中的重要性,以跨学科的思维进行科技研发和创新。跨学科的创新知识对于 3D 打印技术这种综合型、复杂型的技术研究的推进、技术的发展起着推动作

用，这需要研发人员培养跨学科思维，跳出学科和专业的固化模式，以系统的思维进行 3D 打印技术的研发和创新。越来越广泛的跨学科的研究方法，也在促使人们反思目前大学教育的专业细化的现状，因为在世界范围内，大多数的跨学科研究都是由大学推动的。为了促进当前跨学科研究方式的推广、培养大学生的跨学科思维、为跨学科研究方式的后续发展奠定人才基础，大学教育应尝试建立跨学科的新型课程、培养跨学科的综合型人才、让跨学科的思维根植于研究者和潜在的未来研究者的头脑中。

在推动 3D 打印创新协同发展过程中，产学研创新体系尤为重要。参与 3D 打印协同创新活动的高校、科研院所、企业具有各自的优势和特色，发挥着不同的作用。当然，它们各自也存在着局限，这就更要求它们通力合作、协同创新，取长补短、形成合力。首先，高校与科研院研究成果的领先性与前沿性显著，但是它们对研究成果的适用性重视不足，与社会和市场的联系不紧密，对研究成果转化和市场洞察的能力较弱。企业注重研发技术的可生产化和社会适用性，时刻关注市场变化，可及时、准确地掌握市场需求信息，但是多数企业科技创新人员数量有限、创新能力不足等问题制约了其进一步创新和发展。由此可见，企业、高校与科研院所之间协同合作、优势互补，形成产学研合作关系，建立战略联盟有助于实现 3D 打印协同创新发展，也有利于它们自身的科研水平或生产工艺水平。同时，要鼓励和支持开展高水平的国际之间 3D 打印技术创新合作，加强与欧美发达国家的高校、科研院所和企业交流合作，在交流合作和竞争中提升我国 3D 打印技术创新和生产水平。

政府推动和服务 3D 打印产业发展，并规范行业发展，并注重对知识产权的保护。政府作为企业、市场之外的第三方力量，早日完善相关的 3D 打印行业发展规划、技术标准和法律规范，严格实施行业准入条件，建立行业的准入与退出机制。加大对 3D 打印的资金投入和财政税收支持，培养更多相关人才，建立公共的 3D 打印行业发展平台，服务 3D 打印的发展。政府还应当发挥自身的引导优势，整合社会多方的力量，通过资金投入、共同开发等合作方式给予 3D 打印行业支持。特别要支持 3D 打印企业的做大做强，打造民族的 3D 打印品牌，支持参与国际竞争。政府要用知识产权保护法律法规对 3D 打印过程中的知识产权进行保护，政府的信息监管部门尤其要加强对网络 3D 打印设计软件的监测，及时发现、严肃惩处 3D 打印侵权事件，切实保护知识产权。在这里我国可以借鉴国外的做法：将 3D 打印的过程中所需的特定的设备和 CAD 几何模型数据进行特别标识，以控制 CAD 模型数据的利用和扩散、保护数据知识产权，并对特定设备或数据流向进行有效监管，防止知识产权的侵犯。

企业加强自主创新，形成核心竞争力；保持创新状态，提升经营能力。目前，国内从事 3D 打印研发的企业和机构的基本情况是"小而散"，实力与国际较强的 3D 打印企业之间差距很大、无法抗衡。因此，我国的 3D 打印企业需要加强对科技研发的投入，强化自身的自主创新力量，关注外界 3D 打印技术研究的最新动态和进展，培养企业内部的优秀创新研究团队和研究人员。企业要树立创新和变革的观念，接受市场的考验，用市场推动自身的发展，不断提高经营能力。

以社会需求和社会力量推动 3D 打印技术发展，建立技术、行业联盟，整合产业链，形成规模化。3D 打印技术的产业化发展，技术是重点，而社会需求和社会力量的参与是关键。社会需求是行业发展的关键动力，社会的实际反馈效果决定技术发展是否具有前景，而社会力量的广泛支持也是 3D 打印技术行业发展的强大生命力。企业可以具有高市场敏感度和前瞻力，适度开发市场，针对 3D 打印的三大不同市场进行推广，用不断扩大的市场需求促进 3D 打印基础技术的改进和产业的扩大。应遵循"政府引导、市场主导、创新突破、引领产业"的基本原则，充分发挥市场机制作用，只有技术过硬、品质优良、价格合理才能占领市场，用市场机制淘汰技术发展缓慢、质量较次、性价比不高的 3D 打印产品和 3D 打印服务。若企业自身的研发实力尚不足以进行更高层次的创新研究，则企业与社会创新可以建立同盟，分享信息、共享资源、攻克难关、培养人才，形成较为完整的研发、设计、生产、控制等产业链，促成 3D 打印产业的规模化，早日达到国际行业先进水平。

未来，我国的 3D 打印行业应该将自主设计作为引导、集合高效、多学科融合特点、专业的打印技术，加强高校、科研单位和企业的联合，建立产业链和 3D 打印行业集聚区域，致力研发更多环保、易得的打印材料，借助更加多元化、多层次 3D 打印机器，集合虚拟数字网络，使 3D 打印真正满足不同客户群体的需要，让 3D 打印技术成为"第三次工业革命"的最耀眼的主角，在"大众创业、万众创新"的时代大潮中发挥先导作用，在经济新常态中为实现"中国制造"的战略部署作出重要贡献。

第八节　跨学科交融创新机理
对创新活动的启迪

通过探究 3D 打印技术这一当代重大复杂技术的创新原理、演化机理和有效创新发展机制，建立跨学科交融创新创新机理研究，分别从学科基础、技术集成和推力机制等方面来揭示出 3D 打印技术这类新兴的重大复杂技术创新与发展内涵的基本规律性。不仅可以夯实 3D 打印技术创新的理论基础，而且还可以为其他复杂科技创新实践活动提供启迪和有效指导。

3D 打印技术是现代社会重大复杂技术创新的一个典型代表，其显示出的跨学科交融式集成创新特征某种程度上表征了当今科学技术发展方式的一个基本趋势：这种技术创新非个人、单一学科、一个组织的能力所可胜任，需要在社会群体参与、跨学科交融、已有成熟技术支持、组织间合作、产业政策引导等多维度层面形成系统协同创新合力，才有可能实现其创新突破和技术群落有机演进，并有效缩短产业化的进程。

在科技创新实践中，特别是在重大复杂创新实践中，需要在跨学科交融创新机理的指导下，明确科技创新活动核心内容和思路，综合运用系统科学方法展开问题研究，强调系统整体观的思维，主张学科交融式的创新原理和机理探究，完整归纳出其技术群落优化方式和集成的方法、系统提炼出其创新发展模式和有效机制。重视优化与集成方法运用，追求博弈竞合与生态共生关系下的协同合作推动力的有机结合，从而高效科学地进行创新实践。

3D 打印技术显示了现代重大复杂技术新需要多学科联合研究与集成创新的基本特征，本章从 3D 打印技术的跨学科特征作为切入点，综合运用系统整体观的思维、多学科理论与方法展开问题研究，通过文献分析梳理国内外关于 3D 打印技术的学科构成、应用领域、作者合著关系、发表年份等，对国内外 3D 打印技术研究现状进行了总结。在此基础上研究 3D 打印技术的技术群落，对 3D 打印技术的核心技术群落、重要配套技术等进行整理分析，较为全面地分析了 3D 打印制造过程中的重要技术原理、关键核心材料。在进行创新学科基础和技术支撑系统分析后，本章对推动 3D 打印技术发展的六大协同力量：政府引导力、产业集聚力、科技创新力、金融投资力、社会接纳力、企业经营力分别进行论证并试图找出它们之间的影响关系，最终建立 3D 打印技术的跨学科交融式集成创新发展模式。

3D 打印技术的学科基础、创新演进机理和发展动力机制是研究其创新和发展的重要内容，对跨学科交融创新机理的研究成果在实践中不仅有利于推动 3D 打印技术的创新发展，还将促进我国的 3D 打印技术的产业化发展。而针对我国的 3D 打印行业的发展现状分析后发现，我国 3D 打印行业与国外相比，起步较晚、发展水平目前还较低，存在着一系列问题，如关注度不高、投入不足、规模小、产业链不完整、知识产权保护不力。但是通过各方努力，我国的 3D 打印产业发展具有广阔前景。

3D 打印技术这类新兴的重大复杂技术创新与发展内涵的基本规律性，对于促进 3D 打印技术创新和行业发展具有重要的作用，推而广之，对于提高其他的创新活动发展的科学性和高效性也具有一定的指导作用。

第七章　中国发展 3D 打印
技术的战略构想

纵观人类社会的发展，科学技术的重大进步都会引起新的产业革命或者工业革命。而新的产业革命或工业革命都能为新兴经济体提供跨越式发展的机遇，并且为其提供赶超发达经济体的机遇。面对这种历史机遇，如何发展战略性新兴产业，如何占据跨越式发展的战略制高点，如何制定强国战略，将成为各国发展战略的核心内容。

近年来，3D 打印的概念频繁见诸于各种媒体，同时，受到了资本市场的广泛关注，3D 打印产业得到了前所未有的重视。3D 打印是增材制造的另一种称谓，通过对计算机创作出的三维数字模型进行分层切片，生成加工各层的路径和代码，然后用 3D 打印机以逐层叠加的方式制作出实物。与传统的车、铣等减材制造方式相比，具有流程短，材料省，易于成型复杂形体等诸多优势。从 1987 年世界第一台 3D 打印机面世以来，随着技术进步和认知度的增加，应用范围从早期以产品原型制作为主，逐步拓展为个人娱乐、私人定制、直接制造正式产品等领域，涵盖医疗、航空航天、艺术等行业。

第一节　新工业革命赋予的跨越式发展机遇

人类社会的发展过程中，每一次工业革命都为各国实现跨越式发展提供了机遇，如在第一次工业革命中，英国最早掌握并发展了战略性新兴技术（蒸汽机），率先实现了产业转型，并成为世界第一强国。但是如何辨别战略性新兴产业，如何制定强国战略，将成为各国发展的重点。下面通过回顾以往发生的工业革命，吸取跨越式发展的历史经验，探索出适合本国发展现状的跨越式发展路径。

一、跨越式发展历史经验

跨越式发展是指在遵循发展规律的前提下，根据自身发展现状，制定现实可行的发展战略，掌握核心竞争力，在较短的时间里完成技术追赶和实现超常规发展而达到既定目标的发展方式。目前在可持续发展的时代背景下，应该正确地分析国际发展趋势，对以往发展道路进行深刻反思，并且制定出区别于传统工业时期的跨越式发展战略，兼顾速度与效率、长期与短期效应，实现社会、经济、生态协调发展。

回顾工业及技术发展的历史，我们可以发现每一次科学技术的重大进步（科学技术革命）及其成果的推广应用，都会引发相应的产业革命。这种产业革命或者多种产业革命的形成和延伸将促成新的工业革命。自第一次工业革命以来，每隔五六十年将会发生一次技术革命，而且随着经济全球化和信息技术革命的发展，这种间隔具有缩短的趋势。每一次技术革命并不是瞬间完成的，都具有其生命周期，即初创、成长、成熟和衰退四个阶段。对于新兴经济体或者发展中国家来说，科学技术革命提供了跨越式发展和技术追赶的机遇，但在技术革命生命周期的四个阶段存在着本质的差别。相对于技术革命生命周期成熟阶段，生命周期的初始阶段为技术欠发达国家提供了更加有利的技术赶超机遇。技术欠发达国家通过技术模仿、引进、消化吸收而实现二次创新，从而实现关键技术的追赶，甚至超越。

由此可见，对于新兴经济体和发展中国家，新技术革命的初期阶段是实现技术追赶的最佳时期。在此阶段，虽然发达国家通过创新而产生新技术，但技术创新尚处于早期阶段，新技术的理论知识处于实验室阶段或者小范围测试阶段，并且延续较长的时间，这为新兴经济体和发展中国家提供了"机会窗口"。根据凡·艾尔肯的技术转移模仿和创新的一般均衡模型，新兴经济体和发展中国家通过技术模仿、技术引进或创新，最终实现技术和经济水平的赶超，转向技术的自主创新阶段。而且根据美国经济史学家亚历山大·格申克龙创立的后发优势理论，后发国家可以直接模仿发达国家的发展经验，可以直接选择和采用处于生命周期初级阶段的技术，从而可以减少发展风险，大大节约时间和成本，迅速地实现工业化，缩小与先进国家的差距。甚至像第二次工业革命时期的美国和德国，通过发展战略性新兴产业，实现跨越式发展而替代英国成为世界制造业的领航者。

第二次工业革命开启了生产技术大革新和工业生产大发展。当时，美国、德国作为新兴的资本主义国家实现了跨越式发展，在某些领域超越了处于世界霸主地位的英国。当时，英国作为最早完成第一次工业革命的国家，其工业领域的霸主地位是不可动摇的，所以经济学家甚至德国的经济追赶理论家李斯特也没有预见到此种变化。美国在第二次工业革命的初期阶段，注重战略性新兴产业的发展，而不是在成熟型产业的追赶，实现了从工业模仿者到领航人的角色转变；同样，德国并不是在纺织行业、炼铁行业、煤炭行业等追赶英国，而是着眼于战略性新兴产业，如钢铁、化学、电气、内燃机等，最终实现了跨越式发展，并且基于最新技术建立了完整的工业体系，一举超越英国成为欧洲制造业第一强国。

第二次工业革命时期，美国和德国的跨越式发展经验表明，对于落后国家来说，通过成熟产业的追赶，实现技术追赶和超越的几率非常低；而是通过制定国家发展战略，尽早参与战略性新兴产业的研发过程，抢占高技术制高点，而实现跳跃式发展的。

在 2014 年 4 月 23 日世界读书日之际，首届中国好书评选活动的结果也同时揭晓，《3D 打印：从想象到现实》与《大数据时代》等其他 24 本书共同被评为"2013 中国好书"。同时，在央视庆典活动现场通过 3D 打印制作出的贾平凹先生的手模，更使得人们对 3D 打印有了生动的认识。

3D 打印，也称快速成型或增材制造，基本原理类似于数学上的微积分，通过将计算机创作出的 3D 模型在竖直方向上切片分层，然后再逐层打印出来，从而形成和计算机中的 3D 模型造型一样的实物模型，将微积分中的"去弯取直"，"以直代弯"的理念体现得淋漓尽致。

正是由于这种增加材料的制造方式，使得 3D 打印与传统的车、铣、刨、磨等通过减少坯料进行加工成型的减材制造区分开来。3D 打印对于制造形状复杂的零件，定制化产品，单件小量产品，以及传统难加工材料的产品具有很强的优势。

3D 打印技术已经被广泛应用到医疗、航空航天、艺术、建筑等诸多领域，从早期的以原型制作方面的应用为主，逐渐发展为模具及正式产品的直接制造，3D 打印的应用范围大为扩展。随着材料性能的不断提升，材料种类的不断增加，3D 打印设备的不断普及，以及相关服务的逐层展开，3D 打印会对制造业产生深刻影响。

从 1987 年 3DSystems 公司生产出世界第一台 3D 打印机 SLA-1以来，3D 打印产业经历了近 30 年的发展，根据 3D 打印行业权威研究机构 Wohlers Associates 统计，从 1988 年到 2012 年间，3D 打印产业的复合年增长率达到 25.4%。2012 年的全球 3D 打印市场规模为 22 亿美元，其中美国占比达到了 60%，而中国仅有 10%，预计到 2018 年，市场规模将达到 60 亿美元。在整个 3D 打印产业的打印设备领域，美国、德国、日本等高端制造业十分发达的国家同样名列前茅，仅美国的 3D 打印设备保有量就占到了全球总量的40%，相比之下，中国还不到 9%。美国的奥巴马政府欲借 3D 打印将制造业重新拉回美国本土，从而刺激经济发展，创造出更多的就业岗位。中国作为世界首屈一指的制造业大国，目前也遇到了人力成本增加，节能减排压力增大等诸多问题。"十八大"召开后，将产业升级提到了重要日程上来，传统制造业也要伴随着新技术新材料和高端装备等战略性新兴产业的发展而不断转型。在这种情况下，为 3D 打印的突破性发展提供了可能，同时中国在技术、政策、市场等方面与世界发达国家尚有距离，对 3D 打印这一前沿产业进行研究显得尤为必要，可以为今后的发展方向和产业决策提供一定参考。

二、跨越式发展路径

目前，欧美发达国家普遍认为新的工业革命将要到来，并制定了相应的发展战略。美国相继启动了《先进制造业伙伴计划》和《先进制造业国家战略计划》；同时发布了《重振美国制造业框架》和《制造业创新中心网络发展规划》；并且创造 15 个"美国国家制造业创新中心网络计划"（NMMI），以重振美国制造业竞争力。德国提出"工业 4.0"国家战略，旨在支持工业领域新一代革命性技术的研发和创新，保持德国的国际竞争力。同样英国、日本、法国的发达国家提出了适合自身发展的国家战略。作为发展中国家，中国如何借鉴发达国家制定的国家战略，选择正确的发展路径，实现跨越式发展而缩小与发达国家的差距，将成为今后我国发展战略制定的关键。

（一）美国可持续发展战略

21 世纪前 10 年，人类经历了两次席卷全球的重要变革，金融危机及新技术引领的产业革命。对人类社会发展来说，如果前者意味着挑战，那么后者为人类提供了发展机遇。金融危机后，各国重审实体经济的价值，提出了符合自身国情的先进制造业发展战略。美国政府提出的"再工业化"发展道路，不仅是应对金融危机的有效战略，而且是美国保持国际竞争优势的重要举措。美国为了有效推进"再工业化"发展道路，实施了《先进制造业伙伴计划》和《先进制造业国家战略计划》，《美国国家制造业创新中心网络计划》（NMMI）等计划，从而重铸美国制造业国际竞争力。

1. 美国先进制造业国家战略

制造业作为国民经济发展的基础和根本性支柱产业，不仅成为各国国际竞的焦点，而且影响着各国的国际地位。作为制造业的先进代表，先进制造业则是引领制造业不断前进的强大动力，其发展内在地决定了一个国家的综合国力和国际竞争力。美国先进制造业合作指导委员会（AMP2.0）在 2014 年末发布了"加速美国先进制造业"的最终报告 *Report to the President Accelerating USA Davanced Manufacturing*。该报告从 100 多个工业、学术及劳工集团专家的专业报告中提取了相关的建议来增强美国的先进制造业。

该报告认为第二次工业革命后，美国一直保持其制造业的霸主地位，美国长期以来蓬勃发展也是因为美国在工业生产方面的持续创造力和美国所掌握的先进技术以及由其生产的高品质、尖端产品。20 世纪后 20 年，制造业保持其持续发展，为美国提供相当数量的就业岗位；制造业资助将近 2/3 的私立研发机构，并且聘用美国大多数科学家和技术工程人员，以便保障可持续创新。但是进入 21 世纪后，美国的制造业正在面临着竞争压力，其在战略性新兴技术方面的优势正在受到其他国家的威胁。为了保持和增强美国在先进制造业的领先地位，美国先进制造业合作指导委员会在以下三个方面提出了诸多建议：

（1）可持续创新。

此报告指出，美国能够长期保持工业领域的领导者地位是因为其创新能力和创新能力产生的最先进的技术。美国能够在国际市场上保持竞争力是因为美国企业使用最先进的技术，制造出高品质的产品。所以报告首先提出了可持续创新对美国制造业的重要性，并给出了具体的建议：

第一，制定国家战略确保美国在战略性新兴技术方面的优势，国家战略将规定技术生命周期的四个阶段的投资比例，并协调公共和私人投资优先投入战略性新兴技术，并且抢占高技术制高点。这些新兴技术包括先进传感控制平台（Advanced Sensing, Controls & Platforms for Manufacturing, ASCPM）、可视化信息数字制造（Visualization, Informatics & Digital Manufacturing, VIDM）和先进材料制造（Advanced Materials Manufacturing, AMM）。

第二，成立先进制造业咨询协会，该协会通过研究和分析新兴技术的特点和发展潜力来确定该项技术发展的优先权和投资必要性，并且可以为联邦政府提供详细周密的技术发展可信性报告。

第三，创立新的公共制造业研发平台和中心，如成立制造业卓越中心（Manufacturing Centers of Excellence, MCEs）和制造技术测试平台（Manufacturing Technology Testbeds, MTTs），以便向美国国家制造业创新中心（The National Network for Manufacturing Innovation, NNMI）推荐处于生命周期初始阶段的先进制造技术；同时通过制造技术测试平台，帮助企业辨别技术是否有研发价值，从而帮助企业规避投资风险。

第四，制定先进制造技术行业标准，联邦政府应该与企业共同制定关于新产品和新工艺的标准，这有助于企业降低开发过程中的风险，而且有助于新技术和工艺的采用。

第五，制定美国国家制造业创新中心网络计划治理结构，通过治理结构可以拉动制造业的投资。2012 年，美国政府出资成立了首家制造业创新中心，即国家增材制造创新中心（National Additive Manufacturing Innovation Institute，即 3D 打印创新中心）。

（2）保障人才培养和输送渠道。

美国先进制造业合作委员会认为，为了确保和促进美国在工业生产技术方面的发展，必须确保忠诚度高、技能性工人的培养，并且给出了保障人才培养和输送渠道的建议：

第一，开展全国性宣传运动，改变制造业的印象；20 世纪末，制造业被认为是美国最稳定的工作，是成为中间阶级的有效通道。但是随着进入 21 世纪，居高不下的失业率改变了人们原来的认识，使人们不敢从事制造业的工作。所以通过全国性的宣传运动，改变人们固有的观念，鼓励具有天赋的、具备高技术素养的人才从事制造业，提升整个制造业的创新能力。

第二，建立全国性认证机构，通过认证，制造业从业人员不仅可以提高待遇，而且使从业人员紧跟技术发展的步伐，能够提高自身的技术能力。

第三，通过扶持资金促进在线培训，加强在线培训机构的培训能力，并且为制造业从业人员提供更加灵活、便捷的培训通道。

（3）改善商业环境措施。

发展先进制造业过程中，企业作为创新主体，需要国家营造更好的商业环境，这将改善先进制造业相关企业获得资金的渠道，制定财税优惠政策扶持成长型企业快速发展，确保更多的企业，尤其是中小型企业参与先进制造业技术的创新进而保持可持续创新。美国先进制造业合作指导委员会给出了如下建议：

第一，引导和协调现有的联邦、州立、工业集团和民间组织等，确保中小型企业能够获得有关技术、市场、供应链的信息；并且通过政策引导，使中小企业更加便捷地进行融资，并且能够快速发展。

第二，成立公有私募发展基金，改善先进制造业中小型企业融资难问题，并且通过财税政策和政府扶持政策，使投资者进入先进制造业。

2. 美国推进第三次工业革命的措施

近年，美国著名趋势学家杰里米·里夫金提出的"第三次工业革命"的概念，正在引起广泛的讨论。根据杰里米·里夫金对第三次工业革命的描述，"第三次工业革命"是指互联网技术与可再生能源技术相互融合，它将推动世界经济快速发展，而改变人类生产生活方式的巨大变革。将和互联网技术相互融合，带给人类生产和生活方式巨大的改变，并极大地推动经济的发展。

在新的工业革命到来之际，美国正在积极推进各项产业革命，并推出了以下具体措施和政策：

第一，建立多维度的联动机制，确保政策规划的完整性。

第三次工业革命将会影响到社会、经济、政治、文化等各个领域，所以美国联邦政府授意相关政府部门与各州政府、大型跨国公司、中小型私营企业、社会组织等进行磋商，听取专业机构关于行业发展的报告和建议，集思广益，统筹协调，有序推进第三次工业革命相关技术的发展和基础设施的建设。

第二，加快发展新能源技术，实现绿色经济。

第三次工业革命是新能源技术和网络技术融合而成的新的经济发展模式。作为新工业革命的两大支柱产业，有效推进新能源技术的发展将会影响到整个工业革命的进程。2009 年，美国联邦政府签署了《美国复苏和再投资法案》，法案的通过有助于推进新能源技术的发展和推广。通过有效财税政策，推动新能源技术快速发展。按照此法案，美国政府向新能源研发及制造部门提供财政补助，鼓励其发展战略性能源技术，而且通过政府引导和资助，成立新能源示范基地。

第三，组建智能型能源网络，逐步形成分布式能源供求方式。

2003 年，美国能源部(Department of Energy)组织电力行业、制造行业的企业家、技术专家，参加以美国未来电力发展方向为主题的研讨会，并达成了愿景共识，发布了《智能电网 2030 年远景规划》（*Grid* 2030）；2004 年，美国能源部制定出发展智能电网的具体规划，并且支持发展分布式发电、可再生能源、配网自动化、电力运输系统等能源网络化相关技术，为美国未来电网发展的指明了方向。2007 年，美国国会颁布了"能源独立与安全法案"，其中的第 13 号法令为智能电网法令，该法案用法律形式确立了智能电网的国策地位。并就定期报告、组织形式、技术研究、示范工程、政府资助、协调合作框架、各州职责、私有线路法案影响，以及智能电网安全性等问题进行了详细和明确的规定。

第四，发展先进制造技术，引导制造业回归。

制造业作为国民经济发展的基础和支柱型产业，一直成为各国发展的重要产业，尤其是 2008 年金融危机后，世界各国更加重视制造业的发展。20 世纪后半时期，因为新兴经济体的崛起和美国本土制造业成本高等原因，美国将部分制造业移至海外，虽然解决了成本问题，但是引发了就业等问题。目前，随 3D 打印技术的发展，欧美发达国家正在筹划制造业的回归。作为制造业回归的关键技术，3D 打印技术已经成为美国重点发展的战略性新兴技术。因为 3D 打印技术的生产特性，信息＋材料＝产品，分布式社会化生产已经成为可能，而且随着 3D 打印技术的发展，生产成本、管理成本等必将降低。预计 2020 年，3D 打印技术可以实现规模化，社会化、定制生产。这不仅可以影响现有世界制造业的格局，而且也会影响世界政治格局。目前，部分专家认为新材料、新能源和互联网技术融合将推动第三次工业革命的进程，其中，制造业数字化成为核心。3D 打印技术作为制造业数字化技术，必然成为第三次工业革命的关键性技术，必将推动第三次工业革命的进程。

第五，建设创新教育、研发体系，推动国家创新战略。

作为世界超级大国，美国具备最先进、最富有创造性的教育体系和研发体系，但是金融危机后，美国正在实施新一轮基于教育、科研的国家创战略，通过培养新型人才，增强科技研发能力，保障美国国家竞争力。

美国首要目标是建立一个具有国际竞争性和创新型教育体系。

通过一系列财政政策，改变现有高校的培养体系，并且通过政策指导，使企业和高校紧密联系，也就是通过供求双方紧密合作，培养符合时代要求的人才。

同时，美国联邦政府颁布《美国复苏和再投资法案》，通过加大基础和应用研究的投入，促进美国发展战略性新兴技术，确保美国在科技领域的领先地位。

第六，主导国际合作，实现全球布局。

2010年以来，美国通过主导清洁能源部长级会议，不仅加强与其他经济体的技术合作，完成清洁能源战略的全球布局，而且通过主导清洁能源部长会议，占据国际清洁能源发展话语权和技术标准规则制定权。这一平台不仅帮助美国主导第三次工业革命进程提供制度和标准基础，而且完成第三次工业革命的全球布局。

（二）德国工业4.0国家战略

2008年全球金融危机爆发后，欧洲深陷债务危机，但是作为全球制造业强国，德国并没受到其影响。德国能够保持其经济坚挺并且实现增长是因为德国一如既往地发展国民经济的基础产业——制造业，并且维持其制造业的国际竞争力。制造业是德国传统经济增长动力，所以为了保持其工业可持续增长，德国政府发布了《高科技战略2020》。《高科技战略2020》涉及内容丰富，包含了一系列促进制造业发展的规划和政策。随后，德国政府公布了"十大未来项目"，通过实施具体发展项目，落实此国家战略。此文主要讨论其中一线，即"工业4.0"战略。德国通过实施"工业4.0"战略，支持战略性新兴技术的研发，旨在增强其国际竞争力；实施"工业4.0"战略是德国政府顺应全球经济发展趋势，实现智能化，数字化生产方式的重要一步。

美国提出的"第三次工业革命"主要是通过将互联网技术应用到新能源领域，实现智能化能源供应，是新能源技术与互联网技术结合的一次工业革命。德国将"工业4.0"看做第四次工业革命，通过融合信息技术和网络物理系统技术，引领制造业转向智能化生产——生产智能化、设备智能化、能源管理智能化、供应链管理智能化。相比于美国的"第三次工业革命"，"工业4.0"是通过互联网，连接人、产品、信息、设备等形成"信息物理系统，Cyber Physical Systems，CPS"。

"信息物理系统"：此概念最早由美国国家基金委员会提出，其核心是 3C（Computing、Communication、Control）的融合。相比于最早的 3C 融合，德国"工业 4.0"战略丰富了原有的"信息物理系统"，将 3C 提升为 6C，即计算（Computing）、通信（Communication）、控制（Control）、内容（Content）、社群（Community）、定制化（Customization）。在 6C 条件一下，智能工厂通过社群进行协同制造，实现全产业链的预测性管理，在可视化环境下生产出智能产品。

"工业 4.0"项目主要包括以下两大主题：

（1）"智能工厂"：具有传感器的生产设备，不仅成为智能化生产工具，而且成为物联网的智能终端，从而实现工厂检测和控制的智能化；智能工厂中，产品零部件根据自身携带的相关信息，直接向生产系统或者设备发送生产指令，指挥相应设备对此产品零部件进行相应工业处理。

（2）"智能生产"：在生产过程中，动态配置生产资料，实现柔性生产，以便提高生产效率，合理配置生产资源和资料，满足个性化定制，提高生产的智能化程度；在智能生产过程中，广泛使用人机互动和 3D 打印技术。

（三）中国跨越式发展路径选择

上面讨论了美国、德国引领新的工业革命而提出的相关规划及其实施方案。工业发展史表明，每一次新的工业革命对新兴经济体或者发展中国家来说，既是机遇，又是挑战。如何选择正确的发展路径而实现跨越式发展，对于新兴经济体或者发展中国家来说都具有一定的挑战性。作为发展中国家，中国应从实际出发，充分分析本国优劣势，借鉴发达国家的发展规划，制订出行之有效的发展规划。

通过 30 年的改革开放，中国已经成为世界第二大经济体，而且被誉为"世界工厂"，但是中国制造业由其本身的优势和劣势。中国制造业的劣势：（1）产业结构不合理。从生产角度看，变现为低水平下的结构性，地区性产能过剩，有效表现为企业生产的高消耗、高成本；从组织角度看，目前我国各类产业的一个普遍现象是分散程度较高，集中度较低；从技术角度看，在技术原材料、重大装备制造和关键核心技术等方面，与世界先进水平还存在着较大的差距。许多重要产业对外技术依存度高，自主研发能力弱，许多核心技术受制于人，在激烈的国际竞争中显得不太适应。（2）产品附加价值不高。由于缺乏自主和知名品牌，2009 年数据显示，我国90%左右的出国商品属于代工生产或者贴牌生产，产品附加值只相当于日本 4.37%、美国的 4.38%、德国的 5.56%。（3）能源消耗大，污染严重。我国是世界第一制造业大国，2012 年数据显示，工业占国内生产总值的 40%左右，是能源消耗及温室气体排放的主要领域，工业能耗占全社会总能耗的 70%以上，单位产品能耗原告与国际先进水平，而单位产值产生的污染却远远高出发达国家。中国制造业所具备的优势：原材料成本低、劳动力资源丰富，为发展制造业提供了比较充足的条件；同时，中国对于制造业产品的市场需求比较大；而且我国制造业在数字化、智能化方面也紧跟时代的潮流，通过发展智能化技术，采用柔性制造方式，使生产系统的柔性自动化水平不断提升，不断向智能化方向发展。

目前，我国正在积极推进"两化融合"，即信息化、工业化深层次结合，实现"制造"向"智能"的转变；而且我国"两化融合"与德国"工业 4.0"战略有许多共同点，通过将网络化，智能化技术与"工业 3.0"时代的工业化、自动化技术相结合，实现数字化、可视化生产。

2015 年 3 月 5 日，李克强总理在政府工作报告中，提出要实施"中国制造 2025"，坚持创新驱动、智能转型、强化基础、绿色发展，加快从制造大国转向制造强国。《中国制造 2025》体现为四大转变、一条主线和八大对策。四大转变：一是由要素驱动向创新驱动转变；二是由低成本竞争优势向质量效益竞争优势转变；三是由资源消耗大、污染物排放多的粗放制造向绿色制造转变；四是由生产型制造向服务型制造转变。一条主线，是以体现信息技术与制造技术深度融合的数字化网络化智能化制造为主线。八项战略对策，即推行数字化网络化智能化制造；提升产品设计能力；完善制造业技术创新体系；强化制造基础；提升产品质量；推行绿色制造；培养具有全球竞争力的企业群体和优势产业；发展现代制造服务业。

《中国制造 2025》将为中国制造业未来 10 年设计顶层规划和路线图，通过努力实现中国制造向中国创造、中国速度向中国质量、中国产品向中国品牌三大转变，推动中国到 2025 年基本实现工业化，迈入制造强国行列。但是在实施过程中，本章有以下建议：

第一，政府引导，企业参与的联动机制。

企业作为制造业的具体实施者，更加全面地了解当前中国制造业的发展状况；中央政府在制定相应规划措施时，不仅提取工程院院士的建议，而且要定期组织相关企业，行业协会、社会组织等，共同商讨相关政策，确保其符合具体发展要求。

第二，政府统筹规划，设立创新示范基地。

改革开放 30 多年，中国经济发展取得了惊人的成就，但是发展过程中也暴露出很多问题，其中最常见的就是急功近利。国家制定出产业发展规划后，地方政府盲目追求 GDP，不分析地方发展现状，不利用本地优势而建设符合本地特色的产业，而是重复建设各种低水平的示范基地、工业园区、软件园。这不仅浪费了大量的财力，而且导致战略性新兴产业"高端产业低端化"，甚至导致跨越式发展机遇的流逝。所以中央政府根据各地教育发展程度、人才储备状况、制造业发展阶段，选择 2~3 个先进制造业创新示范基地，集中力量发展战略性新兴技术，推进智能化制造的发展。

第三，设立遴选标准、建立制造业创新中心。

2012 年，美国政府发布"美国国家制造业创新中心网络计划"（NMMI），以此推动战略性新兴技术的发展。但是在选择制造业创新中心，具有严格的遴选标准，如（1）要求技术具有革命性，符合国家关键需求或对美国制造业将产生重要影响。（2）要求具有商业化前景并有广泛的经济影响。（3）可创造就业。（4）技术研发已走出实验室基础研究阶段，有望在较短时间实现商业化。中国可以仿造美国建立制造业创新中心，但是防止滥竽充数，造成资源浪费。

第四，参与国际合作，共同制定行业标准。

2014 年，德国总理默克尔访问中国，主动推销其"工业 4.0"概念，并且委派"工业 4.0"工作组相关成员与工信部相关部门进行座谈，推广其"工业 4.0"。同年，中德政府通过磋商，共同发表的《中德合作行动纲要》，两国将开展"工业 4.0"合作。这次合作不仅有利于中国产业结构调整、发展先进制造业技术，而且有利于中国参与国际标准的制定，获得行业话语权。

第五，构筑先进教育体系，培养创新型人才。

通过一系列财政政策，改变现有高校的培养体系，并且通过政策指导，使企业和高校紧密联系，也就是通过供求双方精密合作，培养符合时代要求的人才。

第六，制定政府扶持政策，引导资金投向制造业。

21 世纪前 10 年，房地产、能源行业成为了投资热点。而作为国民经济发展的支柱产业，制造业的投资热度降低，这造成了中国制造业发展缓慢。随着国内外经济形势的变化，能源行业出现了利润下滑的趋势，而且国内房地产市场也出现了下滑迹象。随着新工业革命的到来，欧美发达国家将先进制造业作为新的发展机遇和新的经济增长点。所以这种大背景下，中央政府应该制定相应的财税政策，引导资金投向制造业，实现制造业大国向制造业强国的转变。

第二节　新工业革命视野下各国 3D 打印产业发展规划

上节讨论了新的工业革命到来的时代背景下，欧美发达国家制定其强国战略。虽然强国战略和对工业革命的理解不同，但是都将 3D 打印技术作为其关键组成部分。3D 打印技术的发展及其应用对战略的实现，起决定性作用。下面分析 3D 打印技术在国外的发展状况和各国关于 3D 打印技术制定的发展规划和措施。

一、3D 打印技术的总体发展状况

3D 打印技术最早出现于 20 世纪 80 年代，经过 30 年的发展，已经从原有的毫米级 3D 打印发展到纳米级 3D 打印。2013 年，德国 Nanoscribe 公司，通过"直接激光写入"，利用三维微观在光敏材料的纳米级 3D 打印技术。3D 打印技术从原先打印无机物体已经发展到能够打印人体器官等有机物体。目前，3D 打印技术主要用于生物医学、航空航天、工业制造、建筑地理、电子制造等领域。根据美国沃勒斯(Wohlers Associates)2014 报告，2013 年全球 3D 打印市场增长率高达 34.9%，市场达到了 30.7 亿美元。这种发展势头，超乎行业的预测，并且市场增长数额远远大于 2011 年的预测。

沃勒斯协会分析了 3D 打印应用的各个行业，3D 打印技术的应用分布如下：消费品/电子产品领域占 24.1%、汽车产业占 17.5%、医疗/牙科占 14.7%、工业商业机器占 11.7%、航空航天占 9.6%、学术机构占 8.6%、政府军队占 6.5%、建筑和地理信息系统占 4.8%、其他行业占 2.5%。

报告同时给出了，1998—2013 年 3D 打印设备在世界各国的分布状况。目前，美国作为 3D 打印技术的发源地和主推国家，拥有实际上最多的 3D 打印设备，其拥有比例高达 38.2%，相比于 2011年其比例虽然有所下降，但是美国仍然掌握着 3D 打印技术的核心内容；日本拥有比例高达 10.2%，基本与 2011 年情况持平；德国从原有的 9.19% 提高为 9.3%；中国作为新兴发展中国家拥有 8.6%的 3D 打印设备，提高了 2 个百分点。法国、英国等欧洲强国拥有的比例基本和 2011 年持平。

目前，世界各国为了加强 3D 打印产业的发展，积极推出其发展规划：(1)美国前总统奥巴马在 2012 年 3 月 9 日提出发展美国振兴制造业计划，向美国国会提出"制造创新国家网络"(NNMI)，2012 年 8 月，美国政府出资 3000 万美元建立首家制造业创新中心——国家增材制造业创新中心(National Additive Manufacturing Innovation Institute，即 3D 增材制造创新中心)。(2)2014 年 6 月，日本政府内阁会议通过的《制造业白皮书》表示，将大力调整制造

业结构，将机器人、下一代清洁能源汽车、再生医疗以及 3D 打印
技术作为今后制造业发展的重点领域。白皮书说，随着日本的汽
车、信息通信设备、电子电器等制造业不断向海外转移，工业品的
出口增长低迷，日本制造业国际竞争力下降，导致贸易赤字不断增
加，必须调整制造业结构。白皮书强调，应重点发展制造业的尖端
领域，加快机器人、下一代清洁能源汽车、再生医疗以及 3D 打印
等行业的发展。(3)德国在其"工业 4.0"计划中，明确指出发展先
进制造业技术等。

　　虽然近几年 3D 打印技术得到快速发展，但是其进一步推广使
用依然存在着发展瓶颈：(1)成本问题。现在 3D 打印机及其耗材
造价依然过高，给其大规模推广带来了屏障，相比于传统制造方
式，只能适用于小批量、个性化定制中。(2)速度问题。虽然 3D
打印技术快速发展，但是因为工作原理，需要层层堆积材料而制造
产品，其生产速度远远达不到大规模、个性化定制生产的要求。
(3)打印材料。目前，3D 打印技术主要使用的材料只能是金属材
料和塑料材料，这将限制产品的多样化。(4)法律问题。3D 打印
技术虽然能充分展示人类的创造力，但是其对现有产品的复制能
力，将导致知识产权纠纷。

二、3D 打印技术在中国的发展状况及面临的问题

　　我国最早研究 3D 打印技术开始于 20 世纪 90 年代，当时主要
研究快速原型技术。但是快速原型技术发展因为多种原因并没得到
快速发展，而且快速成型设备主要用于教育领域，并没在工业领域
发挥其作用。2000 年后，清华大学、西安交通大学、华中理工大
学等高校开始深入研究 3D 打印技术，并在 3D 打印技术设备制造、
3D 打印材料研究、3D 打印辅助软件开发等领域取得长足进步，部
分技术达到了世界领先水平。目前，我国通过激光快速成型技术，
成功打印出飞机钛合金结构件，成为了继美国后第二个实现这种制
造方式的国家。我国一直重视 3D 打印技术在生物医学领域的应
用，积极开展生物细胞 3D 打印技术的研究。2013 年，杭州电子科
技大学研发出中国首台生物 3D 打印机，通过打印出人体干细胞，

在此基础上打印人类器官，这将有助于我国在生物医学领域尖端科学技术的研究。2014 年，上海盈创建筑科技有限公司利用 3D 打印机打印出了别墅，这也是世界上首套 3D 打印别墅。虽然别墅造价很高，但是 3D 打印相关技术的发展将改变原有的建筑业施工方式。

我国 3D 打印技术相对于发达国家，起步相对较晚，3D 打印技术的研发和产业化，长期存在研发力量分散，处于单打独斗的局面；研发机构与 3D 打印企业之间交流不够，与国际机构、知名企业的协作不够等情况。为了更好地促进 3D 打印技术的发展，便于研究机构与企业之间的合作和交流，便于我国参与 3D 打印国际合作，2012 年，中国成立了世界首家 3D 打印技术联盟——中国 3D 打印技术联盟。该联盟包括国内知名高校，如清华大学、华中科技大学、北京航空航天大学等；包括了国内 3D 打印企业，如湖南华曙高科有限公司、南京紫金立德电子有限公司、成都航利集团等，而且包括了国际知名 3D 打印企业——以色列 Objet 公司。

2014 年，紫金(江宁)科技创业特别社区与南京增材制造研究院等部门联合发起全国性的 3D 打印机合作平台。该联盟成员包括来自国内的知名高校，研发机构、大型企业，中小型科技创新企业等。以资源共享，互利互惠为原则，致力于提升 3D 打印群体竞争力。

目前，我国 3D 打印产业正在快速发展，但是也存在着困难和挑战：(1)企业竞争力不强。虽然我国企业自发研制的桌面级 3D 打印机已成功进入欧美市场，但是相比于欧美知名企业，我国 3D 打印企业规模较小，产品技术处于中低端水平、打印效率较低和 3D 打印辅助软件支持等存在问题。(2)3D 打印产业链不完整。3D 打印机的快速发展需要完善的供应商、服务提供商和市场支持平台。3D 打印供应商包括，3D 打印机设计机构、3D 打印机及耗材供应商；3D 打印服务商体系包括，3D 打印经销商，3D 打印机售后服务提供商、3D 打印服务提供商等。市场支持平台主要包括法律支持(知识产权保护)、网络平台支持、融资扶持等。(3)缺乏核心技术。虽然我国长期致力于 3D 打印技术的发展，但是相比于发达国家，并没有掌握核心技术，目前3D打印材料研究处在起步阶段，3D打印设备核心元件依靠进口等，工业级3D打印机技术落后。(4)人才紧缺。目前，国内3D打印机人才培养尚处于起步阶段，根据行业分析，人才缺口高达800万；而且国内缺乏行业高端人才，目前主要通过全球招募，引进行业国外尖端人才。

2015年2月28日，工业和信息化部、国家发展和改革委员会、财政部共同发布了《国家增材制造产业发展推进计划(2015—2016年)》。该计划发展3D打印技术(增材制造)产业作为推进制造业转型升级的一项重要任务，以直接制造为增材制造产业发展的主要战略取向，兼顾增材制造技术在原型制造和模具开发中的应用，面向航空航天、汽车、家电、文化创意、生物医疗、创新教育等领域重大需求，聚焦材料、装备、工艺、软件等关键环节，实施创新驱动，发挥企业主体作用，加大政策引导和扶持力度，营造良好发展环境，促进增材制造产业健康有序发展。该计划明确制定了2015—2016年，3D打印技术发展的战略目标：到2016年，初步建立较为完善的增材制造产业体系，整体技术水平保持与国际同步，在航空航天等直接制造领域达到国际先进水平，在国际市场上占有较大的市场份额。

第一，产业化取得重大进展。增材制造产业销售收入实现快速增长，年均增长速度30%以上。进一步夯实技术基础，形成2~3家具有较强国际竞争力的增材制造企业。第二，技术水平明显提高。部分增材制造工艺装备达到国际先进水平，初步掌握增材制造专用材料、工艺软件及关键零部件等重要环节关键核心技术。研发一批自主装备、核心器件及成形材料。第三，行业应用显著深化。增材制造成为航空航天等高端装备制造及修复领域的重要技术手段，初步成为产品研发设计、创新创意及个性化产品的实现手段以及新药研发、临床诊断与治疗的工具。在全国形成一批应用示范中心或基地。第四，研究建立支撑体系。成立增材制造行业协会，加强对增材制造技术未来发展中可能出现的一些如安全、伦理等方面问题的研究。建立5~6家增材制造技术创新中心，完善扶持政策，形成较为完善的产业标准体系。

第三节 我国 3D 打印产业发展战略构想

3D 打印技术作为新工业革命中的关键技术，正在改变着人类生产生活方式。目前，美国、德国、日本等发达国家，从国家战略层面制定了 3D 打印技术等战略性新兴技术的发展规划。作为世界第二大经济体和"世界工厂"，中国今年也发布了《国家增材制造产业发展推进计划(2015—2016 年)》，为 3D 打印技术的发展制定了近期的发展规划。目前中国正在从制造业大国向制造业强国转变，正在进行产业结构的调整和升级。3D 打印技术作为推动智能化、数值化、可视化生产的关键技术，必然推动我国从制造业大国向制造业强国的转变。

一、我国发展 3D 打印产业具有重要的战略意义

改革开放 30 多年，中国制造业生产总值已发展成为世界第一水平，目前从工业大国向工业强国的转变，加速产业结构调整，提高技术创新能力和提升产品质量将成为我国制造业发展的迫切需求。3D 打印技术是目前重点发展的先进制造业技术，它将助力我国提升制造业水平，实现技术追赶，甚至引起跨越式发展。

（一）发展 3D 打印技术，提高产品研发和设计水平

3D 打印技术是一种信息+材料＝产品的生产方式。与传统制造方式不同，它是一种更加便捷，更加简化的生产方式。研发人员通过 3D 产品设计软件(CAD)设计出产品模型(信息)，并通过 3D 打印机打印出产品原型。在不增加设计时间和研发成本的基础上，重复打印出产品原型，并改进产品设计，最后得到完美的产品。而且无论产品结构和工艺多么复杂，3D 打印技术可以在短时间内制造出产品原型，使研究人员更早地发现产品缺陷，提高产品创新设计能力，改善我国在产品设计环节薄弱的问题。

（二）发展 3D 打印产业，提升我国基础科学研究能力

3D 打印技术正在应用于航空航天、生物医学、机器人设计等基础科学研究领域。在航空航天领域，3D 打印技术可以打印出尖

端飞机的零部件，并且可以在太空中，宇航员可通过 3D 打印机在轨"打印"零部件，而无须再从地球运输零部件。在生命科学的研究和应用中，3D 打印机可以打印出人类干细胞，通过干细胞培育，制造出人体组织和器官，这不仅提高了人类在生物医学领域的研究能力，而且有助于延长人类寿命。美国斯克里普斯研究所的分子生物学家阿瑟·奥尔森，正在利用 3D 打印机制造的模型来研究导致艾滋病的 HIV 病毒的运行机制。他正在通过美国国家卫生研究院的 3D 打印交换项目，与其他研究人员共享他的模型。该交换项目能让科学家共享打印分子、器官和其他物体的操作指南。

（三）发展 3D 打印产业，可形成新的经济增长点，促进就业

在之前讨论过，3D 打印技术正在改变着传统制造业。相比于原有的大批量自动化生产方式，3D 打印技术的发展，将实现社会化、个性化生产方式。据美国沃勒斯（Wohlers Associates）2014 报告，2013 年，全球 3D 打印市场增长率高达 34.9%，市场达到了30.7 亿美元。这种发展势头，超乎行业的预测。并且市场增长数额远远大于 2011 年的预测。根据最新预测，3D 打印产业每年将以30% 的速度增加，至 2025 年全球市场总值将达到 120 亿美元。目前，中国在全球市场所占比例大约为 8.6%，而且中国市场潜力巨大。如果按照 2025 年中国能够达到全球市场份额的 20%，那么 3D打印产业的国内市值将达到 100 亿元人民币以上。如此大的市场将会成为新的经济增长点。而且因为 3D 打印产业链，从原材料供给、设备和耗材销售到服务提供等。产业链涉及面较广，所以 3D打印产业将提供更多的就业岗位。

二、3D 打印产业的中国坐标

面对 3D 打印广泛的应用领域以及世界巨头的强大实力，作为"世界工厂"的中国该如何参与到 3D 打印产业中来，不断增强竞争能力是十分重要的。

1. 四类应用处于不同的发展阶段

3D 打印在原型制作方面的应用最为悠久，处于稳步成长期，

众多的设计、制造类企业，都需要通过这种方式来快速制作样品，以验证设计的合理性、可行性。3D 打印直接将计算机中的数字化模型变为实物，同时，由于主要的目的是进行验证，对材料的性能并不像正式产品那样严格，而是更加注重外形、颜色、结构等方面的真实性，所以，可以使用塑料、光敏树脂等材料，相关的 FDM，SLA，SLS 技术历史也是最为悠久的，成熟度高。3D Systems 和 Stratasys 在该领域方面具有最悠久的历史，经验和产品线也最为丰富，国内在这方面应用也十分广泛，但多是使用进口设备，国内的紫金立德，陕西恒通等企业虽具备设备生产能力，但市场占有率很低。

个人消费级应用处于快速上升期，这个领域的打印设备和耗材的价格都是最低的，绝大多数采用 FDM 技术，材料以 ABS 等塑料为主。这个领域的设备和材料的技术门槛也是最低的，FDM 相关专利的过期，RepRap 开源项目的快速发展，都使得这个领域在近几年呈现出爆发性增长的态势，国内的很多企业也借此东风，推出了价格亲民的产品，大部分机型价格从 2 000 元左右到 1 万元不等，呈现出百花齐放的局面。但是真正做到国际影响力的却只有北京太尔时代科技公司出品的 UP 系列机型，该机型在 2012 年被 MAKE 杂志评为年度最佳 3D 打印机，产品多销往北美地区。

私人定制方面的应用目前处于快速成长的初期，采用生物相容性树脂或塑料，这类应用对精度和材料要求较高，价格也相应更贵，很多情况下还要与 3D 扫描配合使用，最典型的应用是助听器外壳的制造，通过 3D 扫描建模然后打印出实物，就可以快速制造出针对个人耳朵轮廓的产品，全球大概有 1 000 万的使用量，假牙、骨骼、人体植入物等也有几十万的应用量。国内在这个领域和国外差距很大，仅在植入物方面有小量应用。

直接制造正式产品方面的应用处于早期阶段，中国的钛合金激光成型技术处于世界领先水平，北京航空航天大学的王华明教授的"飞机钛合金大型复杂整体构件激光成形技术"获得了由国务院颁发的国家技术发明奖一等奖，产品的整体性能远远高于传统锻造成型制造的零件，技术已经应用于多个国产航空项目的原型和正式机型的零件制造，成为世界上唯一掌握这种技术并且实际装机应用的国家。航空航天设备很多生产批量都很小但是品种很多，特别是在样机试制的阶段，需要定做大量的单件零部件，如果使用传统方式，则流程很长，成本也高，更不环保，所以，3D 打印对单件小批量制造的优势可以展现出来，另外，航空航天设备中存在大量的异形件，结构复杂，对强度要求高，重量要很轻，按照这些要求设计出的零件，用传统方式往往难以制造，可以展现出 3D 打印对复杂形体、特殊材料制造的优势，同时，3D 打印的增材制造方式能够将材料利用率提升到 90% 以上，也降低了成本。

2. 产业链统筹

3D 打印产业的发展是设备制造商、材料提供商、服务商、平台商等多方互动的过程，而每个环节又有很多细分，在设备制造商层面，有工业级，民用消费级的划分，以及基于不同技术路径的划分，材料方面，又要针对不同的应用场合做划分，服务商方面，包含工业设计、3D 建模、3D 扫描，等等，平台商方面还包含电子商务、第三方支付、知识产权保护，等等。在 3D 打印设备保有量第一的美国，已经形成了 3D Systems 和 Stratasys 两大龙头企业，业务覆盖全产业链，对产业应用和发展起到了带动和辐射作用。国内在 2012 年成立了中国 3D 打印技术产业联盟，打破了国内的 3D 打印企业孤军奋战，产业链整合水平很低，没有大型领军企业，研发和推广都处于混乱阶段的局面。

3. 集中于设备制造

国内 3D 打印产业链上，多数厂商主要涉足的是设备制造环节，国内企业已经具备了制造基于 SLA，FDM，LOM，SLS 等主流技术的设备的能力，但是由于专利、产量等因素使设备价格始终很高，多在 10 万美元以上，截至 2012 年底，国内 3D 打印设备保有量仅占世界的 4%。

材料制造领域，国内对于 ABS 塑料、尼龙等材料的生产较为成熟，但是在金属粉末方面与国外差距很大，基本依赖进口。

4. 工业应用先行

国内的 3D 打印研发主要集中于高校，包括北京航空航天大学、西安交通大学、清华大学、华中科技大学、西北工业大学，等等。很多知名企业也是依托于这些研发机构而成立。这种模式使得很多研发成果主要应用在了军工或重工领域，典型的就是使用激光成型设备对国产大飞机 C919 机头钛合金结构件的制造，标志我国的大型钛合金结构件制造技术居于世界领先水平。

三、中国 3D 打印产业的 SWOT 分析

SWOT 是优势（Strengths）、劣势（Weaknesses）、机会（Opportunities）和威胁（Threats）的英文首字母组成的缩写词。SWOT 分析也称态势分析或优劣势分析，是将与研究对象密切相关的各种主要内部优势、劣势和外部的机会和威胁等，通过调查列举出来，并依照矩阵形式排列，然后用系统分析的思想，把各种因素相互匹配起来加以分析，从中得出一系列相应的结论，而结论通常带有一定的决策性。SWOT 分析法广泛应用于战略研究与竞争分析。具有考虑问题全面、分析直观、使用简单的优点，是一种系统思维。

中国 3D 打印产业的 SWOT 分析，就是针对中国 3D 打印产业的内部因素和外部环境进行分析。众所周知，中国是当今的"世界工厂"，在传统制造领域居于世界领先位置，基于此，本书将中国 3D 打印产业的外部环境界定为国内的传统制造业以及国外的 3D 打印产业，并按照由整体到局部的思想，先分析外部环境，再分析内部因素。

（一）中国 3D 打印产业的外部机会分析

1. 市场空间大

与计算机行业的发展历程类似，3D 打印产业无论是设备还是材料的价格基本上呈现出下降的趋势，推进了 3D 打印产业的发展。根据 3D 打印产业权威研究机构 Wohlers Associates 的统计，1993—2012 年的复合年增长率达到 17.7%，全球 2012 年 3D 打印产业销售收入达到 22.04 亿美元，比上年大涨 28.6%。保守估计，到 2021 年，按照 20% 左右的复合年增长率计算，3D 打印产值可达 108 亿美元。乐观来看，按照全球 70 万亿 GDP 来计算，制造业占

15% 左右，即 10.5 万亿，假如 3D 打印的渗透率可以达到 1%，那么全球 3D 打印产业的规模将高达 1 050 亿美元。

2. 利润水平高

3D 打印设备的价格近年来虽然出现了不同程度的下降，但还主要集中于采用 FDM 技术的设备，而采用其他技术路线的设备价格并没有出现明显的下降，维持在高利润水平。这种现象与 3D 打印产业技术路线众多是有关联的，没有任何一种技术路线能够适用于所有的应用场合。从整个产业发展阶段来看，3D 打印产业目前的整体规模不大，再按不同的路线进行细分，每种路线设备的市场就更小了，比较易于出现一家独大的局面，可以很好地将价格控制在较高的区间内。

材料的利润水平比 3D 打印机的利润水平还要高，一方面，是材料制造技术含量高；另一方面，很多打印设备制造商将设备与材料进行"捆绑"，只能用规定的材料，使这一市场形成了垄断局面，价格和利润得到了很好的控制。目前，用于 3D 打印设备的各种材料总计达到 100 多种，包括液态树脂，固态粉末，实心料丝等形式，价格上来看，用于 FDM 设备的料丝最便宜，国内的 ABS 材料的每千克价格已经降到 70 元左右，但是，如果和制造料丝的原料颗粒价格相比较，那么，很容易发现，料丝的利润依然很高，高端领域，用于制造飞机零件的金属粉末材料价格高达每千克 4 万元。

按照采用 DMLS 技术打印不锈钢零件进行数值假设，计算出的成本构成。设备折旧和材料消耗是成本中最重要的组成部分，也是 3D 打印产业利润的主要来源。

3. 普遍定制化

多样化、个性化、定制化的产品会在未来成为主流，3D 打印是实现和迎合这种趋势的有力工具。不难发现，现在市场上的很多产品都欠缺个性，千篇一律，造成这种现象的原因之一便是目前大批量的生产制造模式。借助 3D 打印企业可以提供针对每一个客户的不同产品，结合云制造等先进生产模式，在满足定制化的同时实现低成本。谷歌的模块化手机项目 Project Ara 近期与 3D 打印巨头 3D Systems 公司展开合作，由 3D Systems 提供定制化零部件的生产。Project Ara 允许用户根据自己的需求选择和定制相应的模块，这些模块包括屏幕、电池、摄像头，等等，囊括手机的所有部分，如同组装电脑那样，将所有选择的模块装配便是一台高度定制化的手机，更换相应的模块便可以实现手机的硬件升级，避免了目前整个换掉手机的局面，减少了电子垃圾的产生。Project Ara 展现了产品定制化的趋势，也体现了 3D 打印在定制化方面的重要作用。

在美国《连线》杂志主编 Chris Anderson 所撰写的《长尾理论》一书中指出，需求和销量不高的产品组成的长尾部分所占据的共同市场份额可以和主流产品的市场份额媲美，甚至更大，大规模普遍定制的生产模式所产生的效益足以和传统批量生产模式相匹敌。

4. 新的可能性

在 2011 年的时候，在整个用 3D 打印技术进行制造的领域，大概只有 1/4 是用来生产正式的产品。从最近几年的市场表现来看，在这一领域的增长速度是最快的，可以达到平均每年 60% 的高速。在 3D 打印领域所呈现出的，3D 打印设备和材料价格不断下降，而相关的技术和成型质量的不断攀升的局面，对于用 3D 打印来生产正式产品是十分有利的，所以，要求企业深度理解 3D 打印的特性，甄别出哪些零件用 3D 打印制造是最合适最有利的，需要大量人力的零件，比如，包含大量装配工作或者是二次加工工作的零件，需要大量模具和工装夹具的复杂的，产量很小的零件，3D 打印的优势就尤其明显了。有些企业极富远见，他们已经开始分析，现今生产的零件中哪些可以转变成通过 3D 打印来制造。3D 打印所具有的全程数字化制造的模式，也使得企业可以把生产放到劳动力成本低的地区去生产制造，同时保持原有的高质量水平。

打印材料领域同样值得关注，现今很多 3D 打印设备制造商是指定打印材料供应商的，这种局面也会随着通用标准的不断诞生而发生改变，材料价格也将越来越低。

5. 新的制造模式

在杰里米-里夫金撰写的《第三次工业革命——新经济模式如何改变世界》这本书中阐述了制造业多样化、个性化的趋势。基于云计算和 3D 打印机的云制造模式，就成为这种趋势的典型体现，通过云计算、互联网，将分布在不同位置的 3D 打印机整合起来，根据客户所处的地点和对产品材料、体积、颜色等需求，用最适合的 3D 打印机进行产品的制造。通过整合分布式设备而形成规模经济的云制造模式，降低了能源消耗和有害气体排放，减少了运输成本和时间，提高了设备的使用率，构成了制造的新形态。同时，随着 3D 打印设备性能的不断提升以及相关材料的持续优化，对于 3D 打印机直接用于正式产品制造方面的比例已经从 2003 年的不到 4% 上升为 2012 年的 28%，逐渐拉开了第三次工业革命的序幕。

3D 打印的众多特性使得企业接触这个领域的门槛很低，比如，这种技术可以降低模具工具等的制造成本，使得企业可以用更少的成本，更小的产量来展开制造。可以直接制造出正式产品的特性，使得设计师将设计变成产品的流程变得空前简单和高效。目前，已经有一些企业开始提供深度定制的产品和服务，还有些企业通过提供平台的方式，为制造商和设计师架起了一道桥梁。

起初，这些企业是在夹缝中生存，为了迎合客户定制化，复杂品，短交期的需求。从长期来看，这些企业会改变市场的游戏规则，那些可以大批量低成本制造的企业恐怕不再具有优势，而这些新兴企业由于具有独到的设计资源和庞大的用户群而更具优势。另外，开源 3D 打印军火的出现，使我们意识到这种技术会对现有的工业秩序和道德信条产生深刻影响。

6. 借力产业升级与转型

如今，中国的制造业正处于由"中国制造"迈向"中国创造"的关键阶段。3D 打印增材制造的方式，在工业设计，模具制造等领域已经有了成熟的应用，能够帮助提升产品的设计水平，使产品在设计阶段能够进行更为有效和真实的验证，由于可以直接制作出样品，所以，可以使产品的设计修改和迭代速度大幅加快，增强了设计能力，也更能贴合消费者需求，可以增强中国在设计，品牌等高附加值领域的竞争力。高端复杂零件的 3D 打印直接制造方面，市场也很广阔，特别是航空航天、装备制造等方面，凭借较高的技术门槛，确保持续的高收益水平。

7. 开源扩大

在开源领域最为知名的莫过于 Linux，汇聚全世界的力量，创造出了这一优秀的系统。在硬件电路领域近年来知名的 Arduino 也创造了无数的奇迹，无论是在无人机上的应用，在机器人上的应用，还是在 3D 打印设备的使用。基于 Arduino 的 3D 打印机控制板得到了广泛应用，推进了开源 3D 打印机的快速普及。除了软硬件的开源，在设计领域的开源也是重要的方向，通过互联网分享创意和设计，全世界的人来共同完善，伴随着 3D 打印日益深入人心，开源的领域将会越来越多，模式越来越成熟。

(二) 中国 3D 打印产业的外部威胁分析

如同任何一种新技术、新革命的发展历程一样，3D 打印的发展也必然会面临诸多的困难与挑战，传统生产方式的根深蒂固、技术的局限性、市场的不确定性都会在 3D 打印的发展过程中体现出来。

1. 巨头垄断市场

毫无疑问，美国和欧洲是 3D 打印产业的领头羊，其先进性不仅体现在科研领域，而且更重要的是实际应用，从最初的工业原型制作，如今已经渗透到各个行业，除了产业链不断成熟定型，商业模式也逐渐丰富，从产业链上游的打印材料，到产业链中游的打印设备，配套软件及外设，直到下游的平台及服务。随着技术不断进步和演化，在市场驱动下，衍生出了丰富多彩的商业模式和企业战略。

3D 打印机市场作为整个产业链发展最为成熟的部分，作为行业巨头，美国的 3D Systems 和 Stratasys 公司的工业级 3D 打印设备总出货量占比超过 50%，如图 4-8 所示，形成了寡头垄断的局面，与之对应的是目前 80% 的市场需求都集中在欧美国家，亚洲仅占 5%。

3D 打印技术路线众多，每种技术路线都由发明该技术或拥有相关专利的企业所掌控和主导，具备核心竞争力，所以，3D 打印机制造商往往以其打印设备为载体，通过研发与设备配套的材料并拓展设备的应用领域，而不断向产业链上下游渗透，逐渐成长为覆盖全产业链的整体方案提供商。3D Systems 和 Stratasys 分别是 SLA

和 FDM 技术的创始企业，通过持续研发和收购，形成了耗材，打印机设备及周边配套，打印服务并行的局面，两家企业在产业链这几部分的收入均较为可观，且比较均衡，在耗材方面形成的垄断，使这部分毛利率远高于设备制造和下游的服务。

3D Systems 和 Stratasys 除了自身不断增强创新研发能力，也在大举展开收购，实现快速做大做强。2009—2013 年，3DSystems 公司共收购了 33 家企业，囊括了设备制造，打印材料，3D 扫描，打印服务等众多领域。Stratasys 也不甘示弱，2011 年收购了 Solidscape 公司，使公司的打印设备产品线增加了基于材料喷射工艺路线的打印设备，2012 年又和以材料喷射技术著称的以色列 Objet 公司合并，2013 年收购了世界知名的民用消费级设备制造商 Makerbot，弥补了公司产品线的不足，同时获得了 Makerbot 旗下教程和模型分享互动社区 Thingiverse，拓展了 Stratasys 的服务范围。通过一系列收购，Stratasys 已经成为与 3DSystems 实力相当的又一巨头。

2. 全球制造业格局变化

中国制造传统的竞争优势就是物美价廉，随着中国经济的持续发展，人民生活水平不断提高，中国在人力成本方面的优势将越来越低，产品的价格也难以继续降低，使得中国制造业在全球的竞争力会受到一定程度的限制。3D 打印数字化的制造方式，对人力、材料、能源等方面的耗费都小于传统制造方式，中国制造业的传统优势无法体现，也会在一定程度上重新分布世界制造业的格局。美国奇点大学（Singularity University）学术与创新中心副主席 Vivek Wadhwa 在华盛顿邮报上发表文章（2012 年 1 月 11 日）"为何该轮到中国为制造业担忧？"（Why it's China's turn to worry about manufacturing?）。他认为"新技术的出现很可能导致中国在未来 20 年中出现美国在过去 20 年所经历的空心化"，引领技术之一是以 3D 打印为代表的数字化制造。他认为今天简单的 3D 打印只能制作出相对粗糙的物体，这类设备正在快速发展，成本不断降低，功能不断提高，到 2020 年代中期，美国人能够在分子级别上制作精确的 3D 物体。"这样，中国还如何能与我们竞争。"

美国和欧洲在 3D 打印领域处于世界领先地位，不仅 3D 打印设备的保有量高，而且对于材料的研发，服务的推广也十分重视。美国作为全球 3D 打印产业的领导者，高速发展的背后和美国政府的大力支持密不可分，2012 年奥巴马将 3D 打印列为提升美国制造业的 11 项重要技术之一，联合高校、制造商等成立了国家增材制造研究会。美国的 3DSystems 和 Stratasys 公司是世界 3D 打印产业的领头羊，产品和服务都占据了大量的市场份额。与此同时，欧洲的空中客车公司也正在推进用 3D 打印来制造飞机的计划，预计在 2050 年完成。

其他国家也在持续推进 3D 打印的开发和使用，荷兰 Ultimaker 公司出品的 3D 打印机，在民用市场占有率处于世界领先位置，南非研发出了基于平板电脑控制的 3D 打印机，日本也在高端金属 3D 打印领域颇有成绩。

中国的 3D 打印产业，虽经历了多年发展，但目前仍处于初级阶段，其中北京航空航天大学参与研制的激光金属零件成型技术已经居于世界领先水平，西安交通大学、华中科技大学、清华大学等高校都热情参与到产业发展中，在生物细胞打印、医学植入物制造、航空飞行器零件制造等领域取得显著成果。北京太尔时代公司出品的 UP 系列打印机，也在世界民用 3D 打印机市场占有一定份额，并被美国 MAKE 杂志评为 2012 年的最佳 3D 打印机。但是，从整个中国 3D 打印产业来看，还缺乏如美国 Stratasys 公司那样的龙头企业，部分核心技术也被国外巨头所垄断，整个产业规模还很小，产业链依然不完善，没有形成设备、材料、服务、平台的全产业链模式。整个制造业粗放型的发展模式、创新环境的缺乏也制约了 3D 打印的普及和推广，中国要实现产业升级与转型，在 3D 打印领域赶超世界先进国家，还有很长的路要走。

3. 传统制造方式影响大

中国作为制造业大国，传统优势正是低成本大批量生产模式，以标准化、规范化、批量化、系列化为特征，而 3D 打印是以个性化、定制化为特色的，与传统生产方式形成了巨大的反差，与传统的模式能否形成良性互动是重要的，需要企业、政策、市场、技术等多因素共同作用。

例如，从价值链层面来看，增材制造所扮演的角色往往不为用户所知。比较典型的就体现在传统的零配件供应上，厂家为了对特定的产品更好地提供售后服务，传统的方式往往需要有一定量的零配件库存，3D 打印这种按需生产的方式，可以按照客户的需求来生产特定的零配件并准时送达到客户手中。这就改变了传统的售后服务模式和产业结构。也使得仓库可以大幅减少，取而代之的是增材生产中心。甚至可以把微小型的增材生产中心布置在设备或用户的聚集地，如机场、医院等，在现场就可以用设备制造商提供的数模为用户打印所需的零配件。

当然，零售商也可以利用 3D 打印技术来为用户提供产品定制服务，如玩具、建材等领域。

3D 打印技术的固有特性，使得这种技术对于定制化，模块化的产品的生产具有天然的优势，企业可以对即将生产的正式产品，结合 3D 打印的特性，为用户提供更有竞争力的选择，使用户得到更满意的产品，使企业增强盈利能力。

4. 核心竞争力转变

3D 打印具备强大的成型能力，摆脱了复杂形体的束缚，与此同时，对零件或产品的设计能力无疑比传统的制造方式要求更高，也成为核心竞争力的重要组成部分。在设计领域，国外显然更具有竞争力，经验更为丰富。利用计算机辅助设计来进行三维建模本身并不新鲜，但是，面向 3D 打印的计算机辅助设计还是新的课题，一方面，3D 打印会有新的工艺要求；另一方面，3D 打印扩展了可成型的范围，以往传统的减材制造方式无法生产的复杂零件可以通过 3D 打印来制造出来，而且可以做减重等处理，同时维持或增强力学性能。这些都需要新的设计方法、新的 CAD 软件的配合来完成，更重要的是需要广大的用户来学习和掌握这些新的知识，同时，目前发展很快的 3D 扫描的建模方式，同样需要用户掌握逆向工程建模，正逆向混合设计等新方法、新思路，在当今越来越强调用户体验的时代，给用户提出过多的要求，显然是对 3D 打印产业的挑战。

5. 知识产权问题

3D 打印降低了制造的门槛，拥有 3D 模型文件和相应的打印设备和材料便可以展开制造，结合互联网的普及，文件共享平台，都使得产品复制打印变得十分容易，复制、共享、修改的便利也给非法盗版提供了方便。3D 打印的逐渐普及也必然会伴随着知识产权问题的增多。

(三) 中国 3D 打印产业的内部优势分析

中国的 3D 打印产业从 20 世纪 90 年代初开始发展，经过 20 多年的累积，产业整体尚处于初级阶段，和国外相比还有很大差距，国内普及度还很低，但是也具有中国优势。

1. 市场潜力大

2012 年 10 月 15 日，中国 3D 打印技术产业联盟成立，由包括华中科技大学、清华大学等高校在内的科研院所和业内领军企业组成，为高校、企业、政府间的交流提供了新的平台，产学研结合越来越深。

该联盟计划在中国 10 个城市创建 10 个 3D 打印创新中心，并为每个中心投资 330 万美元合 2 000 万元人民币的资金。2013 年 3 月，中国 3D 打印技术联盟与南京经济技术开发区签订合作协议成立中国第一个 3D 技术创新中心，旨在这一传统工业区探索 3D 打印的发展模式。中心主要服务于制造类企业，同时包括展示中心、教育中心、加工服务中心和研发中心。同年，在北京举办了世界 3D 打印技术大会，亚洲制造协会预测中国 3D 打印工业在三年内将达到 16 亿美元合 100 亿元人民币的规模。也就是说，在未来三年将扩大十倍。目前，3D 打印还处于初期阶段，需要把这一技术整合到工业转型和升级过程中来。这一系列事件透露出中国 3D 打印产业生机勃勃的发展状态。

根据亚洲制造协会的统计，2012 年中国 3D 打印产业规模为 1.63 亿美元合 10 亿元人民币。根据 Wohlers Associates 统计，美国以最多的 3D 打印设备拥有使用量继续引领全球，其比例占全球 38%，日本紧随其后占 9.7%，德国和中国分别为 9.4% 和 9.7%。中国在先进制造领域依然落后于美国，但是中国在这个技术领域是最有市场潜力和需求的，中国的 3D 打印市场将在 3~5 年内成为全球最大市场。

2. 政府大力支持

2013 年，中国科技部将 3D 打印技术列为重要的研究和发展领域，政府将投入6 500万美元合4 000万元人民币用于 3D 打印核心技术的研发，重点研究领域包括：开发和应用用于制造飞机大型零件的激光熔融设备，开发和应用可以用于制造复杂零件和模具的大型激光熔融 3D 打印设备，研发用于复杂零件材料和结构融合的高温高压粘结设备，开发应用 3D 打印在定制产品领域的核心技术。作为制造业大国，中国希望利用 3D 打印技术继续强化在世界上的竞争优势，在该领域的发展与创新将加快中国从低附加值劳动密集型制造向高科技制造转型的步伐。工信部也宣布在 2020 年之前投入 15 亿元支持 3D 打印产业发展。北京、湖北、江苏等省市都出台了地方政策，扶持 3D 打印产业园区建设，北京市在 2014 年 1 月提出了《促进北京市增材制造(3D 打印)科技创新与产业培育的工作意见》，为 3D 产业的发展确定了基本原则、主要目标、重点任务和保障措施。

3. 技术基础较强

国内 3D 打印产业从西安交通大学、北京航空航天大学等高校起步，具有良好的理论支撑体系，对某些领域的关键技术已经实现了突破，特别是在高端金属激光成型方面，走在了世界的前列。随着市场化运作的不断深入，以往实验室中的技术将有更多的机会走向实际应用。

依托西安交通大学、北京航空航天大学等高校的研发力量组建出了一批 3D 打印相关企业，其中包括陕西恒通、北京殷华、武汉滨湖等，产学研结合越来越深。2012 年 10 月 15 日成立的中国 3D 打印技术产业联盟又为高校、企业、政府间的交流提供了新的平台。

4. 认知度提升

3D 打印概念股的大幅上涨，3D 打印新闻频频见于网络、电视等媒体，虽然让人容易联想起当年光伏产业的炒作行为，但是，不可否认，确实对 3D 打印认知度的提升起到了重要的推动作用，对于吸引各行业引入和应用 3D 打印技术，吸引资本的介入都起到了很好的促进作用。

（四）中国 3D 打印产业的内部劣势分析

1. 缺乏教育推广

对于 3D 打印，用户的参与度比传统的制造方式要高，这是其自由度的体现，但是需要用户具备相应的能力和创意，例如，计算机三维建模过程，无论是通过 CAD 软件，还是通过 3D 扫描，用户的参与都必不可少，需要用户去学习，这对于喜欢研究和探索的"极客"或"创客"来说，或许正是 3D 打印的魅力之所在，然而，对于大多数普通消费者，会给他们带来难度，望而却步。中国正在从"中国制造"迈向"中国创造"的进程中，缺乏创新和创意，是这个过程进展缓慢的重要因素，创新能力和需求的不足，也会对擅长于创新的 3D 打印的推广造成阻碍。3D 打印领域的教育培训显然是十分重要的，然而，在眼下大学的课程体系中，机械、材料、IT 等学科，都缺乏与 3D 打印相关的内容，3D 打印还停留在部分学生爱好者兴趣研究的层面，很难展开系统的深入研究，创造性也无法激发出来。对于企业和用户来说，很多企业和普通消费者还不清楚用 3D 打印究竟可以做什么，即便是购置了设备，也不具备实际应用机器的知识和能力，造成设备闲置和推广应用的缓慢。

2. 投入少

国内从事 3D 打印的几家企业，基本上是依托于大学的研发中心而建立起来，没有充分整合社会资源，研发力量不足，在控制系统的优化、支撑物去除、专用材料的生产等具体环节，仍然不完善。企业市场化水平不高，自身投入比较少，资本的介入也不充分，无法同 3DSystems 等世界巨头那样通过融资并购等方式迅速做大做强。

3. 知识产权保护

知识产权保护问题一直困扰着 3D 打印产业，3D 打印数字化制造方式让产品设计分享和实物制造变得前所未有的容易。类似于若干年以前音乐领域面临的版权问题，包含三维模型信息的文件同样可以在互联网上广为传播，创新者和模仿者都可以在市场推出相似的产品，盗版问题，以及授权模式，都是产业面临的问题。

4. 技术水平低

设计本质上来说与制造方式是密切关联的，建筑师需要考虑建造的方法才能进行房屋设计，工程师需要考虑车、铣、铸、锻、焊等加工方式的优缺点，然后才能进行机器和零件的设计。对于传统的制造方式来说，我们已经经历了长久的历史过程，基于传统方式展开设计对于很多企业都是轻车熟路的，然而，如何针对 3D 打印来进行机器和零件的设计对所有人都是新的课题。

如何更好地使用 3D 打印技术同样是需要面对的问题，如可以调配出最佳的环境状况来减少打印件的变形，优化打印速度，调整材料特性等。调整材料特性是比较困难的事情，对于塑料而言要相对容易一些，对于金属难度就更大。企业要想获得成功就必须了解这些方面。

使用 3D 打印技术可以生产出的产品是极为丰富的，不能够按照传统制造的思维去设计和策划，很多时候，需要大胆设想和创新。无论从最终产品的形态上，还是整个成型工艺流程上，都与传统的减材制造方式不同。还可以在整个产品开发阶段的早期就对产品各方面性能进行验证，从而提高研发效率。

本节运用 SWOT 分析法，对中国 3D 打印产业的外部机会与威胁和内部优势与劣势作了详细分析。中国 3D 打印产业既面临挑战，又蕴藏无穷的潜力，所以，在下一章中将进一步列出 SWOT 分析矩阵，并给出中国 3D 打印产业的发展策略，预测未来发展趋势。

四、3D 打印技术发展的战略设想（我国 3D 打印产业发展的政策建议）

（一）制定产业中长期发展规划和发展路线图，优先发展核心技术

目前，虽然国家发展和改革委员会、工业和信息化部、财政部联合发布《国家增材制造产业发展推进计划 2015—2016》，但是需

要根据我国产业发展状况，借鉴国外发展经验，制定出适合我国 3D 打印产业发展的中长期发展规划和发展路线图，总体部署 3D 打印产业的发展，避免形成假大空，中后期发展不足等局面。而且制定相关产业政策、企业扶持政策、优先发展 3D 打印的核心技术，如 3D 打印材料研究、3D 打印设备和核心部件的研发等，提升工业设计能力等。

　　3D 打印产业的整体产业链虽然并不复杂，但是涉及材料科学、控制工程、机械、软件等多个技术领域，以及航空航天、医疗、艺术等许多应用领域，目前，恰逢国内产业结构调整升级的关键阶段，所以，需要我国对 3D 打印产业的未来发展作出系统的规划和引导，找到中国 3D 打印产业的具体定位，与国内实际情况相结合，做好 3D 打印与各个应用领域和行业的对接，避免目前呈现的全国一起上的局面进一步恶化，借鉴光伏产业陨落的经验与教训，实现 3D 打印产业的良性发展。

　　(二)确保企业创新主体地位，联合科研院所、行业协会，推动产业协同发展

　　根据竞争优势理论，国家经济发展分为四个阶段：产业要素导向型发展阶段、投资导向型发展阶段、创新驱动型发展阶段、富裕导向型发展阶段。当前，我国已经进入创新驱动型发展阶段，通过创新导向，推动产业结构调整，转变我国传统发展方式。欧美发达国家的经济发展历程表明企业、科研院所、高校等成为国家创新体系中重要组成部分，而且企业处于主体地位。在我国长期存在高校和科研院所是创新主体的惯性思维，而且我国 3D 打印发展现状也证明了这点，即 3D 打印技术的科研工作主要集中于清华大学、北京航空航天大学、中国科学院等机构。所以国家制定相关规定，确立以企业为主体的 3D 打印机产业联盟，推动企业、高校、科研院所之间的交流和资源共享，达到优势互补、协同发展而避免少而散的局面。

　　(三)创立科技创新金融体系，促进提升企业创新能力

　　目前，我国企业发展存在着融资渠道少，融资困难等问题，尤其是民营企业。目前，我国 3D 打印产业尚处起步阶段，企业自身

研发能力有限，产品竞争力不够等状况。我国发展 3D 打印产业除了政府扶持直接拨款外，应该放宽科技创新企业银行信用贷款，而且消除民企和国企的信用贷款歧视；通过政策性引导，加大对 3D 打印技术等战略性新兴产业信用贷款。设立企业创新风险基金，完善企业创新风险求助系统。因为我国 3D 打印产业发展落后于欧美发达国家，并且在部分核心技术方面不具备国际竞争力，所以调动企业研发积极性的同时要给企业提供风险求助保障，打消企业创新的后顾之忧。

虽然我国已经有北京太尔时代这样在世界有一定知名度的企业，但是企业规模很小，在国际市场的占有率很低，研发能力不足，容易与国外企业产生专利纠纷，可以通过政策优惠，项目对接等方式，助力企业增强自身研发实力，闯出符合国内环境和世界市场需求的路线。

（四）建立法律保障体系，促进产业健康发展

除了国家产业发展规划以外，建立适合产业发展的法律保证体系也是产业发展所必需的条件。3D 打印作为先进制造业技术有望促进我国产业结构的设计，提高我国制造业生产水平，助力我国从制造业大国向制造业强国的转变。但是 3D 打印技术可能会造成知识产权方的新问题。所以根据新技术的特征，修改我国现有知识产权法，有助于挖掘个人、企业、科研院所等的创造力，推动 3D 产业健康发展。

（五）兼顾人才培养和引进，提高产业研发能力

利用高校和科研院所在 3D 打印技术方面的基础研究优势，建立 3D 打印人才培养体系，增设高校 3D 打印技术学科或专业；鼓励成立产学研结合模式的 3D 打印培训基地，培养国内 3D 打印专业人才；通过国家相关政策，引进过海外优秀人才和专业团队；健全人才奖励机制，激发科研人员创新能力。

（六）加强宣传教育，营造产业发展的社会环境

3D 打印技术在我国起步较晚，而且 3D 打印设备价格较高，普通老百姓目前无法广泛使用它，但是 3D 打印将成为未来制造业

的发展方向，也成为老百姓满足其个性化需求而自制产品的方式。因为产业的发展需要市场的支撑，如何让大众了解 3D 打印技术，广泛使用 3D 打印设备将成为 3D 打印技术发展的市场保障。所以将 3D 打印技术纳入相关学科建设体系，通过各种博览会介绍 3D 打印技术的发展情况、演示 3D 打印机操作过程；通过科技馆、活动中心等公共设施文化宣传和普及相关知识。

（七）健全技术评估体系，预防社会风险性

目前，3D 打印技术应用范围正在扩大，逐渐进入航空航天、生物医学等基础科学研究领域。因为科学技术内在的风险特性，3D 打印技术给人类社会带来福祉的同时是否会对人类社会带来风险，这将成为新的课题。所以借鉴国外技术评估体系和根据 3D 打印技术的特点，制定合理的 3D 打印技术评估体系，预防其产生伦理道德等问题。

无论是产学研互动的具体模式，还是材料、设备等方面的执行标准，国内的高校、企业都没有形成统一的、规范的要求，处于各自为政的状态，重复发展的现象严重，对于整个产业的规模化，规范化发展十分不利，也为企业"走出去"制造了困难。需要建立整套的体系去规范、监管，优化现有的不足，推进国内 3D 打印产业的发展驶向快车道。

随着科学技术的发展，人类社会正处于新的工业革命时期。英国《经济学人》杂志认为 3D 打印技术、新能源技术、信息网络技术及其他数字化制造技术相融合而推动新的工业革命的实现。对于我国来说，发展 3D 打印等先进制造业技术将有助于推进产业结构调整，提升制造业整体水平，加速从"制造业大国"向"制造业强国"的转变。2015 年两会期间，李克强总理提出"互联网+"计划和《中国制造 2025》战略规划，通过信息技术、互联网技术与传统制造业的融合提高制造业的创造力和生产力，这将给 3D 打印技术的优先发展提供政策支持和宏观指导。这些相关政策和国家战略的推出，坚定了我们研究 3D 打印技术的信心。

人类为了追求高效、规范、准确的文字记载方式而发明了打字机，甚至打印机。从原有的文字信息（世界 3）记录到现有信息物化的过程中遵循着以下几种规律：（1）从虚拟到实在。3D 打印技术之前，打印机只能记录物质实体和精神世界的虚拟表述或者是参数信息，如果物化这些表述或者参数，则必须通过额外的生产过程才能实现。3D 打印技术的工作原理"信息（世界 3）+材料（世界 1）=物质（世界 1）"使虚拟表述或者参数信息直接转换成实实在在的物体，这对于打印技术来说无论在空间上、时间上都是革命性的。原有打印过程中的信息载体（纸张）是二维平面，但是 3D 打印可以根据物质信息直接生产出三维物体。（2）从简单到复杂。原有打印机的主要功能是对物质实体或者精神世界的虚拟表述，从存储简单的文字信息发展到存储彩色图像等复杂信息。3D 打印技术的出现使虚拟信息存储变得更加复杂，不仅视觉上实现了三维呈现，而且具有了味觉等虚拟信息的展现，如 3D 打印食品，它能够生产出美味佳肴。3D 打印的制造工艺决定了它更加适合于生产复杂化、单件产品，如航空航天中使用的零部件等。（3）从无机到有机。原有的打字机或者打印机只能将物质虚拟信息打印到纸张或者其他载体上，它们使用的材料一般为墨水和纸张而且均属于无机物。起初 3D 打印机主要制造实实在在的物体，一般使用塑料、金属粉末等无机材料，但是随着该项技术的不断发展，所能利用的打印原料越来越多，数量级也越来越小，目前突破了无机物到有机物的瓶颈，能够打印出生物组织，如人体骨骼、血管和血管网络、人造肝脏等。目前，打印技术正沿着从简单到复杂、从二维到多维的规律发展，已经出现了 4D 打印技术。实际上，3D 打印制造出的人造器官在人体内的运行也具有了时间的概念，理论上也算 4D 打印。

"三个世界"理论是波普尔研究知识增长型模型时提出的。波普尔认为除了物质世界和精神世界以外存在着精神世界的产物，即世界 3。波普尔对三个世界做了比较系统的划分，但是随着信息网络技术的发展，波普尔原有的划分不利于研究人员理解，所以国内学者王克迪教授对其划分做了修正。波普尔认为世界 1、世界 2、世界 3 之间存在互动关系，但是是一种直线关系，即世界 1 和世界 3 之间的作用需要世界 2 作为媒介。但是王克迪教授认为世界 1、世界 2、世界 3 之间的互动关系是闭环关系，即世界 3 和世界 1 之间存在互动，而且不需要世界 2 的参与。3D 打印技术的生产方式"信息＋材料＝物质"中信息属于世界 3，材料属于世界 1，新产生物质属于世界 1。3D 打印过程证明了王克迪教授的论断，即世界 3 和世界 1 之间不通过世界 2 可以产生互动。而且在某种程度上，世界 3 和世界 1 之间的互动可以脱离人而产生新的世界 1。

人类社会发展至今，每一次重大的科技进步都推动着生产力的提高，进而改变着人类的生产方式。3D 打印作为先进制造业技术，通过"信息＋材料＝产品"的制造模式不仅通过释放劳动者的创造力而彰显人类的主体性，而且能够极大地满足人类的物质需求的同时能够激发人类的精神创造，使人类从物质"制造者"向物质"创造者"的转变。3D 打印技术通过影响生产力三要素而提高人类生产力水品，甚至改变原有的生产方式。人类生产方式将会从集中化批量生产向分布式，个性化定制生产的转变。这种生产方式的改变将会引起社会各个领域的变革。3D 打印是一种制造业技术，其推广使用将会影响现有的制造业甚至世界经济格局的现状，从而影响全球投资、经贸流向以及物流等领域。3D 打印技术的应用能够提高原材料的利用率，简化产品生产、存储、物流环节，降低石化能源的消耗，逐渐实现低碳生产。

3D 打印技术正在影响着人类社会的各个方面，改变着人类的生产生活方式，广泛地应用制造业、生物医学、航空航天等领域，并且具有广阔的发展前景。但是因为科学技术具有的内在风险属性，3D 打印技术本身蕴涵着一定的风险，如知识产权冲突、违禁物品制造、伦理道德等方面的问题。3D 打印所需物质信息(世界 3)的主要来源包括网络上的共享信息、物体 3D 扫描数据、专业技术人员的设计数据等。因为互联网的开放性，人们可以将获得物质信息随意传播，这将对产权所有者的权益造成危害，如何修改现有的知识产权法而保护 3D 打印信息的所有权将影响到 3D 打印技术的健康发展。这需要技术专家、立法者、执法者之间形成联动机制，从技术、法律、执法三个层面解决此问题。目前，3D 打印机能够生产出枪支等违法物品，这将要求立法者在新的历史背景下改进现有的法律，从信息和原材料两个层面设定相关法律条款，从而防范违禁物品的打印。

3D 打印技术正在影响着人类社会的各个方面，改变着人类的生产生活方式，广泛地应用制造业、生物医学、航空航天等领域，并且具有广阔的发展前景。但是因为科学技术具有的内在风险属性，3D 打印技术本身蕴涵着一定的风险，如知识产权冲突、违禁物品制造、伦理道德等方面的问题。3D 打印所需物质信息（世界3）的主要来源包括网络上的共享信息、物体 3D 扫描数据、专业技术人员的设计数据等。因为互联网的开放性，人们可以将获得物质信息随意传播，这将对产权所有者的权益造成危害，如何修改现有的知识产权法而保护 3D 打印信息的所有权将影响 3D 打印技术的健康发展。这需要技术专家、立法者、执法者之间形成联动机制，从技术、法律、执法三个层面解决此问题。目前，3D 打印机能够生产出枪支等违法物品，这将要求立法者在新的历史背景下改进现有的法律，从信息和原材料两个层面设定相关法律条款，从而防范违禁物品的打印。

目前，正在风靡全球的德国"工业 4.0"计划已将 3D 打印技术视为实现分布式、可视化、智能生产的重要组成部分，并且正在制定 3D 打印技术的国家战略。美国正在实施先进制造业强国计划，并决定由政府出资成立 15 家国家制造业创新中心，而且 2013 年成立了首家创新中心——国家增材制造创新中心，即 3D 打印技术创新中心。日本政府于 2014 年通过了《制造业白皮书》，白皮书提出通过调整产业结构，发展 3D 打印，新能源、机器人等制造业尖端技术，增强日本制造业水平，提升其国际竞争力。2015 年 2 月 28日，中国政府推出《国家增材制造产业发展推进计划（2015—2016年）》计划。该计划制定了关于 3D 打印技术发展的短期规划和目标，虽然注重实效，但是产业发展需要国家制定中长期的战略规划和产业发展路线图。我们通过借鉴国外发达国家发展先进制造业技术的经验以及结合我国工业发展现状，从政策扶持、产业联盟、人才培养等方面提出了个人的见解，希望借此能够为我国 3D 打印技术的发展尽点微薄之力。

五、中国 3D 打印产业发展趋势

(一)技术方面

3D 打印技术主要由成型的方法、材料、软件三个部分构成，打印效果的提升和三个部分的发展水平联系紧密，任何一部分的发展都能够带动其他部分的联动式进步，形成合力，为 3D 打印的应用开辟更加广阔的通道。具体来说，技术方面会有下面一些发展趋势。

1. 精度更高速度更快

精度的提升和速度的加快似乎是互相矛盾的，打印速度的提升往往伴随着打印精度和表面质量的下降。现今 3D 打印产业的主流技术路线，包括 SLA，FDM，SLS，LOM，3DP，等等，大多是 20 世纪八九十年代开发出来的，进入 21 世纪以来，很少有创新性的技术路线被研发出来并加以应用，更多的是在原有技术路线基础之上的优化，升级，改进。精度和速度确实都有了很大程度的提升，例如，目前应用最广泛的基于 FDM 技术的打印设备，通过对挤出头加热部分的优化设计，挤出头小孔的直径已经从多年前普遍使用的 0.5mm 缩小到了 0.3mm 甚至 0.2mm，也就意味着可以挤出更细的料丝，从而呈现更为丰富的细节，打印出的制品的精度有了大幅的提升。速度方面也通过将带有沉重的步进电机的挤出机构固定在打印机的机架上，采用波顿式远端送料的方式，减轻打印时水平方向上参与移动的部件的重量，同时，加强驱动装置的功率，并使用钢板激光焊接机身，达到了在保证精度的前提下，快速移动挤出头的目的，打印速度由此得以提升。按照目前发展趋势，未来通过并联驱动装置，进一步轻量化挤出头等方式，打印精度和速度会有进一步提升。

另外，通过跨领域创新，也会实现新的突破。传统 2D 纸质打印机领域，在 2011 年出现的 Memjet 打印技术，就是基于 Mems 微机电系统而研发出来的高速打印技术，可以实现每分钟 60 页的打印速度，国内的联想集团推出的采用 Memjet 技术的光墨打印机受到了业界的高度关注。这种技术的喷墨装置与纸的宽度一致，拥有多达 70 400 个微型喷墨头，每秒可以喷射出 9 亿个墨滴，免除了传统喷墨打印机喷头的移动动作，只保留了送纸机构，配合强大的运算芯片及专用墨水，在确保精度的情况下，实现了前所未有的速度。而采用 3DP 技术的 3D 打印机和传统的 2D 打印机十分类似，只是增加了粉末材料的沉积铺粉，平台下移等环节，可以采用 Memjet 技术或研发出类似技术，运用到 3DP 机器上，从而实现高速高精度打印。

2. 材料选择余地更大

目前用于 3D 打印方面的材料有 300 多种，按照大类可以分为树脂、塑料、橡胶、木材、陶瓷、金属、蜡、纸、混凝土、糖、巧克力，等等，但是，性能和传统的制造方式所使用的材料还有所差距，强度，疲劳度等都存在不足，使用受到了很大的限制，也是造成现在 3D 打印大多用于制作产品原型，而不是直接生产正式产品的原因之一。随着 3D 打印机的普及，应用范围的扩大，近年来打印材料的种类和性能都有了很大进步，给用户提供了更多的选择，例如新近出现的用于 FDM 设备的 Laywood 木质材料，不仅能够打印出具有木材质感和特性的制品，而且还可以通过调节挤出头温度的高低，来改变打印出的作品的木质颜色的深浅，或设定温度的变化周期和方式，打印出更为真实的作品，更为意外的是，还能够发散出木材的独有的香气，体现出木质作品独有的魅力。国内知名独有材料研发生产商傲趣公司推出的弹性材料，也独具特色，让 FDM 设备可以打印出不同弹性和硬度的制品，赋予了作品更真实的手感，增强了表现力。

Stratasys 公司是目前出品打印材料种类最多的公司，使用 14 种基本材料混搭得到 107 种不同材料，即便如此，面对人们各种需求，与传统行业已有材料相比，还显得种类不够，性能不足。未来会有更多种类的材料推向市场，性能更好，价格更低是大的趋势。

3. 实用性增强

西北工业大学激光制造工程中心的研发团队已经为中国国产大飞机 C919 制造出了长达 3 米的大型钛合金中央翼缘条，这是 3D 打印在航空航天高端领域的实际应用。3D 打印不会仅仅停留在产品原型制作的层面，用 3D 打印直接生产正式产品是未来的趋势，也是 3D 打印实现爆发性增长的重要条件，3D 打印用于生产正式零件和产品的规模将远远超过用在制作原型上，因为原型和正式产品的数量比通常是 1∶1 000 或更多，用来制作生产正式产品才能创造出更大的收益。航空零件、珠宝、手术植入物、牙科都是金属正式产品的领域，波音公司已经用来进行生产飞机上导流系统中的部分零件了。通用电气也计划每年为飞机发动机生产 4 万个喷嘴零件。罗尔斯罗伊斯公司同样计划用 3D 打印来生产飞机发动机零件，从而使零件重量更轻。材料种类越来越多，性能越来越好，打印工艺不断优化，都增强了 3D 打印的实际使用价值，虽然现在和传统制造方式在某些方面还存在差距，并且各种技术路线各有优缺点，例如，SLA 技术能够实现高精度打印，同时表面光滑无台阶感，但是，打印幅面难以做得很大，不能打印大型零件，很多打印材料还很脆，不能制作受力零件，使得这种技术难以完全代替传统注塑方式，而 FDM 技术虽能够实现较大幅面打印，但是表面质量粗糙，有台阶感，这也难以与注塑零件全面抗衡，所以，短期内，3D 打印的实用性会增强，会比以往更多的用来制作正式产品，但是，不会取代传统的制造方法，更多的是与传统方法的互动和补充。

4. 软件更优

现在在 3D 打印方面广泛使用的 STL 格式是 3D Systems 公司创始人，也是 SLA 技术的发明者 Charles Hull 在 1987 年发明的，是与当时的计算机发展水平和基于 SLA 的 3D 打印设备的成型工艺相配合的，随着技术进步，多样的技术路线不断出现，多材料多色打印逐渐流行开来，对文件的格式提出了新的要求，不仅要包含几何形状信息，而且还要囊括颜色等多方面信息。基于此，2010 年出现的 AMF 格式正在逐渐取代 STL 格式，这种趋势也伴随着 3D 打印机控制软件以及三维建模软件的革新。针对未来多材料多色打印，控制软件将会输出更多的指令，可以对三维模型做出材料和颜色的区分，进行合适的切片分层。

三维设计建模软件方面，目前广为使用的具有实体建模和曲面建模功能的软件，如 CATIA，UG，SolidWorks 等会进行功能拓展，支持输出 AMF 等格式的文件。Powershape 等可以进行实体、曲面、扫描点云或网格面的正逆向混合建模软件将在 3D 打印领域有更大的优势，赋予设计师更大的自由度。而 Grasshopper 等参数化建模软件，具有生长性的特征，可以根据设计师设定的算法公式，流程而生长出符合条件的造型，这些造型往往形状特殊，突破传统思维，不仅能生成外部形状，而且能生成内部结构，正好可以利用 3D 打印对于复杂形体的成型制造能力，是面向未来的新思路、新方法。

计算机操作系统方面，Windows8.1 操作系统已经集成了知名 3D 打印设备制造商的驱动程序，用户将 3D 打印机连接上安装有 Windows8.1 操作系统的计算机，便可以简单地实现在计算机上的"一键 3D 打印"了，十分方便。

(二)市场方面

1. 3D 打印设备

3D 打印权威研究机构 Wohlers Associates 依据售价将 3D 打印设备分成两个等级，高于5 000美元的是工业级，低于5 000美元的是民用级。全球工业级设备的销量从 1988 年的 34 台增长到 2012 年的7 771台，年复合增长率达到 25.4%呈现出稳步增长的趋势，未来仍将保持 20%左右的增速。工业级大型 3D 打印机才能真正推动生产力进步的，如果中国想在先进制造方面有所突破，需要在这一领域继续努力。3D 打印用于正式零件和产品的生产是其最为重要的应用领域，会有更多的国家进入这一市场，目前的市场状况只是冰山一角，3D 打印的历史仅有 30 年，未来的发展空间十分巨大。

民用级市场出现了井喷的态势，从 2007 年的 66 台增加到 2012 年的 3.55 万台，这些设备基本上是基于 FDM 技术的。随着 Stratasys 公司掌握的 FDM 技术的核心专利过期，开源 Rep Rap 项目的蓬勃发展，在技术，软件等方面的门槛大大降低，参与到 FDM 技术 3D 打印设备的制造商越来越多，竞争逐渐激烈，促成了 FDM 打印设备价格的大幅下降，国内淘宝网上价格3 000到5 000元的 3D 打印机很多，虽质量参差不齐，但价格着实比几年前低了不少。2014 年 5 月在众筹网站 Kickstarter 上结束的名为 Micro 的 3D 打印机筹资项目，得到了近 12 000 名用户的支持，筹集资金高达 340 万美元，值得注意的是这款 3D 打印机单台的售价仅有 199 美元，折合人民币大约 1 250 元，这一价格在几年前是根本无法想象的。对于国内的广大 3D 打印制造商来说，传统竞争优势之一就是低价格，相信在不久的将来，国内厂商会推出价格更低的 3D 打印设备。

同时，材料的价格也在下降，使用户的使用成本大幅下降，也推动了打印设备的销量。未来的民用 3D 打印市场将覆盖娱乐、教学、艺术，甚至食品等多个领域。

2. 工业级应用

用 3D 打印制造产品或原型的成本包括设备折旧、材料、设计、后处理等几部分，设备折旧属于固定成本，材料属于可变成本，这两项加起来占据了成本的绝大多数。设备折旧取决于 3D 打印机的购置成本和加工量，材料成本取决于制备的难度和规模。不难发现，成本的下降依赖于技术的进步和产业规模的扩大，以及市场竞争性的增强。

民用级的 3D 打印设备的价格持续走低，用户打印作品的定制化特色非常明显，用户所处地点也十分分散，所以，目前及短期内，还是对民用级用户售卖设备更为现实。面向未来的云制造模式固然可以把分布于各个角落的 3D 打印机通过互联网整合起来，用距离客户最近的设备为其提供打印服务，但就目前来看，这种云制造模式还没有成型。

与民用级不同，工业级方面，用户较为集中，设备昂贵，提供打印服务就更为现实。3D 打印增加了设计自由度，缩短研发周期，不需模具，一次成型，减少材料浪费，省去组装及物流环节，减少库存，可用于汽车、飞机、医疗、数码产品的开发和试制。值得注意的是，3D 打印用于直接制造正式零件和产品的比例逐年上升。

3. 材料

未来材料方面会有巨大增长，现有的材料种类和性能不足以满足用户的多方面需求，而材料领域本身多样性的特点，就为今后的增长创造了空间。民用打印设备普及程度的增加推动了材料的消费，特别是 ABS 等塑料材料已经出现销量的大幅增长，从淘宝网上用"3D 打印 ABS 耗材"作为关键字进行搜索，销量第一的商家，在 2014 年 4 月的一个月时间内 1 千克规格的单一型号销售量达到 550 盘，按照每盘 65 元价格计算，销售额达到 3.5 万元以上。而工业领域，直接制造正式产品比例的上升使金属材料的增长潜力很大，目前，国内在金属材料方面仍然大量依赖进口，沈阳稀有金属研究所等科研机构推出了铁基、镍基等金属粉末，代表了国内材料发展的先进水平，金属材料的稀缺已经成为制约我国高端制造业 3D 打印直接制造方面发展的瓶颈，技术门槛高，竞争不充分，将使金属材料在相当长时间内维持在高价格，高利润的水平。金属材料种类将不断增加，综合性能优异的多元混合材料将成为未来发展的重要方向。

结合前面章节关于中国 3D 打印产业的 SWOT 分析，可以给出适合中国 3D 打印产业的发展策略。面对充满机遇与挑战的环境，通过加强创新能力，提升设计水平可以不断增强核心竞争力，为长远健康的发展打下坚实的基础。借鉴发达国家及领军企业的发展模式，走全产业链融合的道路，加强在设备制造、材料研发、服务提供、平台建设等产业链各环节的实力，形成竞争优势。同时，加大对教育培训的投入，确保人才储备，为中国 3D 打印产业的持续发展提供保障。

1. 加强创新能力

近几年，中国的 3D 打印产业，特别是 3D 打印设备制造方面出现了长足的进步，但是大多是基于 RepRap 开源项目而衍生出的 FDM 设备，使用开源的控制硬件和软件，将国外设备的外形和结构做细微的调整，生产出来，推向市场，基本处于低水平重复的阶段，对于控制算法、成型原理、材料等核心领域，国内自主研发的水平还很低，既不具备技术实力，也缺乏资金的支持，更谈不上创新了。国内高校对于 3D 打印的研究起步很早，在 20 世纪 90 年代初就已经开始，但是研究成果多停留在实验室中，真正产业化形成效益的很少。

与国内形成鲜明对比的是世界 3D 打印产业的两大巨头 3D Systems 和 Stratasys。3D Systems 公司自从 1987 年推出世界第一台 3D 打印机 SLA1 以来，前进与创新的脚步从未停止，1996 年推出了固态立体成型系统，1999 年推出了 Thermojet 打印机，2000 年首次将 SLS 直接用于产品的制造，2003 年推出了用于珠宝首饰铸造的 Amethyst 系列材料，同时推出了用于助听器领域的 ViperSLA 系统以及 InVision SR 系列 3D 打印机，在最近的 2014 年 CES 大展上又推出了面向家庭和办公室的 Cube Pro，Cube3 等机型，紧跟 3D 打印进入家庭这一趋势。和 Stratasys 公司合并的以色列 Objet 公司也以创新著称，其推出的 Objet Connex 打印机是世界首款可以在一件作品上同时用多种材料打印成型的 3D 打印设备。Stratasys 与 Objet 的合并可谓是强强联手，让重组后的 Stratasys 公司拥有了众多的核心专利技术，形成了足以和 3DSystems 相抗衡的又一巨头。

所以，加强创新能力是确保中国 3D 打印产业充满活力、健康发展的重要策略，在政策大力支持下，充分利用现有资源，在优势领域提升自主创新的水平，同时借鉴国外成功经验，在材料、成型技术、设计等核心领域开展广泛的合作，进一步激发创新活力。产业内通过兼并重组形成具有世界影响力的龙头企业，拉动整个产业的发展，加快资本、技术的聚集效率，促进中国 3D 打印产业的发展。

2. 提升设计水平

3D 打印对于复杂形体的成型制造能力，以及特有的工艺要求，都与传统的设计思路和方法有很多不同，3D 打印在为设计提供无限可能的同时，也对设计提出了更高的要求，无论是在建筑、工业设计、医疗，还是航空航天，都需要针对 3D 打印的设计。在这方面，国内外基本处于同一起跑线上，中国拥有庞大的 CAD 用户群，为形成强大的设计能力提供了前提。大力提升设计水平，可以有效避开世界巨头的传统优势领域，形成独有的发展特色。

与新趋势、新技术结合起来的面向 3D 打印的设计发展空间十分可观，例如，近几年，在建筑领域越来越流行的参数化设计，其典型应用包括北京奥运标志性建筑鸟巢和水立方，这种参数化建模方法，依赖于公式、算法、流程来产生三维模型，通过公式、算法、流程的有机组合，能够产生出千变万化的复杂形体，所以，参数化方法对于结构复杂的、不规则的、艺术化的造型和零件设计优势明显，而 3D 打印对复杂形体的成型能力可以将用参数化方法设计出的形体变为实物，参数化设计是面向 3D 打印设计的典型思路和方法。

使用 3D 打印机制作出的肾脏血管模型，其复杂的血管结构很难用传统方法进行设计和建模，若采用参数化方法，设定出符合真实情况的血管生长规则和算法，可以让复杂的结构自己"生长"出来。

3. 走全产业链融合之路

借鉴世界巨头的发展模式，能够给中国 3D 打印产业的发展带来启示。国内的华曙高科等企业在全产业链发展方面走在了全国的前列，已经形成了设备制造、材料研发、服务提供等覆盖产业链各环节的业务内容，为国内其他企业的发展树立了标杆。

3D 打印产业经过了近 30 年的发展，从最初的主要面向工业用户的产品原型制作，到近几年向家庭和办公室领域的快速扩张，足迹慢慢遍布各行各业，产业链基本成型。以 3DSystems 为代表的领军企业已经形成了全价值链模式，不仅生产制造 3D 打印设备，而且还以设备为载体，向产业链上下游延伸，上游参与打印材料的研发生产和销售，并且与设备"捆绑"，增强设备对其材料的依赖性，下游依托其打印设备和材料提供全套的行业解决方案，也构成了公司收入的重要组成部分。在打印机、材料、服务，这三项收入来源中，材料部分的毛利率最高，其次是服务，打印设备的毛利率最低。最近，3D Systems 的收购行为十分频繁，将众多中小企业纳入旗下，其中不乏产业链中的平台提供商，虽然收购的这些平台商实力无法与 Shapeways 等相提并论，但是借助 3D Systems 全产业链的融合能力，会在未来有突破性增长。

目前，国内众多 3D 打印行业内企业处于散兵游勇的状态，呈现出低水平重复，一窝蜂仓促上马的局面，既缺乏核心技术，又没有市场积累。可以借鉴国外先进企业发展模式，先找准细分市场进行突破，然后利用资源整合，实现产业链的延伸和融合，逐渐做大做强，进而推动整个产业向前发展。

4. 提高设备制造水平

3D 打印产业众多的技术路线，广泛的应用领域，给 3D 打印设备的制造留下了巨大的想象空间，市场的空白点非常多。随着 RepRap 开源项目的兴起，催生了 FDM 技术的大面积推广，销量也呈现出爆发式增长，FDM 设备的普及或许只是个开始，2012 年在世界知名众筹网站 Kickstarter 上大获成功的美国 Form1 打印机，采用的是 SLA 技术，这一技术的突出优势就是可以打印出极高精度的作品，完美呈现产品和零件的设计意图，增强作品的细节度和表现力。Form1 的成功预示着 3D 打印设备领域拥有充分的发展空间，重点是能否突出设备的特色，找准市场的空白。世界上的 3D 打印设备制造商已达数百家，绝大多数是基于 FDM 技术，定位低端市场。国内这方面的现象就更为明显，通过在淘宝网搜索关键字 "3D 打印机"，结果超过 1 万条，按照销量进行排序发现，销量靠前的都是基于 FDM 技术的打印设备，其余绝大多数产品的销量都为零，已经呈现出供大于求的局面。要在设备制造方面有所突破，就要不断进行技术创新，针对细分市场，抓准技术路线，同时可以效仿 Form1 模式，在众筹网站进行预售，多管齐下实现 3D 打印设备制造和销售的突破。

5. 推进打印材料研发生产

3D 打印产业的发展离不开材料的进步，在整个 3D 打印产业链上，设备、材料、服务、平台等几个环节中，3D 打印材料方面的毛利率最高。设备制造商将设备与材料 "捆绑" 的模式，巩固了材料领域的高利润水平，国内在材料方面进步很快，国产的用于 FDM 设备的材料质量已经达到世界先进水平，种类也日益增多，包括 PLA，ABS，POM，HIPS，PA，PVA，木质等多种，但在创新性上有所欠缺，一般是国外率先研发出新材料，在经过了数月或数年之后，国内企业才推出相应的产品，国产材料的重要优势就是价格较低，为国内市场 3D 打印的普及提供了前提条件。与国外差距比较大的部分是高端金属粉末材料方面，采用这类材料的多为激光烧结打印机，用来生产航空航天、汽车等领域的高端零件和产品，这一块也是利润最为丰厚的部分，部分金属材料价格对比见表。随着 3D 打印用来直接制造正式产品的比例不断上升，对高端材料的需求也会越来越大，把握这种趋势进行相应技术材料的研发并实现产业化，是重要的发展策略。

6. 增强 3D 打印服务

3D 打印服务的推进对技术、资金等方面的要求相对较低，而且市场空间很大。增强 3D 打印服务的水平和普及度，在国内缺乏核心技术的情况下，是重要的发展策略。3D 打印设备价格普遍较为昂贵，对于广大的中小企业及个人用户，无法承担高昂的设备购置费用，同时，即便购置了设备，也需要掌握相关的知识，储备一定的实际经验，这些都为用户筑起了一定的门槛，特别是对于 3D 打印使用量不是很大的用户来说，选择 3D 打印服务商是最好的方法了，这可以让用户更专注于产品的开发，而不是 3D 打印设备和技术的使用方法。3D 打印设备种类繁多，应用行业各不相同，如果买齐所有类型的设备，则需要大量的资金支持，对于初期进入到 3D 打印服务领域的企业或商家来说，可以根据自身技术实力的特点和倾向，以及对某些特定行业的理解，购置用于这一领域的设备，专注于提供相关行业的服务，可以减少前期大量购置设备所带来的风险，待实现良好的运营之后，再向其他行业扩展，购置新的设备，提供新的服务。

7. 创建 3D 打印平台

世界上最著名的 3D 打印平台莫过于 Shapeways 了，它不仅提供 3D 打印的服务，更重要的是为广大的设计师、创客、艺术家提供了使用 3D 打印的平台，用户可以在 Shapeways 上出售，分享自己的设计作品，也可以购买到其他用户设计出的产品，这些产品每件的销量可能都无法与大批量生产的数量相媲美，但是由于 Shapeways 汇聚了全世界的用户，形成了庞大的用户群，所以单件制造的作品虽然很多，但是无数的单件累加起来，依然可以形成规模效应，为 Shapeways 带来可观的收益。

国内互联网普及程度世界领先，同时拥有庞大的 CAD 用户群，以及多样化的需求和广阔的市场空间。但是，目前还没有具有世界影响力的 3D 打印服务平台，加强在这一领域的发展，可以避开世界巨头对设备、材料等方面的技术垄断，变竞争为合作，串联起设备制造商、材料供应商、方案提供商等产业链各个节点，效仿知名电子商务平台运作模式，打造出中国 3D 打印产业的"淘宝"和"京东"。

8. 加大教育培训力度

3D 打印的概念近年来在国内是快速蔓延，无论是股票市场的 3D 打印板块，还是电视、网络等媒体的报道，似乎 3D 打印已经为人们所熟知，然而，无论是 3D 打印的概念还是相关报道，更多的停留在务虚的层面，人们往往只是停留在对"3D 打印"这个名词不陌生的水平，对于具体的、深层次的原理及应用知之甚少。每项新技术，新应用的推广，都离不开教育，3D 打印虽然已有 30 年的发展历史，但是高速发展还是从 2010 年以后开始，市场的接受度还远远不够。无论是大学学科教育方面，还是企业用户方面，都需要开展深入的、实质性的、面向实践应用的教育和培训。只有这样才能为中国 3D 打印产业的发展提供人才和技术保证，创建出有利于 3D 打印产业健康发展的生态圈。

第八章　结　　语

　　3D 打印恐怕并不像技术发烧友所夸大的具有改变游戏规则的颠覆性的能力。不可否认，3D 打印在很多方面都取得了很大的进步，然而，3D 打印的潜力要想充分发挥还需要克服很多障碍。充分理解这些障碍，分析那些针对 3D 打印的批判是不是不完全真实的是十分重要的，可以更为有效地阻击针对 3D 打印的不满。

　　针对 3D 打印，抱怨最多的方面是其冗长的打印过程，这也是现有技术的主要缺陷之一。如同计算机、手机等其他产业一样，在发展阶段的早期，产品的运行速度都是很慢的。发明者的首要任务是证明他们的想法和理念是可行的。3D 打印产业已经经历过了这个阶段，3D 打印是完全可行的。早期的家用电脑并不是以其高速的计算能力而著称的。摩尔定律，也就是每 18 个月计算机电路的晶体管数量翻一番，已经经历了超过半个世纪的考验，一直是正确的。在这期间，计算机的运算速度有了突飞猛进的提升。3D Systems 公司 CEO Avi Reichental 就预言，摩尔定律对 3D 打印产业同样有效。且不论 3D 是否真能按照摩尔定律的轨迹去发展，即便 18 个月，性能没有翻番，仅提升了 50%，前景也是十分了不起的。

　　另一个不足是用 3D 打印制作的成本过高。诚然，如果和现在的注塑等大规模生产方式对比，则确实显得 3D 打印的成本过高。然而，从工业革命开始算起，大概经过了 100 年的时间才发明出了廉价的制造钢铁的方法。人类面对困难从来不会退缩。原材料会越来越便宜，对于可再生资源的研发从未停止。用玉米提取物制成的 PLA 材料就是这样的典型，如今 PLA 材料已经广泛用在 FDM 打印机上，是理想的打印材料。使用海藻制造塑料也将在未来变为现实，成为可再生材料的典型。

　　产品周期成本不仅包括材料成本，而且还包括运输、产品回收、仓储、保险、制造、定制等各方面成本。当把所有这些成本都加起来以后，即便是按照目前的 3D 打印技术水平来计算，其总成本上的优势仍然十分明显。当主要障碍跨越之后，3D 打印将进一步成为大批量生产强有力的竞争者。即便这种现象没有出现，3D 打印仍然是现有的传统生产方式的重要补充。快速原型、快速模具、快速铸造都已经经历了超过 20 年的发展历史，已经成为传统制造方式生产流程中的重要一环。

　　高科技产品的创新性使用成为风潮。产品的用户体验越来越好，用户很容易对手中的设备做各种试验。互联网使信息分享变得前所未有的快捷。开源项目提供了共同合作，全世界一起推进项目的新模式，世界巨头公司正在失去对很多领域的掌控，包括电信、新媒体、电影、出版、软件，等等。当用户发现了产品的一种新的可能性时，就会快速扩散，很快会有更多人参与进来。

　　面对这种趋势，企业必须做出决策该如何与这种新文化互动。试图通过法律手段来抑制创意或技术的行为注定会走向失败，很多组织采取了各种有效的方式阻击抑制创意自由并垄断知识产权的行为。即便是大的组织开发出来的工具，也可能会被用于其他的目的，从而对其开发者造成威胁。

　　媒体乐于播出像 3D 打印枪这样的新闻，因为可以提高收视率。常识告诉我们，罪犯不会因为法律禁止就不去犯罪。如果一个罪犯想拥有武器，那么在他考虑用 3D 打印机来制造枪支之前，他会尝试很多其他可以获得枪支的途径。没有 3D 打印机，人类照样会犯罪，照样会有冲突，犯罪和冲突与高科技无必然联系。

　　为了抢夺有限的资源而发生冲突的现象在世界各地不断上演，无论是个人之间还是国家之间，3D 打印对于解决这里问题是有帮助的，比如，人们对于限量版产品情有独钟，这是身份和地位的标志，而如果可以使用 3D 打印机来制造专为个人定制的物品，那么以前的那些限量版产品的魅力就大为下降了。同样，为了掠夺另一国家的自然资源而爆发的暴力冲突，也将随着可再生资源的使用，资源稀缺性的下降而减少。开源精神和 3D 打印被很多人认为是维纳斯计划的延伸。经济和社会的发展，让 3D 打印势不可挡。单纯获取的不可持续的发展模式，以及只独自占有而不分享的精神已经落后于时代。

现在来预测 3D 打印带来的长期影响还为时过早。那些希望你购买这种最时尚的高科技产品的 3D 打印机销售商往往夸大未来的发展，让你产生强烈的购买欲望。但是，不可否认，很少能有技术可以像 3D 打印这样有如此之广的应用范围。3D 打印给越来越多的领域带来变化，改变无法阻挡，改变正在进行，未来的发展让我们一起拭目以待。

参 考 文 献

[1] [美]伊丽莎白·爱森斯坦．作为变革动因的印刷机[M]．陈道宽，译．北京：北京大学出版社，2010．

[2] 中国机械工程学会．3D 打印[M]．北京：中国科学技术出版社，2013．

[3] 郭少豪，吕振．3D 打印——改变世界的新机遇新浪潮[M]．北京：清华大学出版社，2013．

[4] [美]彼得·马什．新工业革命[M]．赛迪研究院专家组，译．北京：中信出版社，2013．

[5] [美]胡迪·利普森，梅尔芭·库曼．3D 打印——从想象到现实[M]．赛迪研究院专家组，译．北京：中信出版社，2013．

[6] 王克迪．知识——机器互动之理论与实践[M]．北京：中共中央党校哲学教研部，2012．

[7] 黄欣荣．现代西方技术哲学[M]．南昌：江西人民出版社，2011．

[8] 卡尔·波普尔．世界1、2、3[J]．邱仁宗，译．自然科学哲学问题，1980．

[9] 刘西曼．3D 打印如何改变全球制造业格局[J]．IT 经理世界，2012．

[10] 吴国雄．3D 打印：一股席卷全球的工业革命浪潮[J]．海峡科技与产业，2013．

[11] 王忠宏，李扬帆，张曼茵．中国 3D 打印产业的现状及发展思路[J]．经济纵横，2013．

[12] 李小丽．马剑雄．3D 打印技术及应用趋势[J]．自动化仪表，2014．

[13]林利民.第三次工业革命浪潮及其国际政治影响[J].现代国际关系，2013.

[14]田鹏颖.科学技术与社会(STS)——人类把握现代世界的一种基本方式[J].科学技术哲学研究，2012.

[15]吕柏源，黄恩群，等.3D打印技术与橡胶工业[J].中国橡胶，2013.

[16]张志.技术垄断的辩证分析与现实对策[D].华中师范大学，2014.

[17]郭振华，王清君，郭应焕.3D打印技术与社会制造[J].宝鸡文理学院学报(自然科学版)，2013(4).

[18]孙柏林.试析"3D打印技术"的优点与局限[J].自动化技术与应用，2013(6).

[19]王雪莹.3D打印技术与产业的发展及前景分析[J].中国高新技术企业，2012(26).

[20]张楠，李飞.3D打印技术的发展与应用对未来产品设计的影响[J].机械设计，2013(7).

[21]杨恩泉.3D打印技术对航空制造业发展的影响[J].航空科学技术，2013(1).

[22]卢秉恒，李涤尘.增材制造(3D打印)技术发展[J].机械制造与自动化，2013(4).

[23]贺超良，汤朝晖，田华雨，陈学思.3D打印技术制备生物医用高分子材料的研究进展[J].高分子学报，2013(6).

[24]许廷涛.3D打印技术——产品设计新思维[J].电脑与电信，2012(9).

[25]郑友德，王活涛.论规制3D打印的法政策框架构建[J].电子知识产权，2014(5).

[26]王文敏.3D打印中版权侵权的可能性[J].东方企业文化，2013(7).

[27]王桂杰，汤志贤.3D打印的九大知识产权挑战[J].中国对外贸易，2013(6).

[28]皮宗平，汪长柳.3D打印——国际竞争和发展势头强劲[J].

群众，2013(3).

[29]王国豫，李磊.纳米技术伦理问题研究的几种进路[J].东南大学学报(哲学社会科学版)，2014(1)：25-30.

[30]Maria C. Thiry.生活中的纺织品：明确纳米技术的风险[J].中国纤检，2010(24)：80-82.

[31]黄晓锋.浅论纳米技术的科学价值与潜在风险[J].江西化工，2011(1)：166-168.

[32]Frederic Vandermoere，Sandrine Blanchemanche，Andrea Bieberstein，等.公众对纳米技术在食品领域应用的理解：科学、技术、自然之观念的潜在影响[J].世界农业，2011(12)：76-78.

[33]刘莉，王国豫，刘晓琳，等.我国公众对纳米技术的认知分析——基于大连地区纳米技术公众认知的实证调查[J].大连理工大学学报(社会科学版)，2012，33(4)：59-64.

[34]王晓，李双双，赵一飞.制造业的未来方向[J].高科技与产业化，2013(4)：44-51.

[35]张桂兰.解密3D技术[J].印刷技术，2013(19)：38-41.